NORBERT KLUPS

# Wiederladen

## von Hoch- und Großwildpatronen

### Leistungsstarke und präzise Jagdpatronen mit Spezialgeschossen

edition by jana
nimrod

## Bildquellen:

Alle Aufnahmen stammen vom Verfasser


JANA Jagd + Natur VertriebsGmbH
Schwalbenweg 1, 34212 Melsungen
Tel. 05661.9262-0, Fax 05661.9262-20
www.nimrod-verlag.de, www.jana-jagd.de



***Hinweis:***
Alle in diesem Buch enthaltenen Angaben, Daten, Ergebnisse etc. wurden vom Autoren nach bestem Wissen erstellt und von ihm und dem Verlag mit größtmöglicher Sorgfalt überprüft und wiedergegeben. Dennoch lassen sich eventuelle Unrichtigkeiten nicht vermeiden. Außerdem besteht vonseiten des Autoren und Verlages weder eine Einflussmöglichkeit auf die vom Benutzer gewählten Komponenten noch auf die zum Verschießen der Munition verwendeten Waffen. Aus diesen Gründen wird für die Verwendung der wiedergegebenen Ladedaten, Verfahren und für etwaige inhaltliche Unrichtigkeiten keine Haftung und keine Gewähr übernommen. Die Verwendung der wiedergegebenen Ladedaten und Verfahren erfolgt auf eigene Gefahr! Der Haftungsausschluss gilt nicht, soweit nach dem Produkthaftungsgesetz für Personen- und Sachschäden gehaftet wird. Jeder Leser muss beim Umgang mit den genannten Stoffen, Materialien, Geräten usw. Vorsicht walten lassen, Gebrauchsanweisungen und Herstellungshinweise beachten sowie den Zugang für Unbefugte verhindern.

Printed in the European Community
Satz/Layout: J. Neumann-Neudamm AG, Melsungen
Titelbildgestaltung: Verlag J. Neumann-Neudamm AG
Druck und Weiterverarbeitung: Gorenjski Tisk

ISBN 978-3-7888-1270-6

# Inhaltsverzeichnis

# Vorwort

Dieses Buch ist für den Jäger gedacht, der seine Jagdmunition selbst lädt, weil er eine für ihn optimale Munition will. Damit ist nicht nur die genaue Abstimmung auf die Büchse gemeint, die eine wesentlich bessere Präzision ermöglicht als Fabrikmunition, die so geladen wird, dass sie sich in allen Waffen dieses Kalibers verwenden lässt sondern auch eine Optimierung hinsichtlich der zu bejagenden Wildart und der zu erwartenden Schussentfernung.

Es ist ein Unterschied, ob das Wild den Zielwiderstand eines Rehs oder eines Hirsches bietet und ob es sich in 40 Meter oder 200 Meter Entfernung befindet. Nun weiß man bei der Jagd oft nicht, was gerade vor die Büchse läuft und wie weit es weg ist. Dann ist eine universell einsetzbare Laborierung gefragt, die zwar nicht für alle Zwecke optimal ist, aber die ganze Bandbreite möglichst gut abdeckt. Auch hier hat der Wiederlader eine Menge Möglichkeiten, denn moderne Geschosskonstruktionen decken ein breites Wirkungsfeld ab.

Oft ist aber auch vorher bekannt, was den Jäger erwartet. Wer eine Steinbockjagd in der Mongolei bucht, weiß ziemlich genau, dass er einen eher weiten Schuss auf eine Wildart abgeben wird, die etwa 70-100 Kilogramm wiegt. Hier lassen sich die entsprechende Patrone und das Geschoss schon sehr genau auswählen und optimal abstimmen. Umgekehrt wird es bei der Drückjagd kaum Weitschüsse geben. Hier ist ein schnell ansprechendes Geschoss gefragt, das eine hohe Energieabgabe garantiert und möglichst unempfindlich gegenüber Hindernissen in der Flugbahn ist. Eine gute Außenballistik ist hier zu vernachlässigen. Auch der Großwildjäger weiß genau, dass er auf Elefant oder Büffel auf Kurzdistanz schießt und eine Patrone mit möglichst guter Tiefenwirkung und Richtungsstabilität im Wildkörper braucht.

Das heutige Angebot an Geschossen und Treibladungspulvern ermöglicht dem erfahrenen Wiederlader sehr wirkungsvolle und präzise Jagdmunition herzustellen. Selbstverständlich ist auch das Angebot an Fabrikpatronen heute sehr gut, aber die Munitionshersteller müssen sich aus wirtschaftlichen Gründen auf gängige Laborierungen beschränken. Spezialmunition in Kleinserien lässt sich nicht kostendeckend produzieren. Die beste Präzision lässt sich sowieso nur mit wiedergeladener Munition aus einer Büchse herausholen.

Das zweite Ziel dieses Buches ist das Laborieren von alten Patronen, für die es kaum Ladedaten gibt. In den gängigen Wiederladebüchern gibt es fast nur Informationen über Standardpatronen. Alte und ausgefallene Kaliber werden kaum behandelt. Hier findet der Leser Ladedaten für fast alle englischen Nitro-Express-Kaliber und speziellen Patronen von Herstellern wie A-Square und Dakota.

Vergessen sollte man allerdings den Gedanken mit dem Wiederladen von Jagdpatronen anzufangen, um Kosten zu sparen. Der durchschnittliche Jäger verbraucht im Jahr kaum mehr als 50-60 Patronen für Kontrollschüsse auf dem Schießstand und bei der

Jagd. Bis sich die Kosten für Sprengstoffschein und Wiederladeausrüstung amortisiert haben, vergehen da leicht einige Jahrzehnte.

Man darf nicht vergessen, dass wiedergeladene Munition nicht kostenlos ist, sondern bestenfalls etwas günstiger als Fabrikpatronen. Hochwertige Jagdgeschosse sind nicht gerade preiswert, Treibladungspulver und Zündhütchen kommen hinzu und für jedes Kaliber muss ein passender Matrizensatz angeschafft werden.

Dazu kommt, dass zum Erarbeiten einer, in der eigenen Waffe mit dem gewünschten Geschoss präzise schießenden Laborierung, oft viele Fahrten zum Schießstand und eine entsprechende Zahl von Testschüssen notwendig sind. Wiederladen aus Kostengründen lohnt sich nur für Sportschützen mit ihrem hohen Munitionsverbrauch und der Möglichkeit, preisgünstige Scheibengeschosse zu verladen.

Wiederladende Jäger sind an Höchstleistung interessiert, nicht an billigen Patronen. Während es dem Sportschützen ausschließlich um Präzision geht, hat der Jäger auch noch andere Anforderungen an seine Patrone. Er will nicht nur treffen, sondern auch eine möglichst hohe Wirkung im Ziel erreichen. Die präziseste Patrone nützt ihm wenig, wenn sie nicht auch leistungsstark ist.

Hier liegt die Zielrichtung dieses Buches. Der Autor lädt seine Jagdmunition seit 30 Jahren selbst und hat einen Großteil der in diesem Buch aufgeführten Laborierungen in der Praxis ausprobiert. Bei den nicht selbst eingesetzten Patronen liegen Praxiserfahrungen von Jagdfreunden vor, denen an dieser Stelle schon einmal herzlich für ihre Mitwirkung gedankt wird.

Behandelt werden ausschließlich Jagdpatronen für die Jagd auf Schalenwild, wobei der Schwerpunkt auf leistungsstarken Hochwildpatronen liegt. Patronen für die Bejagung von Raubwild zu laden, ist keine große Kunst, hier kommt es lediglich auf gute Präzision an und auch unser Rehwild stellt den Wiederlader vor keine großen Anforderungen.

Rehwild hat ein sehr empfindliches Nervensystem und lässt sich mit jeder zugelassenen Laborierung erlegen. Hier spielt ausschließlich der präzise Treffer eine Rolle.

Eine andere Frage ist die Wildbretentwertung, die aber eigentlich keine Frage sein sollte, denn im Vordergrund einer waidgerechten Jagd sollte immer das schnelle Verenden des Wildes stehen und für Diskussionen über einige hundert Gramm mehr oder weniger Wildbret ist in unserer Zeit eigentlich kein Platz mehr.

Nach den heutigen Hygienevorschriften kann ein Stück, das erst nach längerer Nachsuche zur Strecke kommt, nicht mehr veräußert werden und stellt einen höheren Verlust dar, als durchweg etwas mehr Wildbretentwertung, dafür aber eine Patrone mit guter Wirkung.

Die Ladedaten fangen daher bei den 7-mm-Kalibern an. Kleinere Kaliber sind für die Bejagung von Hochwild nur bedingt einsetzbar und hochwertige Spezialgeschosse mit aufwendigem Innenaufbau meist nur ab .284 Dia zu bekommen. Für die modernen „Kleinkaliber“ sind genügend Ladedaten vorhanden. Auch so ist das Patronenkapitel schon umfangreich geworden, da zahlreiche alte Patronen und Spezialkaliber berücksichtigt wurden, für die sich sonst kaum Ladedaten finden.

„Wildbretschonende Rehwildlaborierungen“ und „balgschonende Raubwildpatronen“ sind in diesem Buch also nicht zu finden. Die von mir erarbeiteten Laborierungen sind alle an hoher Leistung und guter Präzision orientiert und ich verwende ausschließlich hochwertige Spezialgeschosse. Einfache Teilmantelgeschosse zu verwenden, macht wenig Sinn, wenn der Wiederlader bessere Munition herstellen will, als er sie kaufen kann. Eine Ausnahme ist vielleicht die Drückjagdpatrone, wo auch heute noch schwere Teilmantelrundkopfgeschosse ihre Berechtigung haben, obwohl es auch hier schon durchaus interessante Alternativen gibt.

Als Treibladungspulver werden ausschließlich Sorten verwandt, die es in Deutschland auch zu kaufen gibt und die möglichst gängig sind. Gerade das ist ein Problem, das ich in der Vergangenheit oft bei der Verwendung von ausländischer, meist amerikanischer, Wiederladeliteratur hatte. Da fand sich zwar eine Laborierung mit dem gewünschten Geschoss, die auch die angestrebte Mündungsgeschwindigkeit hatte, aber das dort angegebene Pulver war nicht zu bekommen. Für den deutschen Wiederlader ist ein Großteil der in den gängigen Wiederladebüchern zu findenden Ladeangaben daher wertlos. Pulver kann nicht auf dem Postweg verschickt werden und der Händler in erreichbarer Nähe hat oft nur einen oder zwei Hersteller im Programm.

Alle Laborierungen wurden vielfach geschossen und sind sicher. Die angegebene Mündungsgeschwindigkeit wurde aus Jagdwaffen und nicht aus Messläufen gemessen, wobei Waffenmodell und Lauflänge bei den Ladedaten jeweils angegeben ist.

Trotzdem lehnen Verfasser und Verlag jegliche Haftung, die sich aus der Verwendung der Ladedaten ergibt, ausdrücklich ab, da keine Kontrolle über die verwendeten Komponenten und die Arbeitsweise des Wiederladers möglich ist.

Der Leitspruch der Benchrestschützen lautet: „Nur eine präzise Waffe ist interessant.“ Für den Jäger reicht das nicht, er braucht neben Präzision auch noch die bestmögliche Zielwirkung, um dem Wild unnötige Leiden zu ersparen und dem Jäger den Jagderfolg zu sichern. Möge dieses Buch dazu beitragen.

# Einleitung

Das Wiederladen von Munition ist eine schon lange ausgeübte Tätigkeit und geht bereits auf die Zeit seit Einführung der Metallpatronen zurück. Damals war es noch eine Notwendigkeit, denn die Munitionsversorgung war in den entlegenen Gebieten oft nicht gewährleistet, und wer damals vom Vorderlader auf den Hinterlader umstieg, wurde zwangsläufig auch zum Wiederlader.

Technische Probleme gab es bei den damaligen Ansprüchen bezüglich der Präzision von Büchsenpatronen kaum. Mit einfachen Werkzeugen, die die Hülse rekalibrierten, das alte Zündhütchen entfernten, ein neues setzten und schließlich das Geschoss festlegten, wurden die abgefeuerten Hülsen neu geladen. Oft wurden bereits abgewogene und in Papier verpackte Pulverladungen verwendet, die fertig gekauft werden konnten.

Als später die großen Munitionsfabriken entstanden und Fabrikpatronen in ausreichender Menge und flächendeckend zur Verfügung standen, wurde das Wiederladen weitgehend eingestellt.

Erst viel später, als den Sportschützen, die nach immer höheren Leistungen strebten, die fabrikmäßig geladene Munition nicht mehr präzise genug war, lebte die Kunst des Wiederladens wieder auf.

Als Wiege der Wiederlader ist wohl die USA anzusehen, wo schon recht früh damit begonnen wurde und wo mit dem Benchrest-Schießen eine Sportart entstand, die ohne handgeladene Munition undenkbar wäre. Eine kleine aber mit der Zeit stetig wachsende Schar an Wiederladern entwickelte die Technik immer weiter und sorgte dafür, dass dieser Markt auch für die Industrie interessant wurde. Immer mehr und immer bessere Werkzeuge wurden entwickelt und angeboten.

Ende der 70er Jahre schwappte die „Wiederladewelle" auch nach Europa. Waren zunächst Ladepressen, Matrizen und andere Spezialwerkzeuge nur sehr schwer zu bekommen, so wurde die Situation langsam besser, als sich einige Importeure fanden, die Werkzeuge und Komponenten aus den USA importierten und hier anboten. Auch heute stammen fast alle Wiederladewerkzeuge und viele Ladekomponenten aus amerikanischer Produktion. Das hat nicht etwa seine Ursache darin, dass europäische Hersteller nicht in der Lage wären, Werkzeuge zum Wiederladen zu fertigen, oder es Qualitätsprobleme gäbe, sondern vielmehr damit, dass der US-Markt im Vergleich zum europäischen Markt geradezu riesig ist und sich dort rentable Stückzahlen fertigen und auch verkaufen lassen. In den Staaten gibt es eine Schar von Wiederladern, die in die Millionen geht, während es hierzulande gerade mal einige Tausend sind, die diesem Hobby frönen.

Das hat sicher auch mit den hier zunächst zu überwindenden gesetzlichen Hürden, wie den Besuch eines Lehrganges, dem Ablegen der Prüfung zur Erlangung des Sprengstofferlaubnisscheines und der Einrichtung und Abnahme eines Pulverlagers, zu tun.

In den USA kann jeder Erwachsene alle Komponenten einfach so erwerben und sich zu Hause daran setzen, seine Munition zu laden. Dazu sind dort die Komponenten erheblich preisgünstiger als hier und an jeder Ecke zu bekommen. In Deutschland ist manchmal eine halbe Tagesreise erforderlich, um einen lizenzierten Händler zu erreichen und eine Dose Pulver der gewünschten Sorte zu erwerben. Dazu kommt, dass auf vielen Schießständen Wiederlader, die ihre Patronen testen, nicht gern gesehen und misstrauisch beäugt werden.

Doch mittlerweile ist die Situation, zumindest was die Auswahl an Komponenten und Werkzeugen angeht, besser geworden. Lassen wir uns also den Spaß nicht verderben, denn wer seine Patronen sorgfältig und mit dem nötigem Know-how selbst herstellt, ist dem Schützen, der Fabrikmunition einsetzt, überlegen, denn er hat eine maßgeschneiderte Patrone für seine Waffe. Der Jäger, der mit sorgfältig abgestimmten Handladungen jagt, kann sicher sein, alles getan zu haben, um sein Wild waidgerecht zur Strecke zu bringen – zumindest was den munitionstechnischen Teil der Jagd betrifft.

**Ladedaten für den Jagdeinsatz**

Wie schon im Vorwort erwähnt, ist dieses Buch nicht als Lehrbuch zum Einstieg in die Wiederladerei gedacht. Dafür gibt es reichlich Literatur, wie das Wiederladebuch von Dynamit Nobel, das Buch der DEVA oder das Buch über Wiederladen von Roland Zeitler, die alle sehr gut geeignet sind, die nötigen Werkzeuge auszuwählen, eine Ladebank einzurichten und den Umgang mit Ladepresse, Waage und den Komponenten zu erlernen. Hier ist der erfahrene Wiederlader angesprochen, der weiß, wie er seine Matrizen einstellen muss, wie ein korrekt gesetztes Zündhütchen aussieht und der auch die Anzeichen von Überdruck am Patronenboden erkennt.

Die hier vorgestellten Laborierungen sind Jagdladungen reinsten Wassers und für die Jagd auf Schalenwild gedacht. Ziel ist es, eine Laborierung zu schaffen, die den gängigen Fabrikpatronen überlegen ist, oder aber Munition für Waffen herzustellen, deren Kaliber nicht mehr, oder nur noch in ein oder zwei Laborierungen, fabrikmäßig gefertigt wird.

Das ist speziell bei den alten englischen Großwildpatronen der Fall, die oft gar nicht mehr oder wenn, dann nur mit einem Geschossgewicht gefertigt werden. Wer eine solche Waffe wieder zum Leben erwecken will, muss sich zwangsläufig an die Ladepresse setzen.

Wir haben heute zum Glück eine solche Auswahl an Komponenten, dass es möglich ist, fast jede Patrone herzustellen – es ist eigentlich nur eine Frage des Aufwandes. Firmen wie Bell liefern Basishülsen, aus denen sich auch sehr seltene Hülsen umformen lassen und Custom-Bullet-Maker wie Wim Degol aus Belgien fertigen Jagdgeschosse genau nach Maß und in Kleinserien. Ladematrizen in Einzelanfertigung sind von Herstellern wie Triebel zu beziehen und alles andere, wie Treibladungspulver und Zündhütchen, ist kein Problem und kann von gängigen Patronen übernommen werden.

Im Kapitel mit den Ladedaten finden sich daher auch viele seltene alte Patronen oder aber auch einige interessante Wildcats und spezielle Patronen von Firmen wie Dakota oder A-Square, die ihre eigenen Patronen entwickelt haben und bei denen das Angebot an Fabrikmunition entsprechend dünn ist. In Deutschland Patronen von A-Square, Dakota, Lazzeroni oder einem der anderen Kleinhersteller zu bekommen, ist extrem schwierig und langwierig. Kaum ein Munitionsimporteur legt sich solche Exoten ins Lager, zumal zum Verkauf oftmals auch noch eine teure und aufwendige CIP-Prüfung notwendig wäre.

Doch auch wer mit ganz normalen Jagdkalibern wie etwa .300 Winchester Magnum oder .30-06 jagt, kann von speziellen Handladungen oft profitieren. Einmal wird die Präzision durch die Abstimmung auf die eigene Büchse verbessert, dann können Geschosse verladen werden, die in Fabrikpatronen nicht zu bekommen sind, und der Wiederlader hat es in der Hand, die Möglichkeiten der Patrone voll auszuschöpfen.

Damit ist jetzt nicht gemeint, die letzten Metersekunden herauszukitzeln, sondern etwa Patronen für kurze Läufe mit offensiv abbrennendem Pulver zu laborieren, die einen nur geringen Leistungsverlust haben und so den Fabrikpatronen in der Leistung aus kurzläufigen Büchsen deutlich überlegen sind.

Bevor es ans Laden geht, ist es aber notwendig, sich etwas mit der Büchse zu beschäftigen, aus der unsere Handladungen später verschossen werden sollen. Nur wenn hier die nötigen Voraussetzungen vorliegen, macht es überhaupt Sinn, sich die Mühe zu machen, handgeladene Patronen zu verwenden.

# Waffentechnische Voraussetzungen

Wer mit einer Waffe schießen will, sollte zunächst einmal ganz sicher sein, dass sie das auch aushält – um es einmal ganz einfach auszudrücken. Besonders wenn Handladungen verwendet werden, sollte der Wiederlader sehr vorsichtig sein, denn bei einer Waffensprengung gilt die erste Frage immer der verwendeten Munition und Wiederlader haben hier schlechte Karten. Waffenhersteller lehnen jede Haftung ab, wenn wiedergeladene Patronen verschossen werden.

Man sollte sich bei der Beurteilung, ob eine Waffe sicher ist, nicht etwa auf das Vorhandensein von Beschusszeichen verlassen, denn das sagt nichts weiter aus, als dass die Waffe zum Zeitpunkt des Beschusses den Anforderungen entsprochen hat. Waffen unterliegen wie alle technischen Geräte der Abnutzung und der Alterung.

Bei neuen Waffen gibt es kaum Probleme. Sie sind aus modernen Materialien gefertigt und sehr sicher. Anders sieht das bei alten Modellen aus.

Eine Doppelbüchse in einem Nitro Express Kaliber, die um die Jahrhundertwende gebaut wurde, ist da schon ganz anders und wesentlich kritischer zu betrachten. Oftmals wurden hier Korditladungen und keine Nitropulverlaborierungen eingesetzt und die Büchsen haben ein bewegtes Leben hinter sich.

Bei alten Waffen sollte der technische Zustand genau überprüft werden, bevor dafür Patronen geladen werden.

Wer über den technischen Zustand seiner Waffe den geringsten Zweifel hat, sollte einen erfahrenen Büchsenmacher mit der Inspektion und Beurteilung beauftragen und wenn auch der nicht 100 % sicher ist, hilft nur ein Neubeschuss bei einem der staatlichen Beschussämter. Das mag jetzt so manchen stolzen Besitzer einer stilvollen Großwildbüchse schockieren, aber es ist weitaus besser, das gute Stück zerlegt sich beim Beschussamt als in den eigenen Händen. Wer hier schon Bedenken hat, sollte die Waffe als Sammelstück betrachten und den Gedanken, damit zu schießen, schleunigst wieder vergessen.

**Die Präzision**

Ob die Büchse die Belastung des Schusses aushält, ist eine Sache, die wir hoffentlich vor den Laborierungsarbeiten geklärt haben – ob sie auch präzise schießt, ist eine ganz andere.

Wenn schon ein Dutzend Sorten Fabrikpatronen mit unterschiedlichen Geschossgewichten keine brauchbare Präzision erbringt, ist es sehr unwahrscheinlich, dass sich das mit handgeladener Munition gravierend ändert. Sicher gibt es solche Fälle, aber sie sind sehr selten. Auf jeden Fall ist es bedeutend besser, zunächst einmal die Waffe zu überprüfen, denn meist liegt der Fehler dort oder aber an der Zielfernrohrmontage oder der Zieloptik.

Einige Prüfungen können wir selbst vornehmen und es empfiehlt sich, zunächst hier Ursachenforschung zu betreiben, bevor mit den Ladearbeiten begonnen wird.

Ein häufiges Problem bei preiswerten Jagdbüchsen ist, dass der Lauf nicht mit dem Patronenlager fluchtet. Das Geschoss tritt dann verkantet in die Züge ein. Eine ordentliche Präzision ist hier kaum zu erwarten, daran ändern auch nach allen Regeln der Kunst handgeladene Patronen nichts. Feststellen lässt sich das ganz einfach, indem ein Geschoss so lang gesetzt wird (Hülse ohne Treibladungsmittel verwenden), dass es beim Schließen der Waffe bereits in den Lauf gedrückt wird. Das Geschoss wird zuvor über einer Kerzenflamme eingerußt. Nach dem Öffnen und Entnehmen der Patrone, zeichnen sich die Felder des Laufes als helle Rechtecke auf dem Geschoss ab. Diese Markierungen müssen alle den gleichen Abstand zum Hülsenmund haben, sonst fluchtet das Patronenlager nicht. Bei einer neuen Büchse wäre das sicher ein Grund, sie dem Hersteller zurückzugeben, denn das ist ein echter Fertigungsfehler und sollte der Garantie unterliegen. Bei einer alten Waffe wäre ein Laufwechsel fällig. Ist der Lauf lang genug, kann er auch gekürzt und ein neues Patronenlager geschnitten werden. Bei einer Serienwaffe ist ein neuer Lauf aber in der Regel die billigere Lösung.

Ein ebenfalls häufig anzutreffendes Problem bei Repetierbüchsen ist, dass die Anlageflächen der Verschlusswarzen nur einseitig tragen. Nimmt nur eine Warze die vollen Rückstoßkräfte auf, verbiegt sich das System kurzzeitig und diese Schwingungen werden auf den Lauf übertragen. Auch hier kann man mit Ruß arbeiten, Tuschierfarbe geht natürlich auch, ist aber in vielen Haushalten nicht so eben verfügbar. Die Warzen werden eingefärbt und der Verschluss geschlossen, wobei sich eine abgefeuerte Hülse im Patronenlager befinden muss. Die tragenden Flächen der Verschlusswarzen sind nach dem Öffnen des Verschlusses blank. Verschlusswarzen können von einem Büchsenmacher oder dem Hersteller nachgearbeitet werden, wenn die Toleranzen nicht allzu groß sind.

Es besteht auch die Möglichkeit, dass der Winkel zwischen Patronenlager und Stoßboden nicht stimmt. Rückschlüsse lassen sich hier aus der abgefeuerten Hülse ziehen. Stark abgeflachte Zündhütchen oder gar Deformationen im hinteren Hülsenteil weisen eigentlich auf zu hohe Gasdrücke hin. Jetzt die Schuld auf die Patrone zu schieben, ist allerdings nicht unbedingt immer zutreffend. Es kann auch daran liegen, dass der Übergang des Patronenlagers zum Lauf zu kurz ist. Werden Laborierungen mit schweren Geschossen benutzt, die entsprechend lang sind, liegen diese bereits an den Zügen an, und der Ausziehwiderstand aus der Hülse und der Einpresswiderstand in die Züge fallen zusammen. Das führt zu Gasdrucksteigerungen. Einen zu kurzen Übergang erkennt man daran, dass der Verschluss sich bei Patronen mit leichten, kurzen Geschossen normal öffnen lässt, aber bei Munition mit schweren, langen Geschossen sehr schwergängig ist. Beim Testschießen sollten daher immer Patronen mit schwerem und leichtem Geschoss probiert werden.

Ein anderer gasdruckerhöhender Fehler liegt an einem zu kurzen Raum für den Hülsenhals. Dann wird der Hülsenhals an seinem Ende gestaucht und der Ausziehwiderstand des Geschosses steigt stark an. Dieser Fehler lässt sich einwandfrei nur mit einem Patronenlagerabguss feststellen.

Ein häufiger Fehler bei Repetierern ist ein zu großer Verschlussabstand. Unter Verschlussabstand versteht man den Spielraum der Patrone in Längsrichtung bei geschlossenem Verschluss. Normalerweise liegt er bei 0,1 bis 0,15 mm. Ist der Verschlussabstand zu groß, dehnt sich die Hülse beim Schuss zu stark in Längsrichtung und kann sogar reißen. Bei zu großem Verschlussabstand, ist an den abgefeuerten Hülsen im unteren Drittel meist ein heller Dehnungsring zu erkennen. Wird dies festgestellt, sollte ein Büchsenmacher den Verschlussabstand kontrollieren.

Der Lauf muss frei schwingen können. Ein Pappstück muss sich bis zum System frei durchziehen lassen.

Ursache für die schlechte Schussleistung einer Repetierbüchse kann neben den bereits beschriebenen Fehlern aber auch eine fehlerhafte System- oder Laufbettung sein. Das System darf nicht verspannt sein, sonst ist keine konstante Präzision zu erwarten. Das wird überprüft, indem eine der beiden Systemhalteschrauben gelöst wird. Wird nur eine Schraube gelöst, darf sich das System nicht aus dem Schaftbett heben. Tritt dies auf, liegt das System nicht ganz eben im Schaft und die Bettung muss nachgebessert werden. Der Lauf einer Repetierbüchse sollte frei schwingen können und nirgends Kontakt zum Schaftholz haben. Ein Karton, von der Dicke einer Postkarte, muss sich von der Mündung bis zum Patronenlager zwischen Schaft und Lauf durchziehen lassen. Hakt es, sollte das Laufbett nachgestochen werden.

Ist der Lauf in einwandfreiem Zustand, der Verschluss fest und die Anschussvoraussetzungen so, dass Schützenfehler auszuschließen sind, liegt es entweder an der Munition, der Zielfernrohrmontage oder dem Zielfernrohr selbst.

Häufigster Fehler ist eine defekte Zielfernrohrmontage. Kipplaufwaffen – und besonders ältere Modelle – sind sehr oft mit der Suhler Einhakmontage ausgestattet und diese birgt besonders viele Fehlerquellen. Die kleinen Füße verbiegen schnell bei unsachgemäßer Handhabung, und wenn die Montage zu viel Spannung hat, sind konstante Schussbilder kaum zu erwarten. Wird der Schieber zurückgezogen und der Hinterfuß springt vehement hoch, ist das ein Zeichen, dass die Montage stark unter Spannung steht. Bei starkem Gebrauch und oftmaligem Aufsetzen und Abnehmen des Zielfernrohres ist die Montage auch so weit abgenutzt, dass sie regelrecht locker ist. Wird kräftig

Zielfernrohrmontagen sind eine häufige Fehlerquelle für schlechte Schussleistung.

am Glas gerüttelt, ist das oft schon spürbar. Einhakmontagen sind aufwendig und eine Reparatur oft teuer.

Bei der Schießprüfung sollte auf jeden Fall geprüft werden, ob sich die Treffpunktlage nach Abnehmen und Aufsetzen des Glases ändert. Liegt das Problem am Zielfernrohr selbst, ist das für den Laien schwierig zu erkennen. Von außen ist nicht viel zu sehen und zerlegen kann man ein Zielfernrohr nur in einer gut ausgestatteten Werkstatt. Ist die Montage einwandfrei und zeigt die Waffe über die offene Visierung eine gute Präzision, muss das Glas zur Überprüfung an den Hersteller geschickt werden.

**Wie präzise muss eine Jagdbüchse sein?**

Eine Frage, über die schon viele Stammtischrunden diskutiert haben. Das hängt zunächst einmal von den Möglichkeiten der Waffe selbst ab und den jagdlichen Notwendigkeiten. Eine Doppelbüchse in einem schweren Großwildkaliber wird auf Kurzdistanz eingesetzt und ist durch die verlöteten Läufe von vornherein gehandicapt. Hier ist die erreichbare Präzision auf 100 Meter völlig uninteressant. Schießt eine solche Büchse auf 40 Meter drei Schusspaare in einen Bierdeckel, ist das als ausreichend präzise zu betrachten. Wichtig ist hier viel eher, dass die beiden Läufe gut zusammen schießen und dass sich Teilmantel- und Vollmantelpatronen mit gleicher Treffpunktlage verschießen lassen. Einen Zentimeter mehr oder weniger beim Gesamtstreukreis durch Handladungen herausholen zu wollen, bringt jagdlich rein gar nichts.

Eine gute Waffe bringt mit präzise geladenen Patronen auch auf 400 Meter noch eine jagdlich brauchbare Schussleistung.

Anders sieht das aus, wenn Patronen für eine Büchse geladen werden, die bei der Jagd auf Bergwild wie Gams, Schafe oder Steinböcke eingesetzt wird. Hier ist eine möglichst hohe Präzision gefordert, um auch auf weite Distanzen noch einen waidgerechten Schuss abgeben zu können.

Gute Jagdbüchsen schießen auf 100 m mit handgeladenen und genau auf die Waffe abgestimmten Patronen Streukreise von 1-1,5 cm bei fünf Schüssen. Natürlich unter Schießstandbedingungen vom Anschusstisch und einen erfahrenen Schützen vorausgesetzt.

Bei Waffen für weite Distanzen ist aber noch eine Menge mehr zu beachten, denn dass eine Büchse auf 100 Meter präzise schießt, heißt nicht automatisch, dass sie auch auf 300 Meter eine jagdlich brauchbare Präzision erbringt. Hier sind mehrere Faktoren ausschlaggebend, die mit dem verwendeten Geschossgewicht, der Geschossform und der Außenballistik zusammenhängen.

Auf jeden Fall muss ein Jäger, der plant, weite Schüsse auf Wild abzugeben, seine Büchse und Munition auch auf weite Distanzen testen. Rein theoretische Berechnungen der Flugbahn gehen meistens schief und erweisen sich nach Überprüfung in der Praxis als mehr oder weniger fehlerhaft. Munition für weite Schüsse muss auch auf dem 300-Meter-Stand getestet werden – nur dann sind Weitschüsse auf Wild zu verantworten.

# Ballistik

Um optimale Munition zu laborieren, ist es wichtig, die Vorgänge zu kennen, die sich vom Auftreffen des Schlagbolzens auf das Zündhütchen bis zum Eindringen des Geschosses in das Zielmedium abspielen.

Gerade der Wiederlader hat die Möglichkeit, durch die Auswahl der Komponenten und die richtige Abstimmung der Munition, auf die Büchse hier erheblichen Einfluss zu nehmen. Kenntnisse der Ballistik helfen, auch Probleme bei der Schussleistung oder der Geschosswirkung zu erkennen und zu beheben.

Die Ballistik ist ein umfangreiches Fachgebiet und unterteilt sich in vier große Bereiche:

- Die Innenballistik befasst sich mit allen Vorgängen, die sich während der Schussentwicklung in der Waffe abspielen.
- Die Abgangsballistik, auch Mündungsballistik genannt, beschreibt die Beeinflussungen, denen das Geschoss beim Austritt aus der Laufmündung durch Pulvergase oder der Waffe selbst unterliegt.
- Die Außenballistik beschreibt die Flugbahn des Geschosses von der Laufmündung zum Ziel und alle Einflüsse, die während des Geschossfluges auftreten können.
- Die Zielballistik, auch Endballistik genannt, beschäftigt sich mit der Wirkung des Geschosses im Ziel.

Der Wiederlader muss sich mit allen vier Bereichen befassen, denn die Innenballistik ist bei der Wahl der Komponenten von großem Interesse, die Mündungsballistik hat erheblichen Einfluss auf die Präzision, die Außenballistik bestimmt den Weg des Geschosses und die Zielballistik ist für die Geschosswirkung verantwortlich.

**Innenballistik**

Die Innenballistik befasst sich mit der Schussentwicklung, also mit den Vorgängen zwischen dem Auftreffen des Schlagbolzens auf das Zündhütchen bis zum Austritt des Geschosses aus der Laufmündung. Um eine sichere und vor allem von Schuss zu Schuss gleich bleibende Schussentwicklung sicherzustellen, ist eine richtige Abstimmung der Munitionskomponenten erforderlich. Bei der Entwicklung einer Laborierung muss der zulässige Gebrauchsgasdruck beachtet werden, sonst wird es gefährlich. Bei den in diesem Buch angegebenen Ladedaten ist das natürlich geschehen, aber trotzdem muss der Wiederlader auf Anzeichen einer Druckerhöhung achten, besonders, wenn eine der Komponenten, also Pulvertyp, Zündhütchen, Geschoss oder Hülsenfabrikat ausgetauscht wird. Hier kann jede Änderung gegenüber den im Buch angegebenen Komponenten den Gasdruck beeinflussen. Die Abbrandcharakteristik des Treibladungsmittels und die Menge haben neben der Geschossmasse den größten Einfluss auf die Druckentwicklung.

Nicht zu vergessen ist, dass es sich bei den in diesem Buch angegebenen Laborierungen um jagdliche Laborierungen handelt, bei denen der zulässige Gasdruck oft fast voll ausgenutzt wurde. Schon der Austausch einer Ladekomponente, etwa der Hülse, kann den Gasdruck um einige hundert bar nach oben treiben. Es empfiehlt sich also unbedingt, die ersten Patronen mit leicht reduzierter Pulverladung zu laden und auf Anzeichen erhöhten Drucks zu achten. Der erfahrene Wiederlader weiß wie das aussieht – wer sich unsicher ist, sollte sich eines der einschlägigen Fachbücher zulegen.

Der sicherste Weg ist eine Gasdruckmessung bei einem Beschussamt oder der DEVA. Dann hat man den gemessenen Gasdruck seiner Laborierung schwarz auf weiß in der Hand und kann beruhigt zum Schießstand fahren. Die Abbrandcharakteristik des Treibladungspulvers ist von Pulverlos zu Pulverlos leicht unterschiedlich und dadurch kann eine leichte Anpassung an den Ladevorschlägen notwendig sein.

**Mündungsballistik**

Die Mündungsballistik hat Einfluss auf die Präzision und auch den Rückstoß der Waffe und ist deshalb interessant. Wenn das Geschoss die Laufmündung verlässt, befinden sich hinter dem Geschossboden unter hohem Druck stehende Pulvergase. Sobald das Geschoss die Mündung verlässt, strömen die Pulvergase, die mehr als 400 m/sek. schneller sind als das Geschoss, am Geschoss vorbei und es kommt zu Strömungserscheinungen, die den Geschossflug beeinflussen. Da die das Geschoss umfließenden Strömungen nicht symmetrisch sind, kommt es neben einer geringfügigen Nachbeschleunigung, durch die auf den Geschossboden wirkenden Gase, auch zu Querkräften, die das Geschoss zum Pendeln bringen. Diese auf das Geschoss wirkenden Pulvergase beeinflussen die Präzision erheblich.

Es ist erwiesen, dass ein Großteil der später auf der Scheibe zu beobachtenden Schussstreuung bereits an der Mündung entsteht. Wichtig ist also eine gleichmäßige Beschaffung der Mündung, damit die Pulvergase nicht einseitig auf das Geschoss wirken. Schon kleinste Macken an der Innenseite der Mündungskante können einen großen Einfluss haben. Eine hinterdrehte Mündung ist bei Jagdwaffen sinnvoll, da die empfindliche Mündung dadurch gut geschützt etwas zurückversetzt liegt. Um die Mündung nicht zu beschädigen, ist auch ein entsprechender Aufwand beim Waffenreinigen notwendig. Die Bürste muss die Mündung immer vollständig verlassen haben, bevor sie zurückgezogen wird.

Eine hinterdrehte Mündung ist unempfindlich gegenüber Beschädigungen.

**Der Rückstoß**

Da der Geschossimpuls den größten Einfluss am Rückstoßimpuls hat, lässt sich der Rückstoß mit einem leichteren Geschoss verringern. Bei konstanter Mündungsenergie verändert sich der spürbare Geschossimpuls proportional zur Wurzel aus dem Geschoss-Masse-Verhältnis. Patronen mit schnellem, leichtem Geschoss schießen sich dadurch angenehmer, obwohl ihre Mündungsenergie nicht geringer ist als bei einem schweren, aber langsameren Geschoss. Außenballistisch – und oft auch zielballistisch – sind schnelle, leichte Geschosse aber wenig sinnvoll, doch dazu kommen wir später noch.

Eine Möglichkeit den Rückstoß zu verringern, ist die Vergrößerung der Waffenmasse. Je schwerer die Büchse ist, umso angenehmer schießt sie sich auch. Soll die Waffenmasse erhöht werden, könnte dies zwar einfach durch Bleieinlagen im Schaft geschehen, doch es gibt bessere Möglichkeiten in Form von speziellen Rückschlagminderer, die hinten in den Schaft eingesetzt werden. Sie bestehen aus einem mit Wolframgranulat gefüllten Rohr und wirken nicht nur durch ihr Gewicht von 300-400 Gramm, sondern auch durch das Beharrungsvermögen des Wolframs, das sich beim Schuss und dem damit verbundenen Rücklauf der Büchse wesentlich weniger und langsamer bewegt als die Waffe selbst und sich somit quasi gegen die Waffe stemmt. Der Rückschlag ist viel weicher und angenehmer. Der große Vorteil ist neben der von außen nicht sichtbaren Montage, dass der kleine Container jederzeit wieder entfernt werden kann, wenn etwa einmal eine Jagd ansteht, wo das Waffengewicht eine große Rolle spielt und der Schütze lieber etwas mehr Rückstoß in Kauf nimmt.

Noch besser wirken aber Mündungsbremsen, die vorn an der Laufmündung befestigt werden. Um eine „heiße Patrone“ ohne „Risiken und Nebenwirkungen“ zu verschießen, ist eine solche Vorrichtung sehr sinnvoll.

Je leistungsfähiger die Patrone ist, umso stärker fällt auch der Rückstoß aus. Das ist ein ballistischer Grundsatz, der nicht zu umgehen ist.

Eine Mündungsbremse funktioniert, um es einfach auszudrücken, nach dem Prinzip der Schubumkehr. Mit gleicher Technik bremst auch ein Düsenflugzeug auf der Rollbahn ab. Der Gasstrahl, der in der Luft die Maschine durch den Ausstoß nach hinten antreibt, wird auf dem Rollfeld nach vorn gerichtet und wirkt jetzt ent-

Bei rückstoßstarken Kalibern schafft eine Mündungsbremse Abhilfe.

gegengesetzt. Verdeutlichen kann man sich das auch anhand eines Wasserschlauches. Durch den Druck des ausströmenden Wassers wird der Schlauch nach hinten gedrückt.

So funktioniert auch eine Mündungsbremse. Der vor dem Lauf befestigte Aufsatz leitet die Pulvergase um - und zwar in Richtung des Schützen. Dadurch wird die Waffe wie ein Flugzeug durch seinen Strahlantrieb nach vorn gezogen. Diese Kräfte wirken jetzt dem Rückstoß, der die Waffe ja nach hinten in Richtung Schütze treibt, entgegen. Durch diese gegensätzlichen Kräfte wird der Rückstoß und auch der Hochschlag der Waffe reduziert.

Eine Mündungsbremse hat dazu schräg nach hinten gerichtete Bohrungen und entsprechende Prallflächen im Innern, die die Pulvergase entsprechend umleiten. Das Ganze ist allerdings wesentlich komplizierter als es sich anhört, denn Bohrungsdurchmesser, Prallflächen und Winkel der Bohrungen müssen genau aufeinander abgestimmt sein, damit die Sache funktioniert. Natürlich ist auch für jeden Kaliberdurchmesser eine speziell berechnete Mündungsbremse notwendig, damit der optimale Effekt erzielt wird. Eine optimal abgestimmte Mündungsbremse kann den Rückschlag erheblich reduzieren und eine .338 Lapua Magnum schießt sich wie eine .30-06.

Durch die Mündungsbremse wird allerdings der Schussknall gesteigert. Weniger ist es die tatsächliche Zunahme des Knalls, die dem Schützen unangenehm bewusst wird, sondern die Umlenkung in seine Richtung. Durch die Tatsache, dass ein Teil der Gase nach schräg hinten gerichtet wird, bekommt der Schütze auch den Schussknall stärker mit. Im praktischen Jagdbetrieb ist das nicht weiter schlimm, aber auf dem Schießstand leiden besonders die Nachbarschützen darunter, die voll in Richtung der umgeleiteten Gase sitzen.

Es ist auch nicht ratsam, mit montierter Mündungsbremse liegend, auf staubigem oder sandigem Boden zu schießen, denn die auch nach unten geleiteten Pulvergase wirbeln jede Menge Dreck auf.

Moderne Mündungsbremsen arbeiten sehr effektiv und reduzieren Rück- und Hochschlag starker Büchsenpatronen merklich. Je stärker die Patrone ist, umso stärker fällt auch die Reduzierung des Rückstoßes aus, denn die Effektivität der Mündungsbremse steigt mit der Menge der umgeleiteten Gase, und starke Magnumpatronen produzieren nun mal erheblich mehr Pulvergase, als Standardkaliber. Wer Probleme mit dem Rückstoß hat, kann hier Erleichterung finden.

Dass das gelochte Stahlstück vorn am Lauf nicht gerade zur Verschönerung der Büchse beiträgt, muss hier in Kauf genommen werden. Wichtig ist eine penible Montage, damit die Präzision der Waffe nicht beeinträchtigt wird. Bei starken Jagdkalibern sind Mündungsbremsen sehr sinnvoll.

**Die Flugbahn des Geschosses**

Wenn das Geschoss die Waffenmündung verlässt, bewegt es sich in einer Kurve, die den Schwerpunkt des Geschosses beschreibt, durch die Luft, bis es irgendwann den Boden berührt, oder vorher auf einen Gegenstand aufschlägt. Dies sollte unser Ziel sein. Auf seinem Weg zum Ziel ist das Geschoss aber zahlreichen Einflüssen unterworfen, die es von seiner vorausberechneten Bahn abbringen können. Nicht nur die Höhenlage verändert sich während des Geschossfluges, sondern es treten auch Abweichungen zur Seite hin auf. Die Gestalt der Flugbahn wird neben dem Abgangswinkel des Geschosses, also der Stellung von Laufachse zu Fernrohrachse durch folgende Faktoren bestimmt:

1. Die Erdschwere
2. Den Luftwiderstand
3. Die Fluggeschwindigkeit des Geschosses
4. Die Geschossmasse
5. Die Drehgeschwindigkeit des Geschosses

**Die Erdschwere**

Die Erdschwere bewirkt den eigentlichen Fall des Geschosses. Im luftleeren Raum würde sich das Geschoss dauernd in Richtung der Laufseelenachse weiterbewegen. Unter Einfluss der Erdschwere fällt beim freien Fall ein spezifischer Körper - und dazu gehört ja auch ein Geschoss - in der ersten Sekunde seiner Flugzeit um etwa fünf Meter. Beim waagerechten Schuss liegt der Treffpunkt eines Büchsengeschosses also nach der ersten Sekunde der Flugzeit um etwa fünf Meter tiefer. Daraus resultiert, dass die Flugbahn umso gestreckter ausfällt, je größer der Weg ist, den das Geschoss innerhalb seiner Flugzeit zurücklegt, also umso größer seine Fluggeschwindigkeit ist.

**Der Luftwiderstand**

Das Geschoss gibt auf seinem Weg durch das Medium Luft ständig Energie ab, indem es Luftteilchen verdichtet und Reibungs- und Saugwiderstände hervorruft. Die während des Fluges abgegebene Energie wird in Bewegungsenergie der durchdrungenen Luft und in Wärme umgewandelt. Unsere Luft ist ein Gasgemisch, das hauptsächlich aus Stickstoff und Sauerstoff besteht.

Luft ist aber nicht überall gleich und das ist ein wichtiger Faktor bei außenballistischen Berechnungen. Die wichtigsten Kriterien der Luftbeurteilung sind der Luftdruck, die Temperatur und die relative Luftfeuchtigkeit. Der Luftdruck wird durch das Eigengewicht der Lufthülle erzeugt, nimmt also mit zunehmender Höhe ab. Dabei spielt auch der Temperaturverlauf eine Rolle. Luftdruck und Temperatur sind aber auch vom Wetter abhängig. Diese Fakten machen es natürlich schwierig genaue Schusstafeln zu erstellen.

Um hier eine Lösung zu finden, wurde die so genannte „Normalatmosphäre“ definiert, auf der alle Schusstafeln beruhen. Druck und Temperaturverlauf sind hier genau festgelegt. Urheber ist die ICAO (International Civil Aviation Organisation). Die ICAO-Atmosphäre ist die weltweit am stärksten verbreitete. Als Bezugshöhe für die ICAO-Atmosphäre wurde die Meereshöhe festgelegt. Der Luftdruck beträgt 1013.25 mb und die Temperatur 288.15 K oder 15.0 Grad Celsius.

Wie genau die Flugbahn eines Geschosses vom Schützen vorher berechnet werden kann, hängt also auch davon ab, wie hoch die Abweichungen der wirklichen Verhältnisse von der ICAO-Atmosphäre sind. Die Abweichungen werden umso größer sein, je höher der wirkliche Luftdruck vom Normalluftdruck abweicht und inwieweit sich der effektive Temperaturverlauf vom angenommenen Temperaturprofil unterscheidet. Die größten Unterschiede ergeben sich im Winter bei Inversionswetterlagen oder an heißen Sommertagen, wenn die Bodentemperaturen durch die starke Sonneneinstrahlung viel höher sind. Es ist also unbedingt nötig, eine Waffe auch dort einzuschießen, wo sie auch benutzt werden soll. Besonders bei Jagdreisen ist dieser Aspekt sehr wichtig.

**Die Fluggeschwindigkeit**

Die Geschwindigkeit des Geschosses ist maßgeblich für die Gestrecktheit der Flugbahn. Durch die laufenden Veränderungen ist dies aber keine gleichmäßige Größe, sondern gilt jeweils nur für ein kurzes Bahnstück. Unter dem Einfluss des Luftwiderstandes nimmt die Fluggeschwindigkeit mit wachsender Entfernung ständig ab. Infolgedessen wird auch die Flugbahn nach einem anfänglich gestreckten Teil mit abnehmender Geschwindigkeit immer gekrümmter.

Um eine möglichst flache Flugbahnkurve zu erhalten, ist also nicht nur eine möglichst hohe Anfangsgeschwindigkeit notwendig, sondern es müssen auch alle Maßnahmen getroffen werden, um diese Geschwindigkeit möglichst lange zu erhalten. Dies geschieht durch eine günstige Geschossform mit glatter Außenfläche und einer hohen Querschnittsbelastung. Davon aber mehr im Kapitel über die Geschosse.

**Die Geschossmasse**

Der Luftwiderstand, der die Ursache für die Verringerung der Fluggeschwindigkeit des Geschosses ist, hängt überwiegend von der Querschnittsfläche des Geschosses ab. Werden zwei Geschosse mit gleichem Querschnitt und damit gleichem Luftwiderstand mit gleicher Geschwindigkeit verschossen, ist der Geschwindigkeitsverlust des leichten Geschosses erheblich höher. Für weite Entfernungen sind somit schwere Geschosse wesentlich besser geeignet, da sie die bessere Querschnittsbelastung aufweisen.

Der Drall muss zum Geschoss passen. In jedem Kaliberdurchmesser gibt es leichte und schwere Geschosse.

Um die Querschnittsbelastung zu errechnen, wird das Geschossgewicht durch den Geschossquerschnitt geteilt. Je höher das auf den Quadratzentimeter entfallende Geschossgewicht in Gramm ist, umso geringer ist die Verzögerung des Geschosses durch den Luftwiderstand. Um eine hohe Querschnittsbelastung zu erzielen, gibt es verschiedene Möglichkeiten:

1. Das Geschossgewicht wird bei gleichem Geschossdurchmesser vergrößert.
2. Bei gleicher Form wird ein Geschosskern aus einem spezifisch schwereren Werkstoff, wie etwa Wolfram verwendet.

3. Das Kaliber wird bei annähernd gleicher Geschossform vergrößert. Da das Gewicht schneller steigt als der Querschnitt, wächst proportional auch die Querschnittsbelastung.

Daraus geht hervor, dass bei größeren Kalibern auch eine größere Querschnittsbelastung notwendig ist und dass die Fluggeschwindigkeit dieser Geschosse damit geringer und die Rasanz schlechter wird.

**Die Drehgeschwindigkeit des Geschosses**

Durch die Züge des Gewehrlaufes wird das Geschoss in Drehungen um seine Längsachse versetzt. Dadurch erfolgt eine so genannte Drallstabilisierung, die das Geschoss durch Kreiselwirkung gegen Überschlagen stabilisiert. Nur so ist ein präzises Schießen möglich.

Für jedes Geschoss gibt es eine bestimmte Drehgeschwindigkeit, die am Besten zur Anfangsgeschwindigkeit und Geschossform passt. Je länger ein Geschoss im Verhältnis zu seinem Durchmesser ist, umso eher neigt es zum Überschlagen. Daraus folgt, dass umso größer auch seine Drehgeschwindigkeit sein muss.

Lange Geschosse brauchen also einen kurzen Drall. Die Dralllänge wird als die Länge, die das Geschoss pro Umdrehung im Lauf zurücklegt, angegeben.

Die Drehgeschwindigkeit lässt sich aber nicht beliebig steigern, denn sonst kommt es zu einer Überstabilisierung. Die Geschosslänge sollte etwa fünf Kaliberlängen nicht übersteigen. Aus diesen ballistischen Grundsätzen resultiert auch, dass aus einer Waffe kaum kurze und lange Geschosse mit gleicher Präzision verschossen werden können. Einen optimalen Drall gibt es nur für eine Gewichtsklasse. Soll die höchste Präzision aus der Büchse herausgeholt werden, muss also der Drall bekannt sein.

Die Drallstabilisierung des Geschosses ist aber auch für die seitlichen Abweichungen aus der Flugbahn verantwortlich. Durch die Kreiselbewegungen und dem Einfluss der Schwerkraft führt das Geschoss Pendelbewegungen aus, die eine seitliche Abweichung aus der Schussebene hinaus zur Folge haben.

Kreisel haben die Eigenschaft, dass sie bei angreifenden Kräften wie dem Luftwiderstand nicht in Kraftrichtung ausweichen, sondern senkrecht dazu. Die Luftteilchen werden an der einen Seite mitgerissen und erhalten so eine höhere Geschwindigkeit, während sie auf der anderen Seite abgebremst werden, da das Geschoss ja hier in Gegenrichtung dreht. Durch die höhere Strömungsgeschwindigkeit ist der Druck so einseitig geringer und es kommt zur Abweichung nach dieser Seite.

Rechtsdrehende Geschosse weichen stets nach links und linksdrehende nach rechts ab. Die Seitenabweichung wächst mit der Entfernung und spielt hauptsächlich bei Weitschüssen eine Rolle.

**Der Formwert von Jagdgeschossen**

Der Formwert eines Geschosses ist ein ballistischer Zahlenwert, der die Eignung eines Geschosses zur Überwindung des Luftwiderstandes kennzeichnet. Genau genommen ist der Formwert für ein Geschoss keine konstante Größe, sondern verändert sich mit der jeweiligen Geschossgeschwindigkeit. Für jede Geschwindigkeit gibt es eine jeweils optimale Geschossform. Da sich die Geschwindigkeit während des Geschossfluges aber laufend ändert, ist eine gute Geschossform nur ein Kompromiss, der am besten zu dem jeweiligen Geschwindigkeitsbereich passt.

Der Formwert wird berechnet unter Zusammenfassung aller dafür ausschlaggebender Faktoren. Eine solche Berechnung ist zwar möglich, wird heute aber durch praktische Versuche ersetzt, indem die Fluggeschwindigkeit des Geschosses auf verschiedene Entfernungen gemessen wird. Diese Methode ist wesentlich genauer.

Der Formwert des Geschosses hat großen Einfluss auf die Flugbahn.

Der Formfaktor eines Geschosses ist ohne Weiteres vom Hersteller zu erfahren und wird vielfach in den Munitionskatalogen bereits angegeben. Ist der Formfaktor bekannt, kann daraus ohne weiteres Flugbahn, Fluggeschwindigkeit und Auftreffenergie auf jede beliebige Entfernung berechnet werden.

Das geschieht komfortabel und einfach mit entsprechenden Computerprogrammen, die auf jeden, den Anforderungen entsprechenden Heim-PC's laufen. Solche Programme werden von Geschossherstellern wie Sierra oder Barnes vertrieben, oder auch von privaten PC-Spezialisten wie etwa Brömel. Auch auf den Internetseiten vieler Geschosshersteller werden ballistische Rechenprogramme angeboten, und der Anwender kann dort online seine Daten eingeben und die Flugbahn seiner Laborierung berechnen, ohne selbst das Programm auf dem Rechner zu haben. Dieser Service ist in der Regel kostenlos.

Der Formfaktor eines Geschosses hat aber nur außenballistische Bedeutung. Über die Wirkung auf Wild sagt er nichts aus.

Die Ballistik ist eine schwierige Thematik, denn an moderne Patronen werden Anforderungen gestellt, die sich teilweise widersprechen. Das zeigt uns schon ein Blick in ballistische Tabellen von Munitionsherstellern.

Schon auf Normalentfernungen verändert sich die Treffpunktlage teilweise erheblich bei verschiedenen Geschossen. Dazu kommen noch die Umweltbedingungen.

Patronen mit gestreckter Flugbahn sind für den Jäger unproblematischer, da hier der Einfluss von Fehlern beim Entfernungsschätzen wesentlich geringer ist.

Eine gestreckte Flugbahn kann nur erreicht werden, wenn dem Geschoss eine hohe Anfangsgeschwindigkeit verliehen wird. Dies geht aber nur bis zu einer gewissen Grenze. Zur Erhaltung der Geschwindigkeit werden Geschosse mit günstigem Formwert und großer Querschnittsbelastung benötigt. Diese beiden Anforderungen sind aber nicht im vollen Umfang miteinander vereinbar. Eine günstige Geschossform verlangt eine schlanke Geschossspitze und eine Verjüngung des Heckteils - das geht aber auf Kosten der Querschnittsbelastung, denn die Geschosslänge darf etwa fünf Kaliberdurchmesser nicht überschreiten. Übliche Jagdgeschosse haben heute eine Querschnittsbelastung von etwa 20-30 g je Quadratzentimeter und das ist ein guter Kompromiss.

Bei sehr hohen Geschwindigkeiten ist ein guter Formwert vorteilhafter als eine große Querschnittsbelastung.

Bei Jagdgeschossen darf aber auch die Zielwirkung nicht außer Acht gelassen werden und die läuft einer außenballistisch günstigen Geschossform oft sehr entgegen. Daher haben Jagdgeschosse in der Regel eine Form, die ein Kompromiss zwischen außen- und zielballistischen Gesichtspunkten ist.

Schwere Geschosse fliegen in der Regel bei gleichem Kaliber langsamer als leichte und beschreiben daher auf kurze Schussentfernung, wo der Luftwiderstand noch nicht so zum Tragen kommt, eine stärker gekrümmte Flugbahn.

Bei leichten und schnellen Geschossen ist dies umgekehrt. Sie haben anfangs eine sehr flache Flugbahn, die mit zunehmender Abbremsung durch den Luftwiderstand auf größere Entfernungen immer gekrümmter wird. Grundsätzlich sind also leichte, schnelle Geschosse besser für kurze Schussentfernungen geeignet, schwere, anfangs langsamere Projektile aber auf lange Distanzen günstiger, da sie durch die größere Querschnittsbelastung über die ganze Distanz gesehen weniger abgebremst werden.

Diese Betrachtungen zeigen, dass der Wiederlader eine optimale Patrone immer nur für einen ganz genau spezifizierten Einsatzbereich laborieren kann. Hier hat er jedoch eine Menge Möglichkeiten, und wer genau weiß, auf welche Distanz er schießt und welchen Zielwiderstand er zu erwarten hat, kann eine dafür optimal wirkende Laborierung kreieren.

Bei universellen Ansprüchen, wie sie der Jäger in den meisten Fällen hat, müssen zwangsläufig Abstriche gemacht werden. Hier helfen aber gute ballistische Kenntnisse und das Wissen, um die Wirkungsweise der verschiedenen Geschosskonstruktionen, die richtige Balance zu finden. Zu den Geschossen kommen wir im nächsten Kapitel. Dort werden wir uns auch näher mit der Zielballistik befassen.

# Geschosse

Seit der Erfindung der Feuerwaffen und dem Einsatz von Schusswaffen zu Jagdzwecken, ist die Entwicklung der Geschosse nicht stehen geblieben. Waren es am Anfang noch richtige runde Kugeln aus Blei, die in Stoff- oder Lederläppchen gewickelt, den so genannten Pflastern, aus Vorderladern verschossen wurden, entwickelte sich der Aufbau mit der Zeit immer komplizierter. Schnell erkannte man den ballistischen Vorteil der Langgeschosse. Immer noch aus Blei, konnten sie mit Fettrillen zur Laufschmierung versehen werden und erlaubten ein wesentlich höheres Geschossgewicht, als die Rundkugel. Die Formen wurden laufend verändert, um die Präzision zu verbessern.

Mit der Einführung der Metallpatronen und der Erfindung des Nitropulvers begann eine neues Zeitalter der Geschossentwicklung.

Besaßen die ersten mit Schwarzpulver geladenen Patronen noch ein Langgeschoss aus Blei, musste man mit der Einführung des Nitropulvers umdenken. Das neue Pulver ließ wesentlich höhere Geschossgeschwindigkeiten zu und Bleigeschosse waren hier überfordert. Sie übersprangen die Züge, waren wenig präzise und nach wenigen Schüssen war der Lauf verbleit.

Durch die Umhüllung der Geschosse mit Stoff oder Papier wurde versucht, das weiche Blei zu schützen, doch dies war nur bis zu einer gewissen Geschossgeschwindigkeit erfolgreich. Durch die Möglichkeit, höhere Geschwindigkeiten zu erreichen, wurden die Geschosskaliber aber immer kleiner und es begann die Suche nach Alternativen.

Folgerichtig wurden die weichen Bleigeschosse mit härterem Material ummantelt. Anfangs benutzte man dünnes Stahlblech, so genanntes Flusseisen, das sich auch heute noch bei manchen Konstruktionen wie dem Brenneke TIG und TUG findet, dann ging man zu Messinglegierungen über. Heute sind fast ausschließlich Geschosse mit einem Mantel aus einer Messinglegierung, dem so genannten Tombak, zu finden.

Geschosse, die einen harten Außenmantel besitzen, können mit wesentlich höheren Geschwindigkeiten verfeuert werden.

Führend in der Geschossentwicklung war natürlich das Militär. Die militärischen Mantelgeschosse besaßen aber eine geschlossene Spitze und waren für die Jagd wenig brauchbar. Sie durchschlugen das Ziel meist ohne große Zerstörungen und verursachten entsprechende Fluchtstrecken.

So begann bald die Entwicklung spezieller Jagdgeschosse, die so konstruiert wurden, dass sie sich beim Auftreffen auf das Ziel verformten und viel Energie an den Wildkörper abgaben. Dazu wurde die Geschossspitze offen gelassen, so dass der weiche Bleikern frei lag.

Diese einfachen Teilmantelgeschosse sind auch heute noch gebräuchlich und zum Beispiel bei langsam fliegenden Geschossen, wie etwa die der meisten Großwildpatronen, auch völlig ausreichend.

Der Trend ging aber zu immer schnelleren und kleineren Kalibern und hier waren die einfachen Teilmantelgeschosse bald völlig überfordert. Bei der hohen Zielgeschwindigkeit moderner Patronen war die Tiefenwirkung viel zu gering. Die Geschosse zerlegten sich beim Auftreffen auf den Wildkörper in kleine Stücke und erreichten die lebenswichtigen Organe erst gar nicht mehr.

Mit dem Zeitalter der Hochgeschwindigkeitsmunition begann so auch eine intensive Entwicklung von Spezialgeschossen für die Jagd. Jede Firma brachte bald eigene Konstruktionen heraus, die laufend verändert und ergänzt wurden. Jedes Jahr tauchten neue Geschosse auf und versprachen dem Jäger optimale Wirkung.

Die letzte Entwicklungsstufe sind die so genannten „Massivgeschosse“, die nicht mehr den üblichen Mantel/Kern-Aufbau haben, sondern aus einem Material bestehen. Durch den homogenen Aufbau soll die Gefahr einer Trennung von Mantel und Kern im Ziel verhindert werden.

Als „Solid“, also praktisch ein Vollgeschoss, werden diese Geschosse bei der Jagd auf Großwild mit bestem Erfolg eingesetzt und verdrängen nach und nach die Vollmantelgeschosse. Ihre Richtungsstabilität im Wildkörper ist wesentlich besser, und auch wenn sie mal quer ankommen sollten, was passieren kann, wenn das Geschoss vor dem Ziel ein Hindernis streift, verformen sie sich nicht. Vollmantelgeschosse können dagegen aufplatzen, da der Mantel meist nur an der Spitze verstärkt ist und an den Seiten relativ dünnwandig ist.

Solids sind homogene Geschosse ohne die bisher übliche Kern/Mantel-Bauweise.

Werden Massivgeschosse mit einer Hohlspitze versehen, oder ein kleiner Bleikern eingelassen, wirken sie als Deformationsgeschosse. Viele Firmen wie, Hirtenberger, Barnes, MEN, RWS, Winchester oder Federal haben solche Konstruktionen auf den Markt gebracht. Durch die Fertigung auf Drehautomaten lassen sie sich günstig herstellen und es lohnen sich auch kleinere Serien, so dass es mittlerweile für viele ausgefallene Kaliber solche modernen Geschosse gibt. Die Diskussion um den Schadstoff Blei in Jagdgeschossen hat diese Entwicklung noch forciert.

Die bleifreien Geschosse sind stark auf dem Vormarsch. Fast jeder Geschosshersteller hat eine eigene Konstruktion im Proigramm.

Barnes Tipped Tripple Shock, ein bleifreies Geschoss mit gutem Formwert.

Die Verfechter traditioneller Teilmantelgeschosse verbessern ihre Konstruktionen natürlich ebenfalls laufend. Vielfach wird heute der Bleikern auf chemischem oder „heißem“ Wege mit dem Geschossmantel verbunden, um ein Herauslösen des Kerns zu verhindern und ein möglichst hohes Restgewicht zu erzielen. Diese “Bonded Core”-Geschosse verlieren kaum an Masse und haben eine sehr gute Tiefenwirkung.

Ein wirkliches Universalgeschoss für jede Entfernung und alle Wildarten gibt es aber immer noch nicht und wird es wohl auch nie geben. Dazu sind die Anforderungen viel zu verschieden. Je nach Patrone und Einsatzzweck gibt es aber einige Geschosse, die besonders gut geeignet sind.

Der Wiederlader hat die Möglichkeit, genau diese Konstruktionen zu wählen und hat damit oft einen Vorteil gegenüber Fabrikmunition, wenn es die betreffende Kaliber/Geschoss-Kombination so nicht zu kaufen gibt.

Bei den Ladedaten wurden die Geschosse nach den patronenspezifischen Gesichtspunkten ausgewählt und versucht, optimale Lösungen für verschiedene jagdliche Einsatzsituationen zu finden.

**Die Geschosswirkung**

Um für die jeweilige Jagd- und Wildart eine optimale Laborierung auswählen zu können, sind zumindest Grundkenntnisse der Zielballistik notwendig. Ein rechnerischer Maßstab für die Bemessung der Zielwirkung ist die Auftreffwucht des Geschosses im Ziel – seine Auftreffenergie.

Moderne Jagdgeschosse. Von links: RWS KS, RWS Doppelkern, Brenneke TOG, Nosler Partition, Hornady SST, Swift Scirocco, Nosler Accu Bond, HDB und Barnes TSX.

Sie errechnet sich aus der Geschossmasse und der Fluggeschwindigkeit.

Die so ermittelte Auftreffenergie ist jedoch in der Praxis ein völlig unzureichender Faktor und darf auf keinen Fall als alleiniger Maßstab zur Beurteilung der Eignung einer Patrone zur Bejagung einer Wildart herangezogen werden.

Rein rechnerisch kann ein kleines, leichtes, außenballistisch günstig geformtes Hochgeschwindigkeitsgeschoss die gleiche Auftreffenergie erzeugen, wie ein großkalibriges, schweres, zielballistisch günstig geformtes, aber entsprechend langsames Geschoss einer Großwildpatrone. Die rechnerische Auftreffenergie kann also nur als Vergleich zumindest ähnlicher Kaliber oder verschiedener Laborierungen eines Kalibers dienen.

Eine optimale Zielwirkung wäre erreicht, wenn das beschossene Stück im Augenblick des Schusses blitzartig verenden würde. So ein Effekt tritt aber nur sehr selten ein - etwa bei Gehirn- oder Rückenmarkschüssen.

Die Schusswirkung ist in der Regel rein mechanischer Natur und erstreckt sich auf Beeinträchtigung der lebenswichtigen Organe.

Beim Eindringen in den Körper schädigt das Geschoss nicht nur Gewebe, sondern reizt auch Nervenenden. Dadurch werden sekundäre Reaktionen wie Lähmungen hervorgerufen, die auch zur Handlungsunfähigkeit des getroffenen Stückes führen können. Nur sehr kleine Stellen am Wildkörper führen jedoch bei Treffern zum sofortigen Aussetzen der Körperfunktionen, was die relative Seltenheit von Schussverletzungen mit unmittelbarer Todesfolge erklärt. Wird kein lebenswichtiges Organ direkt getroffen und nachhaltig beeinträchtigt, ist die Todesfolge bei Schussverletzungen stets die Unterbrechung der Sauerstoffzufuhr zum Gehirn. Dies ist der Fall, wenn nach Zusammenbruch des Blutkreislaufes die Herztätigkeit aufhört. Hier entscheiden neben dem Treffersitz dann auch die Blutmenge und der Blutdruck. Ist die Blutung nicht sehr stark, kann es zu sehr großen Fluchtstrecken kommen, wenn nicht gleichzeitig auch Schädigungen an den Fortbewegungsorganen vorliegen.

Ein Ausschuss, der reichlich schweißt, ist also von Vorteil.

Bei der Auswahl eines Jagdgeschosses ist es also wichtig, den Zielwiderstand zu kennen, also etwa das Gewicht des Stückes und auch möglichst genau die Geschwindigkeit,

Geschossreste aus Wildkörpern. Links zwei herkömmliche Geschosse, die erheblich an Masse verloren haben, während die anderen Konstruktionen wesentlich höhere Restgewichte aufweisen.

mit der das Geschoss das Ziel trifft. Sind diese Daten bekannt, lässt sich ein Geschoss wählen, das hier die optimale Wirkung erzielt.

Bei den meisten Jagdsituationen ist das aber nicht vorhersehbar und wir müssen versuchen, einen möglichst guten Kompromiss zu finden. Manchmal ist aber recht genau bekannt oder es bestehen gute Chancen, Schussentfernung und Gewicht des Wildes einzuschätzen. Das ist etwa bei der Großwildjagd der Fall, denn wer auf einen Elefanten jagt, weiß recht sicher, dass er kaum mehr als 50 Meter Schussentfernung hat und das Gewicht der Beute lässt sich auch ziemlich genau einschätzen. Welchen Zielwiderstand ein Elefantenschädel bietet, ist genau bekannt. Hier ist die Geschosswahl nicht schwer, ein nicht deformierendes Vollmantelgeschoss oder Solid, mit möglichst großer Tiefenwirkung und guter Richtungsstabilität ist gefragt.

Auch bei der Drückjagd ist mit kurzen Distanzen zu rechnen und der Zielwiderstand wird bei den Saujagden bei 30-80 Kilogramm anzusetzen sein. Die 100-Kilo-Keiler sind heute wohl schon sehr selten und das Geschoss darauf abzustimmen, lohnt wohl kaum. Außenballistisch günstige Geschossformen können bei Drückjagdpatronen getrost vernachlässigt werden. Hier wird man den Schwerpunkt eher auf eine möglichst hohe Unempfindlichkeit gegenüber Flugbahnhindernissen legen und auch ein Geschoss wählen, das möglichst Ausschuss erbringt, um eine gut sichtbare Schweißfährte zu bekommen, denn das Drückjagdsauen nur selten im Feuer bleiben, dürfte bekannt sein.

Auch der Bergjäger hat es einfach, denn er weiß in der Regel, welche Wildart er bejagt, Gams, Steinbock oder eines der Wildschafe, und kennt daher auch den Zielwiderstand recht genau. Bei der Schussentfernung wird man sich eher an der oberen Grenze orientieren und ein Geschoss wählen, das eine gute Außenballistik verspricht, und vom Aufbau her auch bei den auf größere Distanzen bereits stark gesunkenen Zielgeschwindigkeit noch sicher anspricht. Das hängt natürlich von der Patrone ab und es ist ein Unterschied, ob ein Geschoss für eine 7x57 oder der 7 mm Super Express vom Hofe gesucht wird. Die langsame 7x57 braucht ein bedeutend weicher aufgebautes Geschoss, das auch bei sehr langsamer Geschwindigkeit noch deformiert, während ein solches Geschoss für die rasante 7x66 viel zu weich wäre und keine ausreichende Tiefenwirkung mehr hätte.

Zwei Woodleigh Vollmantelgeschosse .404 Jeffery, geborgen aus einem Elefantenschädel. Die stabilen Geschosse sind lediglich vorn abgeplattet.

Bei den Ladedaten wurde das berücksichtigt und Geschosse gewählt, die der Leistungsfähigkeit des jeweiligen Kalibers entsprechen. Bei der Geschosstabelle, die am Anfang jedes Kaliberbereiches steht, ist zudem angegeben, wozu dieses Geschoss geeignet ist.

Wer sich intensiv mit Jagdgeschossen befassen will, findet in meinem Buch „Das Buch der Geschosse“ mehr als 50 Jagdgeschosse eingehend in Aufbau und Wirkungsweise beschrieben.

# Präzisionspatronen

Es wird davon ausgegangen, dass der Leser mit dem Umgang der Ladepresse und den Ladewerkzeugen vertraut ist. Auf die Grundzüge des Wiederladens wird daher nicht mehr näher eingegangen. Wer hier noch Anleitung braucht, der wird sie in den klassischen Wiederladebüchern, etwa von Dynamit Nobel oder der DEVA finden. Dort wird das Handwerk des Wiederladens Schritt für Schritt und bestens bebildert erklärt.

In diesem Kapitel geht es um die Feinheiten des Wiederladens – dem Herstellen von wirklich präzisen Büchsenpatronen, wobei die erzielbare Genauigkeit natürlich von der Waffe und auch vom verwendeten Geschoss abhängt. Im Gegensatz zum Sportschützen hat der Jäger ganz andere Anforderungen an seine Patrone und wählt seine Waffe auch mehr nach jagdpraktischen Gesichtspunkten, als nach Höchstpräzision aus.

Trotzdem sollte der Wiederlader die ihm gegebenen Möglichkeiten nutzen und möglichst präzise Patronen herstellen. Er kann seine Munition genau auf seine Büchse abstimmen und ist daher einem Jäger, der Fabrikpatronen verschießt, weit voraus.

Um aus seiner Waffen/Munitionskombination das Maximum herauszuholen, ist natürlich schon etwas Aufwand erforderlich und hier müssen die Voraussetzungen stimmen, um sich diese Arbeit zu machen. Wer etwa Patronen für seine alte 500er Doppelbüchse lädt, um damit über Kimme und Korn ein Hippo oder einen Elefanten zu erlegen, wird mit kleinen Streukreisen wenig am Hut haben. Er braucht Patronen, die aus seiner Waffe aus beiden Läufen zusammenschießen und die nötige Leistung erbringen. Ganz anders dagegen der Gams- oder Schafjäger, der mit seiner rasanten 300er Magnum auf große Distanz schießen will und eine Patrone braucht, die nicht nur die nötige Energie im Ziel abliefert, sondern auf 300 Meter auch einen 6-Zentimeter-Streukreis schießt. Um das zu erreichen, reicht es nicht einfach, ein paar Hülsen zusammenzusuchen und die im Buch angegebenen Komponenten zu verladen. Hier ist schon etwas mehr Aufwand nötig.

### Auswahl der Hülsen

Ohne vernünftiges Hülsenmaterial lassen sich keine präzisen Patronen laden. Sie sind die Grundvoraussetzung für Präzisionspatronen. Grundsätzlich sind nur Hülsen eines Herstellers und aus einem Hülsenlos als Ausgangsbasis brauchbar. Aus einem Mix verschiedener Fabrikate lassen sich keine präzisen Patronen laden. Das Erarbeiten einer präzisen Laborierung ist eine Menge Arbeit, und darum ist es sinnvoll, mit einer entsprechenden Anzahl von Hülsen zu beginnen. Unsere präzise schießende Kombination von Hülse, Pulvercharge, Zündhütchen und Gesamtlänge der Patrone funktioniert nur, wenn stets gleiche Bedingungen herrschen. Wird nach einiger Zeit auf ein anderes Hülsenfabrikat gewechselt oder nur ein anderes Los des gleichen Herstellers benutzt, ist es sehr wahrscheinlich, dass darunter die Präzision leidet und die Arbeit beginnt von vorn. Möglich, dass wir diese Hülse mit etwas mehr oder weniger Pulver einem anderen Zündhütchen oder veränderter Setztiefe zum Schießen bringen, aber eine Menge Arbeit ist es trotzdem. Das lässt sich vermeiden, wenn von vorn herein genügend gleiche Hülsen vorhanden sind. 100 Stück sind für eine Jagdwaffe eine gute Ausgangsbasis. Dann stehen immer 50 Stück zur Verfügung, während die nächste 50er Charge geladen werden kann.

Je nach Kaliber und Ladung hat eine Hülse eine erstaunliche Lebensdauer. Bei moderater Ladung lässt sich ein mittleres Jagdkaliber durchaus 50-60 Mal wiederladen und selbst Magnumpatronen kommen auf 15-20 Mal.

Um 100 annähernd gleiche Hülsen zu bekommen, brauchen wir aber eine wesentlich größere Anzahl als Ausgangsbasis, denn auch bei Hülsen eines Loses gibt es Toleranzen. Um 100 Hülsen zu bekommen, sind je nach Qualität des Loses 150-200 Hülsen notwendig.

### Wiegen und Messen

Zunächst werden alle Hülsen auf Länge vermessen und alles, was +-2mm vom Mittelwert abweicht, wird aussortiert. Dann werden die Hülsen gewogen. Wird Höchstpräzision angestrebt, sind +-1 Grains vom Mittelwert als Toleranz anzusehen, bei normalen Jagdkalibern darf es durchaus etwas mehr sein und mit 1,5-1,7 Grains kann man gut leben. Sehr wichtig ist die Hülsenhalsstärke. Hier ist Gleichmäßigkeit der Schlüssel zur Präzision. Um den Hülsenhals zu messen, ist ein spezielles Messgerät notwendig. Die Messuhr sollte eine Genauigkeit von 0,001 mm haben. Vor dem Messen ist es jedoch notwendig, die Hülse zu kalibrieren, sofern es sich nicht um Neuhülsen handelt. Danach wird der Hülsenhals rundum an vier Punkten gemessen. Die Abweichungen sollten nicht über 0,07 mm liegen.

Jetzt haben wir den Grundstock für unseren Hülsenvorrat geschaffen und können an die Bearbeitung gehen.

### Abdrehen und Entgraten

Die Hülsen werden alle auf die gleiche Länge abgedreht und der Hülsenhals entgratet. Ganz penible Wiederlader bringen auch gleich bei allen Hülsen die Zündglocke auf die gleiche Tiefe. Bei Jagdpatronen spare ich mir das.

Die Hülsen sollten alle auf gleiche Länge abgedreht werden.

### Feuerformen

Beim Feuerformen werden die Hülsen auf das Maß des eigenen Patronenlagers gebracht. Dieser Vorgang ist sehr wichtig. Eine neue oder voll kalibrierte Hülse ist wesentlich kleiner als das Patronenlager und „schwimmt“ geradezu im Lager. Ein optimaler Eintritt des Geschosses in die Laufseele ist so niemals möglich. Nur wenn die Hülse nahezu spielfrei im Patronenlager sitzt, wird das Geschoss ohne zu verkanten in den Lauf eintreten. Das ist die Hauptursache, warum wiedergeladene Patronen – wenn denn der Wiederlader alles richtig macht – präziser schießen, als Fabrikpatronen. Als Feuerformladung dient eine leichte Ladung mit einem preiswerten Geschoss. Wir wollen ja nur, dass die Hülse die Form des Patronenlagers annimmt. Nach dem Feuerformen wird nochmals die Länge der Hülse kontrolliert und gegebenenfalls eine zu lange Hülse gekürzt. Nach dem Feuerformen dürfen wir natürlich die Hülse nicht mehr voll kalibrieren, denn damit würden wir ja wieder eine im Patronenlager „schwimmende" Hülse bekommen. Die Hülse wird nur so weit kalibriert, bis sich der Verschluss so gerade schließen lässt. Wenn auf dem letzten Zentimeter etwas Widerstand spürbar ist, haben wir eine optimal im Lager sitzende Hülse. Bei einer Jagdbüchse ist die reibungslose Funktion natürlich das Wichtigste und man darf es nicht übertreiben – der Verschluss sollte sich schon mühelos schließen lassen, damit ein schnelles, reibungsloses Repetieren möglich ist.

**Ermitteln der Geschosssetztiefe**

Dazu benötigen wir eine leere Hülse und das Geschoss, das später verschossen werden soll. Die Setztiefe muss für jedes Geschoss ermittelt werden. Das Geschoss wird jetzt so lang gesetzt, dass sich der Kammerstengel nicht ganz nach unten bewegen lässt. Wird dann die Kammer mit Druck geschlossen, schiebt sich das Geschoss weiter in die Hülse. Jetzt haben wir die Kompressionslänge, die aber keinesfalls als endgültige Setztiefe dienen kann. Je nach Kaliber müssen wir das Geschoss 0,1-0,5 mm tiefer setzen, damit der Auszugswiderstand aus der Hülse und der Einpresswiderstand in die Züge zeitlich versetzt erfolgt. Treffen beide Widerstände zusammen, kommt es zu einer gefährlichen Erhöhung des Gasdruckes. Das „in die Züge" setzen ist bei Sportschützen sehr beliebt, weil es außerordentlich präzise ist, doch die verwenden reduzierte Sportladungen. Bei einer starken Jagdlaborierung können wir uns das nicht erlauben.

Die Geschosse müssen verkanntungsfrei gesetzt werden.

**Kontrolle der Geschosse**

Das Geschoss hat ebenfalls einen hohen Anteil an der Präzision der Patrone. Es ist ratsam, die Geschosse zunächst auf Sicht zu prüfen. Kleine Macken an der Spitze sind nicht ganz so schlimm, Beschädigungen am Geschossboden haben dagegen verheerende Folgen für die Präzision. Dann werden die Geschosse genau wie die Hülsen gewogen und alles mit zu großen Toleranzen aussortiert. Hier muss man aber nicht so penibel sein, ein paar Zehntel Grains Unterschied machen nicht viel aus, nur was wirklich grob abweicht, fliegt raus.

**Endkontrolle**

Nach dem Laden erfolgt eine Sichtkontrolle. Besonders der Hülsenhals ist hier wichtig, denn hier können Risse entstehen. Um keine bösen Überraschungen auf der Jagd zu erleben, ist es ratsam zu probieren, ob sich alle Patronen reibungslos laden lassen. Diese kleine Mühe kann sich bezahlt machen, denn wenn im entscheidenden Augenblick sich die Kammer nicht schließen lässt, kann das zumindest ärgerlich, bei manchen Wildarten aber auch tödlich sein. Um die Patronen zu prüfen, sollte besser zur Sicherheit der Schlagbolzen herausgenommen werden, sonst macht man das lieber beim nächsten Besuch auf dem Schießstand.

Sportschützen betreiben natürlich einen noch weitaus höheren Aufwand. Da werden die Hülsen mit Wasser gefüllt und dann das Wasser gewogen, um das genaue Innenvolumen zu ermitteln, die Hülsenböden werden plan gedreht und der Rundlauf der Hülse gemessen. Abgesehen davon, dass dann von 200 Hülsen oft nur 10 % übrig bleiben, lohnt sich das für eine Jagdbüchse nicht. Wer seine Patronen so wie beschrieben lädt, wird Patronen mit mehr als ausreichender Präzision erhalten. Wichtig ist, sich Zeit zu nehmen und Schritt für Schritt Komponenten auszutauschen oder die Pulverladung in ganz kleinen Schritten zu verändern. Ist eine präzise Laborierung ermittelt, sollte von den verschiedenen Komponenten ein genügend großer Vorrat angeschafft werden.

Im Gebirge muss oft sehr weit geschossen werden. Hier ist eine präzise Büchse mit genau abgestimmter Munition wichtig für den Jagderfolg.

# Kaliber und Ladedaten

In den nachfolgenden Kapiteln werden die einzelnen Jagdpatronen mit ihrer Entwicklungsgeschichte vorgestellt und dargelegt, wofür sich diese Patronen besonders eignen. Die angegebenen Ladedaten sind alle in der Praxis erprobt worden und haben sich aus den verwendeten Waffen als sicher und präzise erwiesen. Zur Anpassung an die eigene Büchse können kleine Änderungen erforderlich sein, die sich auf die Setztiefe des Geschosses beziehen oder aus dem verwendeten Pulverlos resultieren.

Bei der Erarbeitung der Ladedaten wurde nicht ausschließlich auf Höchstpräzision Wert gelegt.

Im Gegensatz zum Sportschützen, der lediglich ein Loch in eine Papierscheibe stanzt, verlangt der Jäger noch mehr von seinen Patronen, denn Höchstpräzision bringt gar nichts, wenn das Geschoss keine ausreichende Tötungswirkung entfaltet.

Hier unterscheidet sich Jagdmunition von Scheibenpatronen. Der Wiederlader von Jagdmunition hat es also deutlich schwerer als der Sportschütze, denn seine Patronen müssen auch über ein Mindestmaß an Mündungsgeschwindigkeit verfügen, damit sie jagdlich einsetzbar sind.

Dass „heiße Ladungen" nicht immer die präzisesten sind, weiß jeder erfahrene Wiederlader. Hier muss jetzt der richtige Kompromiss von Leistung zu Präzision gefunden werden. Der hängt natürlich wieder von der Wild- und Jagdart ab.

Auf alle Fälle muss der Wiederlader von Jagdpatronen über einen Lichtschrankenchronographen zum Messen der Mündungsgeschwindigkeit verfügen, denn nur so kann die Leistung der Patrone beurteilt werden. Diese Geräte sind zum Glück heute schon sehr preiswert zu bekommen. Ohne messen der V0 geht es nicht. Selbst wenn die in diesem Buch angegebenen Laborierungen genau nachgebaut werden, heißt das nicht, dass die Leistung aus der eigenen Büchse identisch ist. Einmal verwendet der Leser andere Lose bei den Treibladungsmitteln, die schon eine etwas andere Abbrandcharakteristik haben können, die sich auf die Leistung auswirkt und dann spielt die Beschaffenheit des Laufes eine große Rolle bei der Umsetzung der Patronenleistung. Selbst bei gleicher Lauflänge könne sich aus zwei Waffen, aus denen identische Patronen verschossen werden Unterschiede bei der Mündungsgeschwindigkeit von 40-50 m/sek. ergeben. Eine V0-Messung aus der eigenen Büchse ist also immer notwendig, um die Leistungsfähigkeit seiner Waffen/Patronenkombination beurteilen zu können.

Am Anfang der einzelnen Kapitel, die sich am Kaliber, also dem echten Geschossdurchmesser orientieren, steht eine Auflistung der erhältlichen Geschosse. Bei den kleineren Kalibern wurden die einfachen Teilmantelgeschosse oft nicht berücksichtigt, da sie für Hochleistungs-Jagdmunition wenig interessant sind. Hier hat der Leser die Möglichkeit zu sehen, welche Geschosskonstruktionen für sein Kaliber verfügbar sind. Die bei den einzelnen Patronen dann verwendeten Geschosse sind eine Auswahl, die unter den Gesichtspunkten einer für diese Patrone optimalen Laborierung für die verschiedenen Einsatzzwecke getroffen wurde.

# Dia .284

Mit den 284er Geschossen werden die 7-mm-Patronen versorgt, die sich sowohl bei den europäischen- als auch den US-Kalibern reichlich finden. Die Auswahl reicht von präzisen, rückstoßarmen Patronen für die Bejagung von Rehwild und mittelstarkem Hochwild wie 7x57 oder 7mm-08, bis hin zu Hochleistungskalibern, die für die Bejagung von Bergwild auf weite Distanzen entwickelt wurden, wie etwa 7x66 SE vom Hofe oder 7mm Remington Ultra Magnum.

In diesem Geschossdurchmesser sind auch viele Spezialpatronen und Wildcats zu Hause, denn durch die günstige Querschnittsbelastung der Geschosse und dem noch relativ geringen Geschossdurchmesser, lassen sich durch Einziehen des Hülsenhalses großkalibriger Patronen neue Hochleistungspatonen mit, im Verhältnis zum Geschossdurchmesser großem Pulverraum und entsprechender Leistung, relativ einfach herstellen. Das wurde ausgiebig gemacht und damit ließe sich ein ganzes Buch füllen. Viele dieser Patronen sind sich natürlich relativ ähnlich und unterscheiden sich lediglich durch wenige Millimeter Hülsenlänge oder einem, um einige Grad verändertem Schulterwinkel. Hier wurden die wichtigsten Kaliber berücksichtigt, für die Serienwaffen hergestellt werden.

Das Geschossangebot ist entsprechend der großen Beliebtheit des .284er Geschossdurchmessers sehr umfangreich. Jeder Hersteller von Geschossen hat diesen Kaliberdurchmesser im Programm und entsprechend der weiten Leistungsbandbreite der 7-mm-Patronen ist auch das Angebot an Spezialgeschossen. Von einfachen Teilmantelgeschossen für die alten 7-mm-Patronen über sich schnell zerlegende Varmintgeschosse für die Raubwildbejagung auf weite Distanzen, bis hin zu aufwendigen Spezialgeschossen, mit denen die rasanten Hochleistungspatronen zur Jagd auf schweres Wild erst sinnvoll eingesetzt werden können, ist alles zu haben. Die Geschosstabelle beinhaltet die wichtigsten Konstruktionen.

7x57 – 7x64 – 7mm Rem Mag – 7 mm WSM – 7x66SEvH – 7mm Rem Ultra
liegend 7x57 R – 7x65R – 7x75RSEvH

**Geschosspalette:**

| Hersteller | Geschoss-typ | Geschossge-wicht in g /Grains | Eignung Wildarten | Kaliberempfehlung |
|---|---|---|---|---|
| Sierra | Game King | 9,1 / 140 | Leichtes Hochwild, | Standardpatronen |
| Sierra | Game King | 9,7 / 150 | Hochwild | Standardpatronen |
| Sierra | Game King | 11,3 / 175 | Mittleres und schweres Hoch-wild | Standardpatronen und rasante Patronen auf weite Distanzen |
| Sierra | Pro Hunter | 7,8 /120 | Rehwild/ leichtes Hochwild | Standardpatronen |
| Sierra | Pro Hunter | 8,4 / 130 | Rehwild/ leichtes Hochwild | Standardpatronen |
| Sierra | Pro Hunter | 9,1 / 140 | Leichtes Hochwild | Standardpatronen |
| Hornady | InterLock | 9,1 / 140 | Leichtes Hochwild | Standardpatronen |
| Hornady | InterLock | 9,7 / 150 | Hochwild | Standardpatronen |
| Hornady | InterLock | 11,3 / 175 | Schweres Hoch-wild | Standardpatronen und rasante Patronen auf weite Distanzen |
| Hornady | SST | 9,7 / 150 | Hochwild | Hochleistungspatronen |
| Hornady | SST | 10,5 / 162 | Schweres Hoch-wild | Hochleistungspatronen |
| Hornady | V-Max | 7,8 / 120 | Raubwild | Standard- und Hochleis-tungspatronen |
| Hornady | A-Max | 10,5 / 162 | Raubwild/Rehwild | Standard- und Hochleis-tungspatronen |
| Hornady | Interbond | 9,0 / 139 | Hochwild | Standard- und Hochleis-tungspatronen |
| Hornady | Interbond | 10,0 / 154 | Schweres Hoch-wild | Standard- und Hochleis-tungspatronen |
| Brenneke | TIG | 11,5 / 177 | Schweres Hoch-wild | Standardpatronen |
| Brenneke | TOG | 9,7 / 150 | Hochwild | Standardpatronen |
| A-Square | Dead Touch | 11,3 / 175 | Schweres Hoch-wild | Hochleistungspatronen |
| Barnes | X-Bullet | 7,8 / 120 | Hochwild | Hochleistungspatronen |
| Norma | Oryx | 10,1 / 156 | Hochwild | Standardpatronen und rasante Patronen auf weite Distanzen |
| Norma | PPC | 11,0 / 170 | Hochwild | Standardpatronen |
| Sako | Hammerhead | 11,0 / 170 | Hochwild | Standardpatronen |
| Impala | Impala | 7,1 / 110 | Leichtes Wild | Standardpatronen und rasante Patronen auf weite Distanzen |
| PMP | Pro Amm | 9,7 / 150 | Hochwild | Standardpatronen |
| PMP | Pro Amm | 11,0 / 170 | Hochwild | Standardpatronen |
| Barnes | X-Bullet | 9,1 / 140 | Hochwild | Hochleistungspatronen |

| Hersteller | Geschoss-typ | Geschossgewicht in g /Grains | Eignung Wildarten | Kaliberempfehlung |
|---|---|---|---|---|
| Barnes | X-Bullet | 9,7 / 150 | Schweres Hochwild | Hochleistungspatronen |
| Barnes | X-Bullet | 10,4 / 160 | Schweres Hochwild | Hochleistungspatronen |
| Barnes | X-Bullet | 11,3 / 175 | Schweres Hochwild | Hochleistungspatronen |
| Barnes | Triple Shock | 9,1 / 140 | Hochwild | Hochleistungspatronen |
| Barnes | Triple Shock | 10,4 / 160 | Schweres Hochwild | Hochleistungspatronen |
| Nosler | Ballistic Tip | 7,8 / 120 | Leichtes Hochwild | Standardpatronen |
| Nosler | Ballistic Tip | 9,1 / 140 | Leichtes Hochwild | Standardpatronen |
| Nosler | Ballistic Tip | 9,7 / 150 | Leichtes Hochwild | Standardpatronen |
| Nosler | Partition | 9,1 / 140 | Hochwild | Standardpatronen und rasante Patronen auf weite Distanzen |
| Nosler | Partition | 9,7 / 150 | Hochwild | Standardpatronen und rasante Patronen auf weite Distanzen |
| Nosler | Partition | 10,4 / 160 | Schweres Hochwild | Hochleistungspatronen |
| Nosler | Partition | 11,3 / 175 | Schweres Hochwild | Hochleistungspatronen |
| Nosler | Partition Gold | 10,4 / 160 | Schweres Hochwild | Hochleistungspatronen |
| Nosler | Accu Bond | 9,1 / 140 | Hochwild | Hochleistungspatronen |
| Nosler | Accu Bond | 10,4 / 160 | Schweres Hochwild | Hochleistungspatronen |
| Nosler | Ballistic Silvertip | 9,1 / 140 | Leichtes Hochwild | Standardpatronen und rasante Patronen auf weite Distanzen |
| Nosler | Ballistic Silvertip | 9,7 / 150 | Leichtes Hochwild | Standardpatronen und rasante Patronen auf weite Distanzen |
| Federal | Trophy Bonded | 10,4 / 160 | Schweres Hochwild | Hochleistungspatronen |
| Blaser | CDP | 10,0 / 154 | Schweres Hochwild | Hochleistungspatronen |
| Reichenberg | HDB | 6,8 / 105 | Leichtes Hochwild | Standardpatronen |
| Reichenberg | HDB | 7,0 / 108 | Hochwild | Standardpatronen und rasante Patronen auf weite Distanzen |
| Reichenberg | HDB | 8,7 / 135 | Hochwild | Standardpatronen und rasante Patronen auf weite Distanzen |

| Hersteller | Geschoss-typ | Geschossgewicht in g /Grains | Eignung Wildarten | Kaliberempfehlung |
|---|---|---|---|---|
| Reichenberg | HDB | 9,0 / 139 | Hochwild | Standardpatronen und rasante Patronen auf weite Distanzen |
| Reichenberg | HDB | 10,0 / 154 | Schweres Hochwild | Hochleistungspatronen |
| Reichenberg | HDB | 10,4 / 160 | Schweres Hochwild | Hochleistungspatronen |
| GPA | GPA | 8,0 / 123 | Hochwild | Standardpatronen |
| GPA | GPA | 9,7 / 150 | Hochwild | Standard- und Hochleistungspatronen |
| Speer | Hot Core | 8,4 / 130 | Rehwild/leichtes Hochwild | Standardpatronen |
| Speer | Hot Core | 9,4 / 145 | Leichtes Hochwild | Standardpatronen |
| Speer | Hot Core | 10,4 / 160 | Hochwild | Standardpatronen |
| Speer | Hot Core | 11,3/ 175 | Schweres Hochwild | Standard- und Hochleistungspatronen |
| Speer | Grand Slam | 10,4 / 160 | Hochwild | Standardpatronen |
| Speer | Grand Slam | 11,3 / 175 | Schweres Hochwild | Standardpatronen und rasante Patronen auf weite Distanzen |
| Speer | Bear Claw | 10,4 / 160 | Schweres Hochwild | Standard- und Hochleistungspatronen |
| Speer | Bear Claw | 11,3 / 175 | Schweres Hochwild | Standard- und Hochleistungspatronen |
| Remington | Core Lokt | 9,1 / 140 | Hochwild | Standardpatronen |
| Remington | Core Lokt | 9,7 / 150 | Hochwild | Standardpatronen |
| Remington | Core Lokt | 11,3 / 175 | Schweres Hochwild | Standardpatronen |
| Remington | Accu Tip | 9,1 / 140 | Hochwild | Standard-und Hochleistungspatronen |
| Remington | Accu Tip | 9,7 / 150 | Hochwild | Standard-und Hochleistungspatronen |
| Swift | A-Frame | 9,1 / 140 | Hochwild | Standard-und Hochleistungspatronen |
| Swift | A-Frame | 10,4 / 160 | Schweres Hochwild | Hochleistungspatronen |
| Swift | A-Frame | 11,3 / 175 | Schweres Hochwild | Hochleistungspatronen |
| Swift | Scirocco | 9,7 / 150 | Schweres Hochwild | Hochleistungspatronen |
| Swift | Scirocco | 9,7 / 150 | Schweres Hochwild | Hochleistungspatronen |
| RWS | KS | 8,0 / 123 | Leichtes Hochwild | Standardpatronen |
| RWS | TMR | 9,0 / 139 | Rehwild | Standardpatronen |

| Hersteller | Geschoss-typ | Geschossgewicht in g /Grains | Eignung Wildarten | Kaliberempfehlung |
|---|---|---|---|---|
| RWS | KS | 10,5 / 162 | Hochwild | Standardpatronen |
| RWS | Ideal Classik | 10,5 / 162 | Hochwild | Standardpatronen |
| RWS | Ideal Classik | 11,5 / 177 | Hochwild | Standardpatronen |
| RWS | Doppelkern | 10,0 / 154 | Hochwild | Standardpatronen |
| RWS | H-Mantel | 11,2 / 172 | Hochwild | Standardpatronen |
| RWS | Evolution | 10,3 / 159 | Schweres Hochwild | Standardpatronen und rasante Patronen auf weite Distanzen |
| Degol | Starkmantel | 11,0 / 170 | Schweres Hochwild | Standardpatronen und rasante Patronen auf weite Distanzen |
| Sauvestre | FIP | 9,55/148 | Hochwild | Standard- und Hochleistungspatronen |
| Woodleigh | Protected Point | 9,1 / 140 | Hochwild | Standardpatronen und rasante Patronen auf weite Distanzen |
| Woodleigh | Protected Point | 10,4 / 160 | Schweres Hochwild | Hochleistungspatronen |
| Woodleigh | Protected Point | 11,3 / 175 | Schweres Hochwild | Hochleistungspatronen |

Bei der Gamsjagd sollten Geschosse eingesetzt werden, die auch auf weite Distanz sicher ansprechen.

# 7x57 und 7x57 R

Die 7x57 und ihre Randversion ist eine kleine, aber sehr effektive Patrone für leichtes bis mittleres Schalenwild auf nicht zu große Distanzen. Diese Mauserpatrone stammt aus dem Jahre 1892 und ist weltweit bekannt. In England hat sie unter dem Namen .275 Rigby einen hervorragenden Ruf. Die 7x57 oder .275 Rigby wurde wohl schon auf fast alles Wild der Erde geführt und Karamojo Bell schoss mit der Vollmantelpatrone 7x57 einen Großteil seiner Elefanten – wie viele er verloren hat, steht leider nirgends. Auch viele Rehwildjäger schätzen die nicht zu schnelle 7x57 und ihre Randversion, obwohl die Ausschüsse bei dieser Wildart nicht unbedingt klein ausfallen. Dafür gibt es kaum Hämatome. Durch das umfangreiche Geschossangebot lässt sich die 7x57 vielseitig einsetzen. Der Waldjäger wird die schweren 11-11,5 Gramm-Geschosse wählen, während der Feldjäger eher zu den leichten, strömungsgünstigen Spitzgeschossen greift. Das mittlere Geschossgewicht von 10-10,5 g ist universell einsetzbar. Werden leichtere Geschosse von 8 oder 9,1g benutzt, kann sich auch die Flugbahn der 7x57 sehen lassen. Das 8,0 g Kegelspitzgeschoss der RWS-Laborierung verlässt mit 900 m/sek. den Lauf und hat eine GEE von 181 Meter. Selbst auf 200 Meter braucht der Schütze, hier bei einem Geschossfall von noch nicht einmal drei Zentimetern unter dem Haltepunkt, bei einer auf GEE eingeschossenen Waffe, nicht höher ins Ziel zu gehen.

In den letzten Jahren ist die kleine 7 mm aber von der leistungsfähigeren 7x64 und der Randversion 7x65 R stark verdrängt worden. Es scheint fast so, als ob die 7x57 im Ausland mehr geschätzt wird, als in ihrem Mutterland. Das zeigt sich auch in den Munitionskatalogen, wo fast alle großen Hersteller aus den USA und auch der skandinavischen Länder vertreten sind. Zumindest bei der randlosen Patrone. Die Randversion ist dagegen nur spärlich zu finden, was aber seine Ursache in der nur in Europa starken Bevorzugung von Kipplaufwaffen bei der Jagd hat. Trotzdem sind noch sehr viele gute Waffen für diese Patrone im Umlauf und es werden auch noch Neuwaffen dafür eingerichtet. Ihre Befürworter schätzen den geringen Rückstoß und die hohe Eigenpräzision. Waffen im Kaliber 7x57 (R) lassen sich sehr leicht und führig bauen, und die Verschlussbelastung ist sehr gering. Mit ein Grund für das Vorhandensein vieler gut erhaltener alter Waffen in diesen Kalibern.

Das Wiederladen bereitet keine besonderen Schwierigkeiten. Die mittelschnellen Büchsenpulver sind optimal, wenn keine schweren Geschosse eingesetzt werden. Besonders Rottweil R 903 und Kemira N 150 erweisen sich als sehr gleichmäßig abbrennend und erbrachten eine hohe Präzision. Auch wenn Patronen für kurzläufige Waffen laboriert werden, was gerade bei der 7x57, die eine beliebte Patrone für Stutzen ist, oft vorkommt, sollten die mittleren Pulver benutzt werden. Bei den schweren Geschossen sind die langsamer abbrennenden Sorten wie Rottweil R 904 aber vorteilhafter, wenn eine hohe Leistung angestrebt wird. Damit lässt sich die höchste V0 erzielen, wenn der Lauf lang genug ist. Bei 50cm-Läufen sind die mittleren Sorten aber vorzuziehen. Bei der Randversion wird diese Frage kaum auftreten, denn meist wird die 7x57 R in kombinierten Waffen geführt, die eine Lauflänge von 63-65 cm haben. Hier lässt sich mit den progressiveren Sorten die beste Leistung erzielen.

Standardzündhütchen reichen für die 7x57 völlig aus. Matrizensätze sind von allen großen Herstellern zu bekommen.

# Ladedaten Kaliber 7x57

| Geschoss-hersteller | Geschoss-typ | Geschoss-gewicht Grains | Pulver-hersteller | Pulvertyp | Pulver-ladung Grains | Hülsen-fabrikat | Zünd-hütchen | Gesamt-länge (mm) | $V_0$ m/sek |
|---|---|---|---|---|---|---|---|---|---|
| Barnes | X-Bullet | 120 | Kemira | N 140 | 42,7 | RWS | RWS 5341 | 75,0 | 875 |
| RWS | KS | 123 | Rottweil | R 902 | 45,5 | RWS | RWS 5341 | 72,5 | 902 |
| Hornady | SST | 139 | Hodgdon | 4350 | 47,0 | RWS | CCI 200 | 75,5 | 825 |
| Reichenberg | HDB | 139 | Rottweil | R 907 | 47,0 | RWS | CCI 200 | 75,0 | 840 |
| Barnes | X-Bullet | 140 | Rottweil | R 903 | 42,0 | PMC | CCI 200 | 75,8 | 815 |
| Swift | A-Frame | 140 | Kemira | N 140 | 43,4 | RWS | RWS 5341 | 74,5 | 820 |
| Nosler | Partition | 140 | Rottweil | R 903 | 42,2 | PMC | CCI 200 | 75,8 | 822 |
| Brenneke | TOG | 150 | PRB | PCL 507 | 38,3 | RWS | RWS 5341 | 73,0 | 765 |
| Swift | Scirocco | 150 | Kemira | N 160 | 44,0 | PMC | CCI 200 | 75,0 | 785 |
| Norma | Oryx | 156 | Kemira | N 550 | 43,2 | RWS | RWS 5341 | 74,5 | 770 |
| RWS | Evolution | 159 | Rottweil | R 905 | 50,0 | RWS | RWS 5341 | 74,3 | 785 |
| Speer | Grand Slam | 160 | IMR | 4831 | 43,5 | PMC | CCI 200 | 75,0 | 775 |
| Barnes | X-Bullet | 160 | Kemira | N 160 | 44,5 | PMC | CCI 200 | 76,8 | 756 |
| Swift | A-Frame | 160 | Hodgdon | 4350 | 43,8 | RWS | RWS 5341 | 75,0 | 760 |
| Lapua | Naturalis | 160 | Rottweil | R 905 | 50,0 | RWS | RWS 5341 | 73,5 | 745 |
| Hornady | SST | 162 | Kemira | N 160 | 44,0 | RWS | CCI 200 | 75,5 | 762 |
| Brenneke | TIG | 162 | Rottweil | R 903 | 40,2 | RWS | RWS 5341 | 75,0 | 750 |
| Nosler | Partition | 175 | Rottweil | R 905 | 47,3 | RWS | RWS 5341 | 75,5 | 755 |
| Hornady | TMR | 175 | IMR | 7828 | 46,4 | PMC | CCI 200 | 74,0 | 745 |
| Swift | A-Frame | 175 | Norma | N 204 | 44,0 | RWS | RWS 5341 | 75,0 | 725 |
| Brenneke | TIG | 177 | Kemira | N 160 | 46,0 | RWSI | RWS 5341 | 75,0 | 722 |

Zur Ermittlung der Ladedaten wurde eine Repetierbüchse Steyr Mannlicher mit 60 am Lauflänge benutzt.

# Ladedaten Kaliber 7x57 R

| Geschoss-hersteller | Geschoss-typ | Geschoss-gewicht Grains | Pulver-hersteller | Pulvertyp | Pulver-ladung Grains | Hülsen-fabrikat | Zünd-hütchen | Gesamtl-änge (mm) | $V_0$ m/sek |
|---|---|---|---|---|---|---|---|---|---|
| Barnes | X-Bullet | 100 | Rottweil | R 903 | 46,5 | RWS | RWS 5341 | 73,5 | 935 |
| Nosler | Solid Base | 120 | Rottweil | R 907 | 41,0 | RWS | CCI 200 | 74,0 | 815 |
| RWS | KS | 123 | Rottweil | R 902 | 72,0 | RWS | RWS 5341 | 74,0 | 845 |
| Hornady | SST | 139 | Kemira | N 550 | 45,5 | RWS | CCI 200 | 75,0 | 810 |
| Nosler | Partition | 140 | Kemira | N 140 | 40,5 | RWS | CCI 200 | 75,5 | 786 |
| Swift | Scirocco | 150 | Kemira | N 160 | 48,0 | RWS | RWS 5341 | 75,0 | 790 |
| Reichenberg | HDB | 154 | Kemira | N 550 | 42,6 | RWS | RWS 5341 | 75,0 | 755 |
| Hornady | SST | 154 | IMR | 4350 | 47,5 | RWS | RWS 5341 | 75,5 | 780 |
| RWS | Doppelkern | 154 | Norma | N 204 | 46,7 | RWS | RWS 5341 | 75,0 | 790 |
| Blaser | CDP | 154 | Hodgdon | H 450 | 51,7 | RWS | CCI 200 | 75,6 | 784 |
| Nosler | Partition | 160 | Rottweil | R 904 | 45,0 | RWS | CCI 200 | 77,0 | 740 |
| Speer | Grand Slam | 160 | Rottweil | R 905 | 47,5 | RWS | RWS 5341 | 76,5 | 755 |
| Hornady | SST | 162 | Rottweil | R 904 | 45,0 | RWS | RWS 5341 | 75,0 | 740 |
| Brenneke | TIG | 162 | Kemira | N 160 | 44,5 | RWS | RWS 5341 | 75,0 | 730 |
| Geco | TMR | 165 | Kemira | N 160 | 44,0 | RWS | CCI 200 | 75,0 | 725 |
| Nosler | Partition | 175 | Rottweil | R 905 | 47,0 | RWS | CCI 200 | 76,0 | 720 |
| Swift | A-Frame | 175 | Kemira | N 160 | 45,0 | RWS | CCI 200 | 76,0 | 710 |
| Brenneke | TIG | 177 | Kemira | N 160 | 44,5 | RWS | RWS 5341 | 75,0 | 700 |

Zur Ermittlung der Ladedaten wurde eine BBF Krieghoff Alp mit 63 cm Lauflänge benutzt.

# 7x64 und 7x65 R

Die 7x64 und ihre Randversion gehören bei uns zu den meist geführten Büchsenpatronen. Die 7x64 stammt aus dem Jahre 1917 und ist eine Entwicklung des Leipziger Waffenkonstrukteurs Wilhelm Brenneke. Sie basiert auf der bereits 1912 von Brenneke vorgestellten 8x64, die sich aber nicht durchsetzen konnte. Brenneke zog lediglich den Hülsenhals auf 7 mm ein und setzte die Schulter etwas zurück. Damit gelang ihm ein ganz großer Wurf, und eine der erfolgreichsten Jagdpatronen im europäischen Raum war entstanden. Kein Wunder, dass bereits drei Jahre später die Randversion 7x65 R folgte. Von der Leistung her liegen die deutschen 7 mm Patronen nahe bei der amerikanischen .30-06 und erfüllen auch die gleichen Aufgaben. Alles in Europa vorkommende Wild kann mit dieser Patrone waidgerecht erlegt werden und auch im Ausland wird sie von deutschen Jägern gern und mit Erfolg geführt. Ihre Gegner behaupten zwar immer wieder, dass dieses 7 mm Kaliber die Nachsuchenstatistik anführt, was auch durchaus stimmen mag, aber der Grund dafür ist nicht in der schlechten Leistung zu suchen, sondern liegt vielmehr in der häufigen Benutzung dieser Kaliber. Das reichhaltige Patronenangebot spiegelt die Beliebtheit dieser Kaliber wieder. Die Geschosspalette reicht von 8,0 bis 11,5 g. Damit ist dieses starke 7 mm Kaliber sehr universell einsetzbar und eine gute Wahl für Reviere, in denen mit unterschiedlich schwerem Wild zu rechnen ist. Die 7x65 R ist hinsichtlich des Einsatzbereiches mit der randlosen 7x64 praktisch identisch, auch wenn sie aufgrund des etwas geringeren Gebrauchsgasdruckes von 3300 bar (7x64 = 3600 bar) geringfügig schwächer ist. Besonders in kombinierten Kipplaufwaffen wird sie gern eingesetzt. Lediglich als Drückjagdpatrone in der Doppelbüchse ist sie wenig verbreitet, was aber verständlich ist, da mit der 8x57 IRS und der 9,3x74 R hier starke Konkurrenz vorhanden ist.

Ladetechnisch sind beide Patronen unproblematisch und die Komponentenauswahl ist reichhaltig. Die beste Leistung und auch Präzision wird mit den langsam abbrennenden Pulversorten wie Rottweil R 904, Rottweil R 905 oder Kemira N 160 erreicht. Für kurzläufige Büchsen sind diese Laborierungen aber nicht empfehlenswert. Hier sollte auf etwas schneller brennende Pulver gewechselt werden. Der Leistungsverlust ist hier geringer und im Endeffekt wird aus einem Stutzen die gleiche Mündungsgeschwindigkeit erzielt, als wenn stärkere Laborierungen mit progressivem Pulver verschossen werden, aber mit weniger Rückstoß und Mündungsfeuer. Kommen leichte Geschosse zum Einsatz, ist eine beträchtliche V0 erzielbar und es sollten nicht zu weiche Konstruktionen gewählt werden. Die Zweikammergeschosse und Konstruktionen mit verlötetem Bleikern sind hier eine gute Wahl. Bei den progressiven Pulvern sind Magnumzündhütchen notwendig, um einen gleichmäßigen Pulverabbrand zu erzielen.

# Ladedaten Kaliber 7x64 Brenneke

| Geschoss-hersteller | Geschoss-typ | Geschoss-gewicht Grains | Pulver-hersteller | Pulvertyp | Pulverl-adung Grains | Hülsen-fabrikat | Zünd-hütchen | Gesamt-länge (mm) | $V_0$ m/sek |
|---|---|---|---|---|---|---|---|---|---|
| Barnes | X-Bullet | 120 | Kemira | N 140 | 49,0 | RWS | CCI 200 | 83,0 | 930 |
| RWS | KS | 123 | Rottweil | R 903 | 52,8 | RWS | CCI 200 | 80,5 | 953 |
| Hornady | SST | 139 | Kemira | N 140 | 46,5 | RWS | CCI 200 | 83,0 | 870 |
| Barnes | X-Bullet | 140 | Kemira | N 550 | 51,0 | RWS | RWS 5341 | 82,0 | 895 |
| Nosler | Partition | 140 | Rottweil | R 905 | 57,0 | RWS | CCI 250 | 83,0 | 905 |
| Swift | Scirocco | 150 | Kemira | N 550 | 51,0 | RWS | CCI 200 | 83,0 | 880 |
| Reichenberg | HDB | 154 | Kemira | N 160 | 53,0 | RWS | CCI 250 | 81,5 | 840 |
| RWS | Evolution | 159 | Kemira | N 560 | 57,5 | RWS | RWS 5341 | 82,5 | 842 |
| Nosler | Partition | 160 | Norma | MRP | 57,5 | RWS | RWS 5333 | 83,0 | 830 |
| Barnes | X-Bullet | 160 | Kemira | N 160 | 55,0 | RWS | CCI 200 | 83,0 | 832 |
| Swift | A-Frame | 160 | Rottweil | R 905 | 55,0 | RWS | RWS 5333 | 83,0 | 835 |
| Speer | Grand Slam | 160 | Kemira | N 560 | 58,0 | RWS | CCI 200 | 83,0 | 845 |
| Lapua | Naturalis | 160 | Kemira | N 160 | 57,6 | RWS | CCI 200 | 82,5 | 825 |
| Hornady | SST | 162 | Norma | MRP | 57,5 | RWS | RWS 5333 | 83,0 | 840 |
| Nosler | Partition | 175 | Rottweil | R 905 | 55,3 | RWS | RWS 5333 | 84,0 | 816 |
| Woodleigh | Prot. Point. | 175 | Kemira | N 165 | 61,5 | RWS | CCI 200 | 83,0 | 822 |
| Swift | A-Frame | 175 | IMR | 4831 | 50,5 | RWS | RWS 5333 | 84,0 | 785 |
| Brenneke | TIG | 177 | RWS | R 904 | 50,0 | RWS | RWS 5333 | 82,0 | 802 |

Zur Ermittlung der Ladedaten wurde eine Repetierbüchse System 98 mit 65 cm Lauflänge benutzt.

# Ladedaten Kaliber 7x65 R

| Geschoss-hersteller | Geschoss-typ | Geschoss-gewicht Grains | Pulver-hersteller | Pulvertyp | Pulver-ladung Grains | Hülsen-fabrikat | Zünd-hütchen | Gesamt-länge (mm) | $V_0$ m/sek |
|---|---|---|---|---|---|---|---|---|---|
| Nosler | Solid Base | 120 | Kemira | N 150 | 49,0 | RWS | RWS 5341 | 82,0 | 910 |
| Barnes | X-Bullet | 120 | Rottweil | R 903 | 52,0 | RWS | CCI 200 | 81,5 | 911 |
| Hornady | V-Max | 120 | IMR | 4350 | 54,0 | RWS | CCI 200 | 82,0 | 915 |
| Hornady | SST | 139 | Kemira | N 160 | 54,0 | RWS | CCI 200 | 83,0 | 860 |
| Nosler | Accu Bond | 140 | Kemira | N 540 | 47,0 | RWS | RWS 5341 | 82,6 | 856 |
| Nosler | Partition | 140 | Rottweil | R 904 | 52,5 | RWS | RWS 5341 | 83,0 | 865 |
| Swift | Scirocco | 150 | Kemira | N 550 | 51,0 | RWS | RWS 5341 | 83,0 | 860 |
| Reichenberg | HDB | 154 | Rottweil | R 904 | 50,0 | RWS | RWS 5341 | 83,0 | 820 |
| Hornady | SST | 154 | IMR | 4350 | 50,8 | RWS | RWS 5341 | 83,0 | 830 |
| RWS | Evolution | 159 | Kemira | N 560 | 53,5 | RWS | CCI 200 | 82,6 | 825 |
| Nosler | Partition | 160 | Norma | MRP | 57,0 | RWS | CCI 200 | 83,0 | 835 |
| Nosler | AccuBond | 160 | Kemira | N 165 | 56,0 | RWS | RWS 5333 | 83,0 | 838 |
| Brenneke | TIG | 162 | Rottweil | R 905 | 54,5 | RWS | RWS 5333 | 82,8 | 808 |
| Hornady | SST | 162 | Rottweil | R 904 | 52,0 | RWS | CCI 200 | 83,0 | 805 |
| Nosler | Bal. Tip | 162 | Kemira | N 160 | 52,0 | RWS | CCI 200 | 83,0 | 802 |
| Norma | Vulcan | 170 | Rottweil | R 905 | 53,5 | RWS | RWS 5333 | 82,5 | 795 |
| Nosler | Partition | 175 | IMR | 4831 | 52,2 | RWS | CCI 200 | 83,0 | 790 |
| Swift | A-Frame | 175 | Norma | MRP | 54,0 | RWS | RWS 5333 | 83,0 | 791 |
| Brenneke | TIG | 177 | Rottweil | R 905 | 52,5 | RWS | RWS 5333 | 83,0 | 770 |

Zur Ermittlung der Ladedaten wurde ein Drilling Krieghoff Neptun Primus mit 63 cm Lauflänge benutzt.

# 7 mm Remington Magnum

Die 7 mm Remington Magnum entstand im Jahre 1962, zusammen mit der Repetierbüchse Modell 700. Remington brauchte eine Konkurrenzpatrone zur vier Jahre früher vorgestellten .264 Winchester Magnum, die als Basishülse die .458 Winchester Magnum benutzt. Die starke 7 mm-Patrone wurde ein weltweiter Erfolg.

Remington legte die Hülse der .264 Win. Mag. zugrunde und vergrößerte das Kaliber auf 7 mm. Damit war die Patrone für stärkeres Schalenwild tauglich und übertraf die meisten, der bisher auf dem Markt befindlichen 7-mm-Standardkaliber. Geht man in der Munitionsgeschichte etwas weiter zurück, findet sich noch die .275 Holland & Holland Magnum, ebenfalls eine 7 mm-Patrone mit Gürtelhülse, die der Remington-Entwicklung sehr ähnlich ist. Konkurrenten bei den starken 7 mm-Patronen waren aber vor allem die 7x61 Sharp&Hart, die 7 mm Weatherby Magnum und die deutsche 7 mm Super Express vom Hofe. Hier setzte sich die 7 mm Remington Magnum aber schnell durch, denn mit ihrer Gesamtlänge von kaum mehr als 80 mm ließ sie sich in normale Standardsysteme unterbringen und war zudem außerordentlich präzise. Zahlreiche Schießwettkämpfe über große Distanzen wurden mit dieser Patrone gewonnen. Gegenüber der 7 mm SE vom Hofe war sie zudem deutlich preiswerter und in viel mehr Laborierungen zu haben.

Die 7 mm Remington Magnum war die erste Remington-Patrone mit metrischer Kaliberbezeichnung und ist eines der erfolgreichsten Remington-Kaliber.

Nüchtern betrachtet ist das nicht ganz verständlich, vor allem, wenn Patronen, wie etwa die 7x64, zum Vergleich herangezogen werden. Der Leistungsvorsprung der 7 mm Rem. Mag. beträgt nur etwa 10 % und wird durch einen erheblich höheren Pulververbrauch und Gasdruck erkauft. Entsprechend wächst der Rückstoß und gerade aus leichten Waffen ist das ein erheblicher Nachteil. Um die Energie des progressiven Treibladungspulver entsprechend umzusetzen, ist zudem ein nicht zu kurzer Lauf erforderlich. Das Geschossangebot reicht von 8 bis 11,34 Gramm und die leichten Geschosse werden auf über 1000 m/sek. beschleunigt. Die GEE liegt bei gut 200 m.

Mit der starken 7-mm-Patrone lässt sich alles europäische Hochwild und auch die afrikanischen Großantilopen erlegen, wenn moderne, entsprechend kompakt aufgebaute Geschosse verwendet werden. Trotzdem liegt die Patrone in der Geschosswirkung deutlich unter den 30er Kalibern und ist eigentlich ideal für weite Schüsse auf leichtes und mittleres Schalenwild. Das Munitionsangebot ist gut und die meisten Munitionshersteller haben diese Patrone im Programm.

Die Hülsenbeschaffung ist daher kein Problem und auch nicht teuer. Auch bei den Geschossen sieht es im 7-mm-Kaliber (Dia. 284) sehr gut aus. Bei kaum einem anderen Kaliber hat der Wiederlader eine solche Auswahl. Die Geschosspalette reicht von 100 bis 177 Grains und damit hat der Wiederlader eine Menge Möglichkeiten.

Die 7 mm Remington Magnum hat allerdings einen sehr kurzen Patronenlagerübergang, und daher müssen schwere und damit auch entsprechend lange Geschosse sehr tief in die Hülse gesetzt werden, was natürlich zu einer Verringerung des Verbrennungsraumes führt. Wirkliche Höchstleistung erreicht die amerikanische 7 mm Patrone daher eher mit den mittelschweren als mit schweren Geschossen. Hier zeigt sich wieder einmal, dass ein großes Hülsenvolumen allein noch nicht viel bringt, wenn nicht auch die anderen Umstände passen.

Eine hohe Leistung und besonders eine gute Präzision sind nur mit progressiven Pulvern zu erzielen. Besonders Rottweil R 905, Norma MRP und Hodgdon 4831 erwiesen sich universell geeignet. Bei den schnelleren Sorten kommt es oft zu Gasdrucksprüngen, was sich sehr negativ auf die Präzision auswirkt.

Die 7 mm Remington Magnum ist eine Hochleistungspatrone, die am Besten mit mittelschweren bis schweren Geschossen und voller Ladung funktioniert. Vor abgebrochenen Ladungen progressiven Pulvers muss eindringlich gewarnt werden. Es kann zu gefährlichen Drucksprüngen oder Nachbrennern kommen. Für die schnellen Laborierungen sollten keine zu weichen Geschosse gewählt werden, sonst ist die Zielballistik unbefriedigend. Die modernen homogenen Deformationsgeschosse wie Lapua Naturalis, Barnes X-Bullet oder stabile Jagdgeschosse mit verlötetem Kern, wie Norma Oryx oder RWS Evolution, sind hier erste Wahl. Auch die Zweikammergeschosse Nosler Partition, Swift A-Frame und Blaser CDP haben sich bewährt. Magnum-Zündhütchen sind zur Anzündung der erheblichen Pulvermenge unbedingt erforderlich. Bei der Ermittlung der Ladedaten zeigte sich, dass das Zündhütchen großen Einfluss auf die Präzision hat. Matrizensätze sind von allen bedeutenden Herstellern von Wiederladewerkzeug zu bekommen und gehören meist zur günstigen Standardkategorie.

In den schottischen Highlands gibt es keine Deckung – hier ist ein weiter Schuss normal.

# Ladedaten Kaliber 7 mm Remington Magnum

| Geschoss-hersteller | Geschoss-typ | Geschoss-gewicht Grains | Pulver-hersteller | Pulvertyp | Pulver-ladung Grains | Hülsen-fabrikat | Zünd-hütchen | Gesamt-länge (mm) | $V_0$ m/sek |
|---|---|---|---|---|---|---|---|---|---|
| RWS | KS | 123 | Rottweil | R 905 | 71,0 | RWS | RWS 5333 | 78,0 | 1004 |
| Barnes | X-Bullet | 140 | IMR | 4831 | 66,0 | Federal | CCI 250 | 80,5 | 960 |
| Swift | A-Frame | 140 | Alliant | RL 19 | 63,0 | RWS | Federal 215 | 90,5 | 927 |
| Nosler | Partition | 140 | Norma | N 204 | 62,5 | Norma | CCI 250 | 79,5 | 931 |
| Brenneke | TOG | 150 | Kemira | N 160 | 68,5 | RWS | RWS 5333 | 81,0 | 920 |
| Swift | Scirocco | 150 | Norma | MRP | 69,5 | Norma | CCI 250 | 83,0 | 952 |
| Blaser | CDP | 154 | Kemira | N 165 | 65,0 | Federal | RWS 5333 | 82,2 | 892 |
| Reichenberg | HDB | 154 | Kemira | N 560 | 65,0 | RWS | RWS 5333 | 82,0 | 895 |
| Hornady | SST | 154 | Kemira | N 165 | 63,2 | Hornady | Win. WLRM | 82,2 | 902 |
| Norma | Oryx | 156 | Kemira | N 160 | 66,2 | RWS | RWS 5333 | 82,0 | 890 |
| RWS | Evolution | 159 | Rottweil | R 905 | 66,2 | RWS | Federal 215 | 79,0 | 926 |
| Nosler | Partition | 160 | Norma | MRP | 67,5 | Federal | CCI 250 | 82,0 | 905 |
| Nosler | AccuBond | 160 | IMR | 4831 | 62,0 | Federal | RWS 5333 | 82,0 | 930 |
| Barnes | X-Bullet | 160 | Hodgdon | H 1000 | 68,0 | Federeal | Federal 215 | 79,0 | 922 |
| Swift | A-Frame | 160 | Kemira | N 560 | 62,0 | RWS | CCI 250 | 82,0 | 880 |
| Lapua | Naturalis | 160 | Norma | MRP | 62,0 | Federal | CCI 250 | 81,0 | 885 |
| Hornady | SST | 162 | Rottweil | R 905 | 65,0 | RWS | RWS 5333 | 82,0 | 882 |
| Nosler | Partition | 175 | Hodgdon | H 1000 | 65,2 | Norma | RWS 5333 | 82,0 | 870 |
| Woodleigh | Prot. Point. | 175 | Rottweil | R 905 | 64,0 | RWS | CCI 250 | 81,0 | 865 |
| Swift | A-Frame | 175 | Norma | MRP | 60,8 | RWS | RWS 5333 | 82,0 | 849 |
| Barnes | X-Bullet | 175 | IMR | 4831 | 60,0 | Federal | CCI 250 | 82,0 | 869 |

Zur Ermittlung der Ladedaten wurde eine Repetierbüchse Sauer 90 mit 66 Zentimeter langem Lauf benutzt.

# 7 mm Weatherby Magnum

Die 7 mm Weatherby Magnum war nach der .270 Weatherby Magnum die zweite von Roy Weatherby geschaffene Hochleistungspatrone und kam im Jahre 1944 auf den Markt. Roy Weatherby hatte nicht nur die afrikanischen und asiatischen Kolonien vor Augen, als er die starke 7 mm-Patrone schuf, sondern auch das alte Europa. Er wollte vor allem die hier so beliebten 7 mm-Kaliber übertreffen. In diesem Zusammenhang ist auch die metrische Kaliberbezeichnung zu sehen, die zur damaligen Zeit in den USA völlig unüblich war.

Ausgangsbasis war die .300 Holland & Holland Magnum, deren Hülse Weatherby allerdings grundlegend veränderte. Neben der Kürzung der Hülsenlänge auf 65 mm bekam die Gürtelhülse eine extrem flache Doppelradius-Schulter. Für eine 7 mm-Patrone steht reichlich Pulverraum zur Verfügung und abgesehen von der 7x66 Super Express vom Hofe übertraf die 7 mm Weatherby lange Zeit alle anderen 7mm-Kaliber an Leistung deutlich. Mit schweren Geschossen ist sie eine hervorragende Kombination aus großer Querschnittsbelastung und hoher Anfangsgeschwindigkeit.

Die rasante 7 mm-Patrone hat unter Jagdreisenden einen guten Ruf, wenn es um weite Schüsse auf dünnhäutiges Berg- oder Steppenwild geht. Die Präzision ist ausgezeichnet und die Patrone lässt sich aus einer anatomisch richtig geschäfteten und nicht zu leichten Büchse noch gut beherrschen.

Bei den Geschossen ist der Tisch im 7 mm Kaliber (Dia. 284) reichhaltig gedeckt. Auch die 7 mm Weatherby Magnum ist eine Hochleistungspatrone, die am besten mit mittelschweren bis schweren Geschossen und voller Ladung funktioniert. Abgebrochene Ladungen progressiven Pulvers können zu gefährlichen Drucksprüngen oder Nachbrennern führen. Für die schnellen Laborierungen sollten keine zu weichen Geschosse gewählt werden, sonst ist die Zielballistik unbefriedigend. Die modernen homogenen Deformationsgeschosse wie HDB, X-Bullet, das Barnes Triple Shock, Deformationsgeschosse mit verlötetem Bleikern wie Evolution und Woodleigh oder auch stabile Zweikammergeschosse wie das Nosler Partition, Blaser CDP und Swift A-Frame sind zu bevorzugen.

Aufpassen muss man bei einigen Büchsen europäischer Produktion. Hier wurden oft Läufe mit 12-Zoll-Drall verwendet, die Geschosse mit einem Gewicht von mehr als 160 Grains nicht mehr ausreichend stabilisieren und damit Präzisionsprobleme haben. Schießt die Büchse nicht mit den schweren Geschossen, empfiehlt es sich zunächst einmal die Dralllänge des Laufes zu ermitteln. Zeigt sich, das der Hersteller einen Lauf mit langem Drall verwendet hat, müssen leichtere Geschosse verwendet werden.

Bei den Treibladungsmitteln sind fast ausschließlich die langsam abbrennenden Pulver brauchbar. Besonders Kemira N 165 sowie Rottweil R 905, Hodgdon 450 und Hodgdon 4831 erwiesen sich als universell geeignet. Die 7 mm Weatherby fordert den erfahrenen Wiederlader, denn wie bei allen Patronen mit großem Hülsenvolumen sind auch hier leicht Überladungen möglich, die schnell in gefährliche Druckbereiche führen können.

Magnum-Zündhütchen sind zur Anzündung der erheblichen Pulvermenge unbedingt erforderlich. Wichtig bei der 7 mm Weatherby Magnum ist auch die Setztiefe des Geschosses. Weatherby-Büchsen in diesem Kaliber haben einen sehr langen Übergangskegel. Das ist vom Konstrukteur so gewollt, um die Kräfte, die einmal wirken, wenn das Geschoss aus der Hülse gezogen wird, und dann auftreten, wenn es in die Züge eingepresst wird, zeitlich möglichst weit voneinander zu trennen. Es ist ein beliebtes Mittel unter Wiederladern zur Erhöhung der Präzision, das Geschoss möglichst weit aus der Hülse und nah an die Züge zu setzen. Manche „Experten" setzen sogar das Geschoss in die Züge oder so, dass es sich an die Züge anlehnt. Bei Matchmunition mit reduzierter Ladung sicher ein gutes Mittel, um die Präzision zu steigern. Bei der 7 mm Weatherby Magnum ist davon dringend abzuraten, da es hier mit Sicherheit zu einer erheblichen Gasdrucksteigerung kommt. Zum Glück begrenzt bei einer Repetierbüchse die Magazinlänge solche Vorhaben in der Regel. Bei Blockbüchsen oder Kipplaufbüchsen ist ein langes Heraussetzen des Geschosses bis an die Züge aber technisch möglich. Versuche in dieser Richtung sollten unbedingt unterbleiben. Matrizensätze sind von RCBS, Redding oder Triebel zu bekommen und fallen auch in die normale Preisklasse.

# Ladedaten Kaliber 7 mm Weatherby Magnum

| Geschoss-hersteller | Geschoss-typ | Geschoss-gewicht Grains | Pulver-hersteller | Pulvertyp | Pulver-ladung Grains | Hülsen-fabrikat | Zünd-hütchen | Gesamt-länge (mm) | $V_0$ m/sek |
|---|---|---|---|---|---|---|---|---|---|
| Barnes | X-Bullet | 120 | Hodgdon | H 450 | 73,5 | Weatherby | RWS 5333 | 83,4 | 1042 |
| Barnes | X-Bullet | 120 | Alliant | RL 22 | 74,0 | Weatherby | CCI 250 | 83,4 | 1056 |
| Barnes | X-Bullet | 140 | Hodgdon | H 450 | 70,0 | Weatherby | CCI 250 | 84,0 | 1019 |
| Nosler | Partition | 140 | IMR | 4831 | 69,2 | Weatherby | CCI 250 | 84,5 | 1009 |
| Nosler | Partition | 150 | Kemira | N 165 | 70,5 | Weatherby | RWS 5333 | 85,0 | 941 |
| Swift | Scirocco | 150 | IMR | 4831 | 67,0 | Weatherby | CCI 250 | 850 | 944 |
| Reichenberg | HDB | 154 | Kemira | N 165 | 73,0 | Weatherby | CCI 250 | 83,5 | 971 |
| RWS | Evolution | 159 | Rottweil | R 905 | 72,0 | Weatherby | Federal 215 | 85,0 | 922 |
| Nosler | Partition | 160 | Hodgdon | H 870 | 78,2 | Weatherby | CCI 250 | 85,3 | 931 |
| Nosler | AccuBond | 160 | Alliant | RL 22 | 67,8 | Weatherby | RWS 5333 | 85,3 | 934 |
| Barnes | X-Bullet | 160 | Kemira | N 165 | 71,8 | Weatherby | Federal 215 | 84,8 | 942 |
| Woodleigh | Prot. Point | 160 | IMR | 4831 | 65,0 | Weatherby | CCI 250 | 83,5 | 949 |
| Swift | A-Frame | 160 | Hodgdon | H 1000 | 78,5 | Weatherby | CCI 250 | 85,3 | 942 |
| Speer | Grand Slam | 160 | Rottweil | R 905 | 72,0 | Weatherby | CCI 250 | 85,3 | 912 |
| Lapua | Naturalis | 160 | Norma | N 204 | 66,0 | Weatherby | CCI 250 | 83,0 | 916 |
| Hornady | SST | 162 | .Kemira | N 165 | 70,5 | Weatherby | CCI 250 | 85,2 | 945 |
| Norma | PPC | 170 | Norma | MRP | 71,0 | Weatherby | Federal 215 | 83,5 | 928 |
| Nosler | Partition | 175 | Hodgdon | H 870 | 77,5 | Weatherby | RWS 5333 | 85,3 | 921 |
| Woodleigh | Prot. Point. | 175 | Kemira | N 165 | 64,3 | Weatherby | CCI 250 | 83,6 | 871 |
| Swift | A-Frame | 175 | Alliant | RL 22 | 66,3 | Weatherby | RWS 5333 | 85,3 | 901 |
| Barnes | X-Bullet | 175 | IMR | 7828 | 71,5 | Weatherby | CCI 250 | 85,0 | 910 |

Zur Ermittlung der Ladedaten wurde eine Repetierbüchse Weatherby MK V mit 65 Zentimeter langem Lauf benutzt.

## 7x66 Super Express vom Hofe

Auch die starke deutsche 7-mm-Patrone hat unter Jagdreisenden einen guten Ruf, wenn es um weite Schüsse auf dünnhäutiges Berg- oder Steppenwild geht.

Die Geschichte der 7 mm vom Hofe geht bis ins Jahr 1931 zurück. Vom Hofe entwickelte in Berlin auf Basis der .300 Holland&Holland eine 7x73 mit Gürtelhülse, für die Büchsen mit dem langen Mauser-System eingerichtet wurden. Die Patrone hatte eine beachtliche Leistung, fand aber wegen der aufwendigen und teuren Waffen keine sehr große Verbreitung. Als Walter Gehmann nach dem Zweiten Weltkrieg das Erbe von Hofes antrat, konstruierte er im Jahre 1955 eine völlig neue Hülse, die das gleiche Innenvolumen aufwies wie die alte 7x73, aber mit 66 mm Hülsenlänge auskam und somit in die Standardsysteme passte. Auch auf den unnötigen und problematischen Gürtel verzichtete er. Bei der Hülsenform mit steiler Schulter und dickem, relativ kurzem Pulverraum war Gehmann damals seiner Zeit schon weit voraus. Hülsenvolumen ist bei der 7x66 SEvH reichlich vorhanden und selbst mit den heutigen, progressiven Pulvern wird die Hülse nicht ganz voll. So ist es auch nicht verwunderlich, dass die 7x66 nicht deutlich mehr leistet als kleinere 7-mm-Patronen wie etwa die 7 mm Remington Magnum. Irgendwann ist eben der Punkt erreicht, wo bei gleichem Druck mehr Pulver in einer größeren Hülse nicht automatisch auch mehr Leistung ergibt. Die frühen vom Hofe Laborierungen wurden mit erstaunlichen Leistungen angegeben, die aber mit Lauflängen von 70 oder sogar 75 cm erzielt wurden. Mit den heute üblichen 60er oder 65er Läufen lassen sich diese Werte auch mit den modernen Treibladungspulvern nicht erreichen. Das ist auch gar nicht notwendig, denn auch so ist die 7x66 eine Hochleistungspatrone mit bester Wirkung und vor allem einer sehr guten Präzision. Die Anhängerschaft der starken 7 mm ist zwar heute nicht mehr sehr groß, doch wer die Patrone führt, ist in der Regel überzeugt davon.

Abgebrochene Ladungen progressiven Pulvers haben in einer solchen Hülse schlimme Folgen. Es kann zu gefährlichen Drucksprüngen oder Nachbrennern kommen. Für die schnellen Laborierungen sollten keine zu weichen Geschosse gewählt werden, sonst ist keine ausreichende Tiefenwirkung zu erwarten. Die modernen homogenen Deformationsgeschosse wie das Barnes X-Bullet, HDB Evolution oder stabile Zweikammergeschosse wie das Nosler Partition, Blaser CDP oder Swift A-Frame sind hier erste Wahl.

Bei den Treibladungsmitteln sind nur die langsam abbrennenden Pulver brauchbar. Besonders Kemira N 160 und N165 sowie Rottweil R 905 und Hodgdon 4831 erwiesen sich sehr gut. Magnum-Zündhütchen sind zur Anzündung der erheblichen Pulvermenge unbedingt erforderlich. Auch bei der 7x66 hat sich gezeigt, dass das Zündhütchen großen Einfluss auf die Präzision hat. Matrizensätze sind nicht gerade billig, denn die deutsche Hochleistungspatrone zählt international zu den seltenen Kalibern.

# Ladedaten Kaliber 7x66SEvH

| Geschoss-hersteller | Geschoss-typ | Geschoss-gewicht Grains | Pulver-hersteller | Pulvertyp | Pulver-ladung Grains | Hülsen-fabrikat | Zünd hütchen | Gesamt-länge (mm) | $V_0$ m/sek |
|---|---|---|---|---|---|---|---|---|---|
| Barnes | X-Bullet | 120 | Kemira | N 160 | 70,0 | WR | CCI 250 | 84,0 | 1029 |
| Barnes | X-Bullet | 140 | Rottweil | R 905 | 71,0 | WR | CCI 250 | 84,6 | 1005 |
| Nosler | Partition | 140 | Rottweil | R 904 | 67,0 | WR | CCI 250 | 84,5 | 995 |
| Swift | Scirocco | 150 | Norma | MRP | 74,5 | WR | CCI 250 | 85,0 | 985 |
| Reichenberg | HDB | 154 | Rottweil | R 905 | 71,5 | WR | CCI 250 | 85,0 | 905 |
| RWS | Evolution | 159 | Kemira | N 560 | 68,9 | WR | Federal 215 | 85,0 | 926 |
| Nosler | Partition | 160 | Kemira | N 160 | 67,5 | WR | CCI 250 | 86,5 | 930 |
| Nosler | AccuBond | 160 | Rottweil | R 905 | 70,0 | WR | RWS 5333 | 86,0 | 910 |
| Barnes | X-Bullet | 160 | Kemira | N 160 | 67,0 | WR | Federal 215 | 86,0 | 925 |
| Woodleigh | Prot. Point | 160 | Dupont | IMR 4831 | 65,0 | WR | CCI 250 | 85,0 | 912 |
| Swift | A-Frame | 160 | Rottweil | R 905 | 70,2 | WR | CCI 250 | 86,2 | 932 |
| Speer | Grand Slam | 160 | Norma | MRP | 74,0 | WR | CCI 250 | 85,5 | 960 |
| Lapua | Naturalis | 160 | Kemira | N 560 | 68,5 | WR | CCI 250 | 84,5 | 910 |
| Nosler | Partition | 175 | Rottweil | R 905 | 69,0 | WR | RWS 5333 | 86,0 | 890 |
| Woodleigh | Prot. Point. | 175 | Norma | MRP | 72,5 | WR | CCI 250 | 85,5 | 920 |
| Swift | A-Frame | 175 | Dupont | IMP 7828 | 69,7 | WR | RWS 5333 | 84,0 | 875 |
| Barnes | X-Bullet | 175 | Kemira | N 165 | 70,2 | WR | CCI 250 | 85,0 | 884 |

Zur Ermittlung der Ladedaten wurde eine Repetierbüchse Mauser Mod. 66 mit 65 Zentimeter langem Lauf benutzt.

## 7x75 R Super Express vom Hofe

Die urspüngliche 7x75 R SE wurde bereits 1939 von Ernst August vom Hofe konstruiert. Der ausbrechende 2. Weltkrieg hat dann aber eine Markteinführung verhindert. Walter Gehmann übernahm 1955 die Firma vom Hofe und griff die Idee wieder auf. Er brachte die 7x75 R SE im Jahre 1958 auf den Markt. Sie war die stärkste 7 mm Patrone für Kipplaufwaffen und wurde werbewirksam als „Höchstleistungspatrone“ vermarktet. Hochwildjäger, die eine weitreichende Patrone suchten, nahmen das neue Kaliber begeistert auf. Zahlreiche Kipplaufwaffen, Bockbüchsflinten und Drillinge wurden für die starke Randpatrone eingerichtet und es wurden auch Waffen des Kalibers 7x65 R umgeändert. Das ist mit Vorsicht zu betrachten, denn der Gebrauchsgasdruck der 7x75 R SE liegt deutlich höher. Eine Umänderung kann nur bei entsprechend stabilen Waffen in bestem technischen Zustand empfohlen werden.

Auch wenn die bei der Markteinführung angegebenen Leistungen kaum zu erreichen sind, so ist die 7x75 R SE doch eine leistungsfähige Patrone. Sie übertrifft die 7x64 Brenneke deutlich und würde bei gleichem Gasdruck die Leistung der 7 mm Remington Magnum erreichen. Die heute erhältlichen Fabrikpatronen sind aber deutlich schwächer geladen.

Als Hülse stand offensichtlich die 9,3x74 R Pate und es lassen sich auch Hülsen daraus umformen. Hier ist allerdings beim Laden von einem geringeren Hülsenvolumen auszugehen, denn die 9,3x74 R Hülsen sind sehr massiv und durch den kleineren Verbrennungsraum steigt der Gasdruck entsprechend an. Die in der Tabelle angegebenen Ladungen sind mit originalen 7x75 R SE Hülsen, gewonnen aus WR-Fabrikmunition, ermittelt worden und dürfen keinesfalls in umgeformten 9,3x74 R Hülsen verwendet werden.

Auch wenn die 7x75 R SE auf den ersten Blick als leicht überzogen erscheint, so hat sie doch ein sehr ausgewogenes Druck/Leistungsverhältnis. Mit den leichten Geschossen ist sie eine ausgezeichnete Patrone für den Bergjäger und auch für weite Schüsse auf Rehwild oder leichtes Hochwild sehr gut einsetzbar. Werden die schweren Geschosse verladen, so reicht sie auch für starkes Hochwild in Europa und die leichteren Antilopenarten in Afrika völlig aus. Sind keine sehr großen Schussdistanzen zu erwarten, müssen sehr stabile Geschosse wie Barnes TTSX, HDB, Nosler Partition, Swift A-Frame oder Blaser CDP verwendet werden. Um die Reichweite voll ausschöpfen zu können, ist auf eine gute außenballistische Form des Geschosses zu achten. Bei großen Einsatzentfernungen kann der Geschossaufbau etwas weicher ausfallen, um ein sicheres Ansprechen im Ziel zu garantieren. Hier ist etwa das RWS-Kegelspitz oder das Sierra Game King eine gute Wahl.

Bei den Treibladungsmitteln sind nur die progressiven Sorten einsetzbar. Damit lässt sich in der Regel die optimale Ladedichte 1 erreichen. Besonders Rottweil R 905, Kemira N 160 und Norma MRP erwiesen sich als leistungsstark und präzise. Als Zündhütchen müssen starke Magnumzünder verwendet werden. Die Hülsen haben keine große Lebensdauer und müssen beim Verarbeiten sorgfältig auf Verschleißerscheinungen wie Risse am Hülsenhals und gedehnte Zündglocken überprüft werden. Matrizensätze sind von den großen Herstellern zu bekommen, aber entsprechend der Exklusivität des Kalibers zu entsprechenden Preisen.

# Ladedaten Kaliber 7x75 R SE vom Hofe

| Geschoss-hersteller | Geschoss-typ | Geschoss-gewicht Grains | Pulver-hersteller | Pulvertyp | Pulver-ladung Grains | Hülsen-fabrikat | Zünd-hütchen | Gesamt-länge (mm) | $V_0$ m/sek |
|---|---|---|---|---|---|---|---|---|---|
| Barnes | X-Bullet | 120 | Rottweil | R 905 | 69,2 | WR | CCI 250 | 94,5 | 1010 |
| Hornady | V-Max | 120 | Rottweil | R 904 | 66,2 | WR | RWS 5333 | 94,5 | 952 |
| RWS | KS | 123 | Rottweil | R 907 | 61,0 | WR | RWS 5333 | 91,4 | 932 |
| Hornady | SST | 139 | Norma | MRP | 69,0 | WR | CCI 250 | 94,5 | 940 |
| Nosler | Accu Bond | 140 | IMR | 4350 | 61,0 | WR | RWS 5333 | 94,5 | 925 |
| Swift | Scirocco | 150 | Rottweil | R 905 | 69,5 | WR | CCI 250 | 94,5 | 920 |
| Reichenberg | HDB | 154 | Rottweil | R 904 | 61,5 | WR | CCI 250 | 94,5 | 895 |
| Hornady | SST | 154 | Rottweil | R 905 | 68,0 | WR | CCI 250 | 94,5 | 900 |
| RWS | Evolution | 159 | Kemira | N 160 | 62,0 | WR | RWS 5333 | 94,5 | 872 |
| Nosler | Partition | 160 | Rottweil | R 905 | 66,0 | WR | RWS 5333 | 94,5 | 862 |
| Brenneke | TIG | 162 | Rottweil | R 907 | 56,5 | WR | CCI 250 | 91,4 | 859 |
| Hornady | SST | 162 | Kemira | N 160 | 61,8 | WR | RWS 5333 | 91,4 | 870 |
| Nosler | Partition | 175 | IMR | 4831 | 59,5 | WR | WLRM | 91,4 | 845 |
| Swift | A-Frame | 175 | Rottweil | R 905 | 63,5 | WR | CCI 250 | 91,4 | 840 |
| Brenneke | TIG | 177 | Rottweil | R 905 | 64,0 | WR | CCI 250 | 93,0 | 845 |

Zur Ermittlung der Ladedaten wurde eine Kipplaufbüchse mit 66 cm Lauflänge benutzt.

# 7 mm Winchester Short Magnum

Die 7 mm WSM basiert auf der Hülse der .300 WSM und wurde im Jahre 2002 von der amerikanischen Waffen- und Munitionsfirma Winchester auf den Markt gebracht. Sie gehört zur Winchester Short Magnum Reihe.

Kurze Patronen mit steiler Schulter und dickem Hülsenkörper haben ballistisch einige Vorteile. Sie zünden die Treibladung schneller und gleichmäßiger als Patronen mit hoher und schlanker Pulversäule und haben eine bessere Energieausbeute, was dem Schützen den Vorteil eines geringeren Rückschlages verschafft. Durch die kurze Hülse kommen sie waffenseitig mit kurzen Verschlüssen aus, wodurch sich Waffenlänge und Waffengewicht verringert. Der einzige Nachteil liegt in der meist um eine Patrone reduzierten Magazinkapazität, da die dicke Hülse der 7 mm WSM mehr Raum beansprucht. Dieses Problem haben alle WSM-Patronen.

Leistungsmäßig bewegt sich die 7 mm WSM im Bereich der 7 mm Remington Magnum. Sie erreicht deren Leistung, wobei sie deutlich weniger Treibladungsmittel verbrennt und sich wesentlich angenehmer schießen lässt. Möglich wird das nicht nur durch die innenballistisch günstige Hülsenform, sondern auch durch die neuen, hochenergetischen Treibladungsmittel, die bei der Entwicklung zur Verfügung standen.

Mit diesen technischen Vorteilen stellen moderne Kurzpatronen wie die 7mm WSM etablierte Standardpatronen, wie etwa die 7x64, klar in den Schatten und bewegen sich auf einem Leistungsniveau wie kalibergleiche Hochleistungspatronen, die aber eine längere Hülse und mehr Treibladungspulver benötigen. Waffen- und Munitionshersteller haben schnell reagiert und die 7 mm WSM ist heute bereits gut vertreten. Neben Winchester selbst bietet vor allem Federal Munition in diesem Kaliber an. Im neuen Katalog sind bereits 8 Laborierungen vertreten. Auch europäische Waffenhersteller haben die starke 7 mm in ihr Programm aufgenommen und viele bekannte Repetierbüchsen der großen Marken sind in diesem Kaliber erhältlich. Dazu kommt die gute Eigenpräzision, die allen Patronen der WSM-Patronenreihe zu Eigen ist.

Die 7 mm WSM ist eine ideale Patrone für eine leichte Bergjagd- oder Pirschbüchse zur Jagd auf mittelstarkes Wild auf größere Entfernungen. Mit der starken 7-mm-Patrone lässt sich im Prinzip auch alles europäische Hochwild und auch die afrikanischen Großantilopen erlegen, wenn moderne, entsprechend kompakt aufgebaute Geschosse verwendet werden. Trotzdem liegt die Patrone in der Geschosswirkung deutlich unter den 30er Kalibern und ist eigentlich ideal für weite Schüsse auf leichtes und mittleres Schalenwild. Wer hauptsächlich Wild über 100 kg bejagt, sollte besser zur .300 WSM greifen. Das Angebot an Fabrikpatronen ist schon sehr gut und es werden Geschossgewichte von 140 bis 160 Grains angeboten.

Den Wiederlader stellt die 7 mm WSM vor keine besonderen Probleme. Matrizensätze sind von RCBS, Redding, Hornady oder Triebel zu bekommen und fallen auch in die normale Preisklasse. Hülsen können leicht durch das Verschießen von Fabrikpatronen beschafft, oder als Neuhülsen gekauft werden.

Bei den Geschossen ist der Tisch im 7 mm Kaliber (Dia. 284) reichhaltig gedeckt. Optimal sind die Geschossgewichte zwischen 140 und 160 Grains.

Für die schnellen Laborierungen sollten keine zu weichen Geschosse gewählt werden, sonst ist die Zielballistik unbefriedigend. Die in amerikanischen Ladebüchern zu findenden superschnellen Laborierungen mit leichten Geschossen werden zur Raubwildjagd eingesetzt und sind nicht für Schalenwild geeignet. Die modernen homogenen Deformationsgeschosse wie HDB, Naturalis, Barnes Triple Shock oder Verbundkerngeschosse wie Evolution, Accu Bond oder Woodleigh und die stabilen Zweikammergeschosse wie das Nosler Partition, Blaser CDP und Swift A-Frame, haben sich für die Hochwildjagd bewährt.

Bei den Treibladungsmitteln sind fast ausschließlich die langsam abbrennenden Pulver brauchbar. Besonders Kemira N 160 und N 560, sowie IMR 4350 und Hodgdon 4831 erwiesen sich als universell geeignet und als sehr präzise. Es sollten nur Magnum-Zündhütchen verwendet werden.

# Ladedaten Kaliber 7 mm WSM

| Geschoss-hersteller | Geschoss-typ | Geschoss-gewicht Grains | Pulver-hersteller | Pulvertyp | Pulver-ladung Grains | Hülsen-fabrikat | Zünd-hütchen | Gesamt-länge (mm) | $V_0$ m/sek |
|---|---|---|---|---|---|---|---|---|---|
| Nosler | Solid Base | 120 | IMR | 4350 | 65,0 | Winchester | RWS 5333 | 72,3 | 1002 |
| Barnes | X-Bullet | 120 | Kemira | N 560 | 66,0 | Federal | CCI 250 | 72,5 | 989 |
| Nosler | Accu Bond | 140 | IMR | 4350 | 63,5 | Winchester | CCI 250 | 72,7 | 966 |
| Hornady | SST | 139 | Winchester | 760 | 64,5 | Federal | Federal 215 | 72,7 | 978 |
| Nosler | Partition | 140 | Alliant | RL 19 | 68,0 | Federal | RWS 5333 | 72,5 | 992 |
| Nosler | Solid Base | 140 | Kemira | N 560 | 67,5 | Winchester | Win. WLRM | 72,7 | 995 |
| Swift | Scirocco | 150 | Hodgdon | 4831 | 63,0 | Winchester | CCI 250 | 72,3 | 910 |
| Reichenberg | HDB | 154 | Kemira | N 165 | 64,5 | Winchester | CCI 250 | 72,5 | 883 |
| Hornady | SST | 154 | Hodgdon | H 1000 | 65,0 | Winchester | CCI 250 | 72,5 | 891 |
| RWS | Evolution | 159 | Hodgdon | 4831 | 63,2 | Federal | Federal 215 | 72,4 | 885 |
| Nosler | Partition | 160 | IMR | 4350 | 55,8 | Federal | CCI 250 | 72,5 | 868 |
| Nosler | Accu Bond | 160 | Hodgdon | Varget | 48,2 | Winchester | RWS 5333 | 72,4 | 752 |
| Hornady | SST | 162 | Kemira | N 560 | 58,3 | Winchester | Federal 215 | 72,5 | 863 |
| Hornady | SST | 162 | Alliant | RL 25 | 68,0 | Winchester | CCI 250 | 72,5 | 889 |
| Swift | A-Frame | 160 | IMR | 7828 | 66,2 | Winchester | CCI 250 | 72,3 | 865 |
| Speer | Grand Slam | 160 | Kemira | N 165 | 64,8 | Federal | CCI 250 | 72,2 | 871 |
| Nosler | Partition | 175 | Kemira | N 560 | 58,0 | Federal | RWS 5333 | 72,5 | 861 |
| Swift | A-Frame | 175 | Hodgdon | 4831 | 61,8 | Winchester | RWS 5333 | 72,3 | 853 |

Zur Ermittlung der Ladedaten wurde eine Mauser M03 mit 65 cm Lauflänge benutzt.

# 7 mm Remington Ultra Magnum

Die 7 mm Remington Ultra Magnum wurde von der Firma Remington im Jahre 2001 im Rahmen der Ultra-Magnum-Patronenreihe auf den Markt gebracht. Sie war die erste Patrone dieser Serie, später folgten die .300 RUM, die .338 RUM und die .375 RUM. Es handelt sich hier um eine ausgesprochene Weitschusspatrone, die konsequent auf Hochleistung getrimmt wurde.

Als Grundhülse wurde die .404 Jeffery gewählt, die auf 7 mm eingezogen ist und eine 30-Grad-Schulter bekommen hat. Durch den bei der Ultra Magnum leicht unterschrittenen Boden – der Bodendurchmesser beträgt nur 13,49 mm im Gegensatz zu 13,97 mm am Ende des Pulverraumes – lässt sich die 7 mm RUM in ein Standardsystem der .375 Holland&Holland-Klasse wie es Remington und auch viele andere Hersteller im Programm haben, einlegen. Für eine 7-mm-Patrone steht reichlich Pulverraum zur Verfügung und die 7 mm RUM übertrifft selbst Patronen wie die 7 mm STW um mehr als 10%. Althergebrachte Konstruktionen wie die 7 mm Weatherby Magnum oder die deutsche 7x66 Super Express vom Hofe werden regelrecht deklassiert. Mit schweren Geschossen ist sie eine hervorragende Kombination aus großer Querschnittsbelastung und hoher Anfangsgeschwindigkeit.

Die rasanten 7-mm-Patronen sind ideal für Jagdreisende, wenn es um weite Schüsse auf Berg- oder Steppenwild geht. Mit 140 Grains Geschossen ist eine Mündungsgeschwindigkeit von deutlich über 1000 m/sek. möglich und selbst auf 300 Meter bringt die Patrone noch gut 3000 Joule ins Ziel. Die Präzision ist ausgezeichnet und die Patrone lässt sich aus einer anatomisch richtig geschäfteten und nicht zu leichten Büchse noch gut beherrschen. Fabrikpatronen gibt es in mehreren Laborierungen von Remington.

Die Patrone hat sich bereits sehr gut etabliert und die Preise für Komponenten und Werkzeuge halten sich daher in Grenzen. Bei den Geschossen ist die Auswahl im 7 mm Kaliber riesig.

Von den ganz leichten Geschossgewichten ist abzuraten. Die 7mm RUM ist für mittelschweren bis schweren Geschosse konstruiert. Besonders bei dieser Patrone muss eindringlich vor abgebrochenen Ladungen progressiven Pulvers gewarnt werden. Gefährlichen Drucksprüngen oder Nachbrenner sind sonst vorprogrammiert. Es muss unbedingt eine Ladedichte von mehr als 80 % erreicht werden. Bei der hohen Mündungsgeschwindigkeit dürfen keine zu weichen Geschosse gewählt werden, sonst ist die Zielballistik völlig unbefriedigend. Besonders hier sind die modernen homogenen Deformationsgeschosse wie Barnes MRX, HDB, das Barnes Triple Shock, in ihrem Element. Auch mantelstarke Zweikammergeschosse wie das Nosler Partition, Blaser CDP und Swift A-Frame sind gut einsetzbar. Bei Geschossen mit verlötetem Bleikern ist auf eine ausreichende Mantelstärke zu achten, wie sie etwa das Nosler Accu Bond hat.

Bei den Treibladungsmitteln sind nur extrem langsam abbrennende Pulver brauchbar. Besonders IMR 7828, Alliant RL 25, sowie Hodgdon 870 und Hodgdon 1000 erwiesen sich als brauchbar. Die beste Präzision wurde mit IMR 7828 erzielt. Die 7mm RUM fordert den erfahrenen Wiederlader, denn wie bei allen Patronen mit großem Hülsenvolumen sind auch hier leicht Überladungen möglich, die schnell in gefährliche Druckbereiche führen können. Magnum-Zündhütchen sind zur Anzündung der erheblichen Pulvermenge unbedingt erforderlich. Matrizensätze sind von RCBS, Redding oder Triebel zu bekommen und fallen auch in die normale Preisklasse.

Bleifreies Lapua Naturalis-Geschoss.

# Ladedaten Kaliber 7 mm Remington Ultra Magnum

| Geschoss-hersteller | Geschoss-typ | Geschoss-gewicht Grains | Pulver-hersteller | Pulvertyp | Pulver-ladung Grains | Hülsen-fabrikat | Zünd-hütchen | Gesamt-länge (mm) | $V_0$ m/sek |
|---|---|---|---|---|---|---|---|---|---|
| Barnes | X-Bullet | 120 | IMR | 7828 | 92,0 | Remington | RWS 5333 | 90,5 | 1105 |
| Barnes | Triple Shock | 120 | Alliant | RL 25 | 94,0 | Remington | CCI 250 | 90,5 | 1098 |
| Barnes | X-Bullet | 140 | Hodgdon | H 870 | 106,0 | Remington | CCI 250 | 91,0 | 1024 |
| Nosler | Partition | 140 | Alliant | RL 25 | 90,0 | Remington | CCI 250 | 91,0 | 1020 |
| Nosler | Accu Bond | 140 | Hodgdon | H 1000 | 94,0 | Remington | Federal 215 | 91,0 | 1010 |
| Speer | Grand Slam | 145 | Hodgdon | H 1000 | 91,0 | Remington | CCI 250 | 91,0 | 1012 |
| Nosler | Partition | 150 | Alliant | RL 25 | 87,0 | Remington | RWS 5333 | 91,0 | 998 |
| Swift | Scirocco | 150 | IMR | 7828 | 86,0 | Remington | CCI 250 | 91,0 | 995 |
| Reichenberg | HDB | 154 | Hodgdon | H 1000 | 91,0 | Remington | CCI 250 | 91,0 | 965 |
| Hornady | SST | 154 | Kemira | N 165 | 82,5 | Remington | R250 | 91,0 | 952 |
| RWS | Evolution | 159 | Alliant | RL 25 | 87,0 | Remington | Federal 215 | 91,0 | 950 |
| Nosler | Partition | 160 | Hodgdon | H 870 | 94,0 | Remington | CCI 250 | 91,0 | 931 |
| Nosler | AccuBond | 160 | Hodgdon | H 1000 | 91,0 | Remington | RWS 5333 | 91,0 | 928 |
| Barnes | X-Bullet | 160 | Hodgdon | H 870 | 95.0 | Remington | Federal 215 | 91,0 | 920 |
| Hornady | SST | 162 | Kemira | N 165 | 81,0 | Remington | CCI 250 | 91,0 | 929 |
| Nosler | Partition | 175 | Hodgdon | H 870 | 93,0 | Remington | RWS 5333 | 91,0 | 919 |
| Woodleigh | Prot. Point. | 175 | Alliant | RL 25 | 85,5 | Remington | CCI 250 | 91,0 | 941 |
| Swift | A-Frame | 175 | Hodgdon | H 870 | 94,0 | Remington | RWS 5333 | 91,0 | 901 |
| Barnes | X-Bullet | 175 | Hodgdon | H 1000 | 86,0 | Remington | CCI 250 | 91,0 | 910 |

Zur Ermittlung der Ladedaten wurde eine Remington 700 Sendero SF mit 66 Zentimeter langem Lauf benutzt. Die Geschwindigkeit wurde drei Meter vor der Laufmündung gemessen

# Dia .308

Die .300er oder 308er Patronen nehmen einen großen Raum bei den Jagdpatronen ein und sind weltweit im Einsatz. Das Spektrum reicht von Kurzpatronen wie die .308 Winchester bis hin zu den riesigen Magnumpatronen von Weatherby, Remington oder A-Square. In keinem anderen Kaliber gibt es ein so reichhaltiges Geschossangebot, wie bei .308 und Neukonstruktionen werden stets zunächst in diesem Kaliberdurchmesser auf den Markt gebracht.

Hier findet sich eine riesige Zahl an Spezialgeschossen für jeden Verwendungszweck und es sind ultraleichte und überschwere Geschosse zu bekommen. Der Wiederlader hat hier, wie bei keinem anderen Geschossdurchmesser, die Qual der Wahl. Bei vielen modernen Jagdgeschosse wurden auch Erkenntnisse von den Matchpatronen eingebracht, denn die .308 ist auch bei den Sportschützen sehr beliebt und so sind außenballistisch hervorragende Jagdgeschosse auf dem Markt. Für den weiten Schuss auf Schalenwild ist eine Patrone mit .308er Geschoss daher eine gute Wahl. Die Geschosstabelle beinhaltet alle modernen Konstruktionen und auch viele Geschosse kleinerer Hersteller. Gerade hier kann Anspruch auf Vollständigkeit aber nicht erhoben werden, denn viele kleine Custom-Geschosshersteller erweitern ihr Programm ständig und auch bei den großen Herstellern kommen laufend neue Geschosse hinzu. Weggelassen wurden die einfachen Teilmantelgeschosse, die Matchgeschosse und die Vollmantelgeschosse. Sie sind für hochwertige Jagdpatronen kaum interessant.

308Norma – 300WM – 300WSM – 30R Blaser – 300Dakoa – 300H&H – 300Weatherby – 30-387Weatherby – 300RUM

## Geschosspalette:

| Hersteller | Geschosstyp | Geschoss-gewicht g /Grains | Eignung | Patronen Empfehlung |
|---|---|---|---|---|
| Sierra | Game King | 9,7 / 150 | Hochwild | Standardpatronen |
| Sierra | Game King | 10,7 / 165 | Hochwild | Standard- und Hochleistungspatronen |
| Sierra | Game King | 11,7 / 180 | Schweres Hochwild | Standard- und Hochleistungspatronen |
| Sierra | Game King | 13,0 / 200 | Schweres Hochwild | Standard- und Hochleistungspatronen |
| Sierra | Pro Hunter | 8,1 / 125 | Rehwild | Standardpatronen |
| Sierra | Pro Hunter | 9,7 / 150 | Leichtes Hochwild | Standardpatronen |
| Sierra | Pro Hunter | 11,7 / 180 | Hochwild | Standardpatronen |
| Sierra | Pro Hunter Rundkopf | 11,7 / 180 | Hochwild | Standardpatronen |
| Sierra | Pro Hunter | 14,3 / 220 | Hochwild | Standardpatronen |
| Impala | Impala | 8,4 / 130 | Hochwild | Hochleistungspatronen |
| Hornady | InterLock | 11,7 / 180 | Hochwild | Standardpatronen |
| Hornady | InterLock | 13,0 / 200 | Schweres Hochwild | Standard- und Hochleistungspatronen |
| Hornady | InterLock | 14,3 / 220 | Schweres Hochwild | Standard- und Hochleistungspatronen |
| Hornady | Interbond | 9,7 / 150 | Hochwild | Hochleistungspatronen |
| Hornady | Interbond | 10,7 / 165 | Schweres Hochwild | Hochleistungspatronen |
| Hornady | Interbond | 11,7 / 180 | Schweres Hochwild | Hochleistungspatronen |
| Hornady | SST | 9;7 / 150 | Hochwild | Standard- und Hochleistungspatronen |
| Hornady | SST | 10,7 / 165 | Schweres Hochwild | Standard- und Hochleistungspatronen |
| Hornady | SST | 11,5 / 178 | Schweres Hochwild | Standard- und Hochleistungspatronen |
| Hornady | V-Max | 7,1 / 110 | Reh- und Raubwild | Standard- und Hochleistungspatronen |
| Hornady | A-Max | 10,0 / 155 | Rehwild | Standardpatronen |
| Hornady | A-Max | 10,9 / 168 | Leichtes Hochwild | Standardpatronen |
| Hornady | A-Max | 11,5 / 178 | Leichtes Hochwild | Standard- und Hochleistungspatronen |
| A-Square | Dead Tough | 11,7/180 | Schweres Hochwild | Hochleistungspatronen |
| Remington | Core Lokt | 9,7 / 150 | Hochwild | Standardpatronen |
| Remington | Core Lokt | 10,7 / 165 | Hochwild | Standardpatronen |
| Remington | Core Lokt | 11,7 / 180 | Hochwild | Standardpatronen |
| PMP | Pro Amm | 11,7/180 | Hochwild | Standardpatronen |
| Barnes | X-Bullet | 8,4 / 130 | Hochwild | Standard- und Hochleistungspatronen |

| Hersteller | Geschosstyp | Geschoss-gewicht g /Grains | Eignung | Patronen Empfehlung |
|---|---|---|---|---|
| Barnes | X-Bullet | 9,1 / 140 | Hochwild | Standard- und Hochleis-tungspatronen |
| Barnes | X-Bullet | 9,7 / 150 | Hochwild | Hochleistungs-patronen |
| Barnes | X-Bullet | 10,7 / 165 | Schweres Hochwild | Hochleistungs-patronen |
| Barnes | X-Bullet | 11,7 / 180 | Schweres Hochwild | Hochleistungs-patronen |
| Barnes | X-Bullet | 13,0 / 200 | Schweres Hochwild | Hochleistungs-patronen |
| Barnes | Triple Shock | 8,4 / 130 | Hochwild | Hochleistungspatronen |
| Barnes | Triple Shock | 9,7 / 150 | Hochwild | Hochleistungspatronen |
| Barnes | Triple Shock | 10,9 / 168 | Schweres Hochwild | Hochleistungs-patronen |
| Barnes | Triple Shock | 11,7 / 180 | Schweres Hochwild | Hochleistungs-patronen |
| Barnes | Triple Shock | 13,0 / 200 | Schweres Hochwild | Hochleistungs-patronen |
| Nosler | Ballistic Tip | 8,1 / 125 | Rehwild/ leichtes Hochwild | Standardpatronen |
| Nosler | Ballistic Tip | 9,7 / 150 | Leichtes Hochwild | Standardpatronen |
| Nosler | Ballistic Tip | 10,7 / 165 | Hochwild | Standardpatronen |
| Nosler | Ballistic Tip | 11,7 / 180 | Hochwild | Standardpatronen |
| Nosler | Ballistic Sil-vertip | 9,7 / 150 | Leichtes Hochwild | Standardpatronen |
| Nosler | Ballistic Sil-vertip | 11.0 /168 | Hochwild | Standardpatronen |
| Nosler | Ballistic Sil-vertip | 11,7 / 180 | Hochwild | Standard-und Hochleis-tungspatronen |
| Nosler | Partition | 9,7 / 150 | Hochwild | Standardpatronen |
| Nosler | Partition | 10,7 / 165 | Hochwild | Hochleistungspatronen |
| Nosler | Partition | 11,7 / 180 | Schweres Hochwild | Standard- und Hochleis-tungspatronen |
| Nosler | Partition | 13,0 / 200 | Schweres Hochwild | Hochleistungspatronen |
| Nosler | Partition | 14,3 / 220 | Schweres Hochwild | Hochleistungspatronen |
| Nosler | Accu Bond | 9,7 / 150 | Hochwild | Hochleistungspatronen |
| Nosler | Accu Bond | 11,7 / 180 | Schweres Hochwild | Hochleistungspatronen |
| Nosler | Accu Bond | 13,0 / 200 | Schweres Hochwild | Hochleistungspatronen |
| Nosler | Partition Gold | 9,7 / 150 | Hochwild | Hochleistungspatronen |
| A-Square | Dead Tough | 11,7 / 180 | Schweres Hochwild | Hochleistungspatronen |
| Federal | Trophy Bon-ded | 10,7 / 165 | Schweres Hochwild | Hochleistungspatronen |
| Federal | Trophy Bon-ded | 11,7 / 180 | Schweres Hochwild | Hochleistungspatronen |
| Federal | Trophy Bon-ded | 13,0 / 200 | Schweres Hochwild | Hochleistungspatronen |

| Hersteller | Geschosstyp | Geschoss-gewicht g /Grains | Eignung | Patronen Empfehlung |
|---|---|---|---|---|
| GPA | GPA | 9,6 / 148 | Hochwild | Standard- und Hochleistungspatronen |
| GPA | GPA | 11,7 / 180 | Schweres Hochwild | Standard- und Hochleistungspatronen |
| Speer | Hot Cor | 7,1 / 110 | Rehwild | Standardpatronen |
| Speer | Hot Cor | 9,7 / 150 | Leichtes Hochwild | Standardpatronen |
| Speer | Hot Cor Mag Tip | 9,7 / 150 | Leichtes Hochwild | Standard- und Hochleistungspatronen |
| Speer | Hot Cor | 10,7 / 165 | Hochwild | Standardpatronen |
| Speer | Hot Cor | 11,7 / 180 | Hochwild | Standardpatronen |
| Speer | Hot Cor | 13,0 / 200 | Schweres Hochwild | Standardpatronen |
| Speer | Grand Slam | 9,7 / 150 | Hochwild | Standard- und Hochleistungspatronen |
| Speer | Grand Slam | 10,7 / 165 | Schweres Hochwild | Standard- und Hochleistungspatronen |
| Speer | Grand Slam | 11,7 / 180 | Schweres Hochwild | Standard- und Hochleistungspatronen |
| Speer | Grand Slam | 13,0 / 200 | Schweres Hochwild | Hochleistungspatronen |
| Speer | Bear Claw | 13,0 / 200 | Schweres Hochwild | Hochleistungspatronen |
| Swift | A-Frame | 10,7 / 165 | Schweres Hochwild | Standard- und Hochleistungspatronen |
| Swift | A-Frame | 11,7 / 180 | Schweres Hochwild | Hochleistungspatronen |
| Swift | A-Frame | 13,0 / 200 | Schweres Hochwild | Hochleistungspatronen |
| Swift | Scirocco | 9,7 / 150 | Schweres Hochwild | Hochleistungspatronen |
| Swift | Scirocco | 10,7 / 165 | Schweres Hochwild | Hochleistungspatronen |
| Swift | Scirocco | 11,7 / 180 | Schweres Hochwild | Hochleistungspatronen |
| Blaser | CDP | 10,7 / 165 | Schweres Hochwild | Standard- und Hochleistungspatronen |
| RWS | Kegelspitz | 9,7 / 150 | Hochwild | Standardpatronen |
| RWS | Ideal Classik | 9,7 / 150 | Hochwild | Standardpatronen |
| RWS | Bionic | 10,0 / 154 | Hochwild | Standardpatronen |
| RWS | Kegelspitz | 10,7 / 165 | Hochwild | Standardpatronen |
| RWS | Doppelkern | 10,7 / 165 | Hochwild | Standardpatronen |
| RWS | H-Mantel | 11,7 / 180 | Hochwild | Standardpatronen |
| RWS | Evolution | 11,9 / 184 | Schweres Hochwild | Standard- und Hochleistungspatronen |
| RWS | Kegelspitz | 13,0 / 200 | Schweres Hochwild | Standard- und Hochleistungspatronen |
| RWS | Uni-Classik | 13,0 / 200 | Schweres Hochwild | Standard- und Hochleistungspatronen |
| Reichenberg | HDB | 7,25 / 120 | Hochwild | Standard- und Hochleistungspatronen |
| Reichenberg | HDB | 7,4 / 123 | Hochwild | Standard- und Hochleistungspatronen |

| Hersteller | Geschosstyp | Geschoss-gewicht g /Grains | Eignung | Patronen Empfehlung |
|---|---|---|---|---|
| Reichen-berg | HDB | 9,5 / 146 | Hochwild | Standard- und Hochleis-tungspatronen |
| Reichen-berg | HDB | 9,7 / 150 | Hochwild | Standard- und Hochleis-tungspatronen |
| Reichen-berg | HDB | 10,7 / 165 | Schweres Hochwild | Standard- und Hochleis-tungspatronen |
| Reichen-berg | HDB | 12,0 / 185 | Schweres Hochwild | Hochleistungspatronen |
| Reichen-berg | HDB | 12,3 / 190 | Schweres Hochwild | Hochleistungspatronen |
| Degol | Starkmantel Hohlspitz | 11,7 / 180 | Schweres Hochwild | Hochleistungspatronen |
| Degol | Starkmantel Rundkopf | 14,3 / 220 | Schweres Hochwild | Standard- und Hochleis-tungspatronen |
| Woodleigh | Protected Point | 9,7 / 150 | Hochwild | Standard- und Hochleis-tungspatronen |
| Woodleigh | Protected Point | 10,7 / 165 | Schweres Hochwild | Standard- und Hochleis-tungspatronen |
| Woodleigh | Proteced Point | 11,7 / 180 | Schweres Hochwild | Standard- und Hochleis-tungspatronen |
| Woodleigh | Protected Point | 14,3 / 220 | Schweres Hochwild | Hochleistungspatronen |
| Woodleigh | TMR | 13,0 / 200 | Schweres Hochwild | Standardpatronen |
| Woodleigh | TMR | 14,3 / 220 | Schweres Hochwild | Standardpatronen |
| Lapua | Naturalis | 11,7 / 180 | Schweres Hochwild | Standard- und Hochleis-tungspatronen |
| Brenneke | TUG | 11,7 / 180 | Hochwild | Standard- und Hochleis-tungspatronen |
| Brenneke | TOG | 10,7 / 165 | Hochwild | Standard- und Hochleis-tungspatronen |
| Brenneke | TAG | 10,0 / 155 | Hochwild | Standard- und Hochleis-tungspatronen |
| Lapua | Mega | 9,7 / 150 | Hochwild | Standardpatronen |
| Lapua | Mega | 12,0 / 185 | Schweres Hochwild | Standardpatronen |
| Lapua | Mega | 13,0 / 200 | Schweres Hochwild | Standard- und Hochleis-tungspatronen |
| Winches-ter | Fail Safe | 11,7 / 180 | Schweres Hochwild | Standard- und Hochleis-tungspatronen |
| Norma | Alaska | 11,7 / 180 | Hochwild | Standardpatronen |
| Norma | PPC | 11,7 / 180 | Hochwild | Standardpatronen |
| Norma | Oryx | 11,7 / 180 | Schweres Hochwild | Standard- und Hochleis-tungspatronen |
| Norma | Oryx | 13,0 / 200 | Schweres Hochwild | Standard- und Hochleis-tungspatronen |

# .308 Winchester

Die .308 Winchester wurde im Jahre 1952 als zivile Jagdpatrone entwickelt und nicht etwa als Militärkaliber, wie oft behauptet wird. Das Militär nahm die Patrone erst 1954 an und die ersten Miltärwaffen wurden sogar erst 1957 an die Truppen ausgegeben. Hier verlief die Entwicklung also umgekehrt zu den meisten Patronen, die zunächst als Militärpatronen konzipiert wurden und erst später auch Karriere als Jagdpatronen machten. Die kurze Patrone ist erstaunlich leistungsstark und reicht fast an die .30-06 heran. Ihr großer Vorteil ist die kurze Hülsenlänge, die es erlaubt, bei Repetierbüchsen sehr kurze Verschlüsse zu verwenden. Dazu kommt ihre sehr hohe Eigenpräzision, die ihr auch schnell einen gute Ruf unter den Sportschützen einbrachten. Der Rückstoß fällt sehr moderat aus und durch die Verwendung offensiver bis maximal mittelschnell abbrennender Pulversorten ist sie auch sehr gut für kurze Läufe geeignet.

Bei diesen Voraussetzungen ist die große Verbreitung als Jagdpatrone nicht verwunderlich. Die .308 Winchester ist weltweit verbreitet und es gibt wohl kaum einen Munitionshersteller, der dieses Kaliber nicht in mehreren Laborierungen im Programm hat.

Grundsätzlich ist die .308 Winchester tauglich auf alles europäische Schalenwild, wobei der Schwerpunkt aber bei den mittleren Wildarten liegen sollte. Für schweres Schalenwild sollten Patronen mit höherem Geschossgewicht eingesetzt werden und hier ist die kleine Hülse der .308 Winchester im Nachteil, denn Geschossgewichte von 150 bis 165 Grains sind hier optimal geeignet. 180 Grains ist als Obergrenze anzusehen, auch wenn mitunter 200 Grains Geschosse als Drückjagdlaborierung empfohlen werden, die auf kurze Distanzen auch einsetzbar sind, wenn weiche Rundkopfgeschosse verladen werden. Optimal ist das aber nicht. An eine 8x57 IS mit 200-Grains-Geschoss kommt die kurze .308 Winchester nicht heran. Noch schwerere Geschosse können nicht auf die erforderliche Geschwindigkeit gebracht werden. 220 Grains Geschossgewicht sollten den großen Magnumpatronen vorbehalten bleiben.

Das Laden der .308 Winchester bereitet dem erfahrenen Wiederlader keine Probleme. Werkzeug ist in Hülse und Fülle von allen bekannten Herstellern erhältlich und bei den Geschossen gibt es jede Menge Auswahl. Hier lässt sich für jeden Einsatzzweck der im Leistungsbereich der Patrone liegt eine passende Laborierung laden.

Bei den Pulvern ist der Wiederlader etwas im Nachteil, denn bei den Fabrikpatronen werden oft spezielle Pulver verladen, die nicht als Dosenpulver zu bekommen sind. Viele Werksladungen können daher vom Wiederlader leistungsmäßig nicht kopiert werden. In der Jagdpraxis hat das aber keine sehr großen Auswirkungen, denn einige m/sek. mehr oder weniger sind für eine gute Zielwirkung nicht von sehr großer Bedeutung. Es soll hier nur davor gewarnt werden unbedingt zu versuchen, die Mündungsgeschwindigkeit bestimmter Fabrikladungen zu erreichen. In den oberen Ladebereichen regiert die .308 Winchester schon auf kleine Erhöhungen der Pulvercharge mit sprunghaften Drucksteigerungen. Bei den in der Ladetabelle angegebenen Laborierungen mit den progressiveren Pulvern handelt es sich mitunter um leichte Pressladungen, was aber hier unbedenklich ist.

Rottweil R 903 zeigte sich sehr universell und erzielte bei vielen Geschossen eine sehr hohe Präzision. Auch Kemira N 140 ist hier ein Top-Pulver, das sehr sauber abbrennt. Das Kugelpulver PCL 507 ist sehr gut geeignet, wenn eine möglichst hohe Leistung erzielt werden soll, da es eine sehr hohe Schüttdichte hat. Bei der Vielzahl der Munitionsanbieter in diesem Kaliber ist zu bedenken, dass es zu stark unterschiedlichen Hülsenvolumen kommen kann. Die angegebenen Ladedaten sollten daher auch nur mit den entsprechenden Hülsenfabrikaten verwendet werden. Standardzündhütchen reichen zur sicheren Anzündung völlig aus.

Drückjagdpatronen sollten mit schnell ansprechenden und hindernisunempfindlichen Geschossen laboriert werden.

# Ladedaten Kaliber .308 Winchester

| Geschoss-hersteller | Geschoss-typ | Geschoss-gewicht Grains | Pulver-hersteller | Pulvertyp | Pulver-ladung Grains | Hülsen-fabrikat | Zünd-hütchen | Gesamt-länge (mm) | $V_0$ m/sek |
|---|---|---|---|---|---|---|---|---|---|
| Hornady | V-Max | 110 | IMR | 4895 | 51,0 | Hornady | Federal 215 | 68,0 | 975 |
| Nosler | Solid Base | 125 | Kemira | N 135 | 45,o8 | Lapua | CCI 200 | 67,3 | 938 |
| Barnes | TSX | 130 | Hodgdon | Varget | 50,5 | RWS | RWS 5341 | 68,5 | 936 |
| RWS | KS | 150 | Rottweil | R902 | 46,0 | RWS | CCI 200 | 69,2 | 852 |
| Barnes | MRX | 150 | Hodgdon | 4895 | 46,0 | Hornady | Federal 210 | 68,5 | 855 |
| Swift | A-Frame | 165 | Rottweil | R 903 | 46,2 | Winchester | CCI 200 | 68,0 | 821 |
| Blaser | CDP | 165 | Rottweil | R 907 | 47,0 | Lapua | Federal 210 | 68,0 | 817 |
| Swift | Scirocco | 165 | Kemira | N 150 | 45,0 | RWS | RWS 5341 | 68,0 | 820 |
| Nosler | Accu Bond | 165 | Kemira | N 140 | 44,2 | Hornady | Federal 215 | 68,0 | 816 |
| Barnes | TSX | 168 | IMR | 4064 | 45,2 | Hornady | Federal 215 | 68,5 | 810 |
| Reichenberg | HDB | 168 | Kemira | N 540 | 44,5 | RWS | RWS 5341 | 67,0 | 825 |
| Hornady | SST | 178 | Kemira | N 150 | 42,2 | Norma | CCI 200 | 68,5 | 771 |
| Nosler | Partition | 180 | Kemira | N 150 | 44,5 | RWS | Federal 215 | 68,5 | 781 |
| Barnes | TSX | 180 | IMR | 4320 | 42,2 | Norma | CCI 200 | 68,0 | 762 |
| Speer | Grand Slam | 180 | Alliant | RL 15 | 40,8 | Norma | RWS 5341 | 68,0 | 753 |
| Swift | Scirocco | 180 | IMR | 4831 | 48,3 | RWS | RWS 5341 | 68,0 | 748 |
| Lapua | Naturalis | 180 | Kemira | N 150 | 44,0 | RWS | CCI 200 | 67,3 | 740 |
| Norma | Oryx | 180 | Hodgdon | H 335 | 40,0 | Norma | CCI 200 | 68,0 | 745 |
| RWS | KS | 200 | Rottweil | R 907 | 44,0 | RWS | RWS 5341 | 69,0 | 705 |
| Nosler | Partition | 200 | Rottweil | R 903 | 42,5 | Federal | CCI 200 | 68,5 | 700 |

Zur Ermittlung der Ladedaten wurde eine Repetierbüchse SWS 2000 mit 56 cm Lauflänge benutzt.

## .30-06 Springfield

Die .30-06 ist wohl ohne Übertreibung die am weitesten verbreitete Jagdpatrone weltweit. Sie wurde im Jahre 1906 von den USA als Militärpatrone eingeführt und kann sowohl auf dem militärischen als auch dem zivilen Sektor auf eine beispiellose Karriere zurückblicken. Es gibt wohl keinen Munitionshersteller, der diese Patrone nicht in seinem Programm hat. Fabrikpatronen werden mit Geschossgewichten von 110 bis 250 Grains angeboten. Das Idealgeschossgewicht liegt bei 150 bis 180 Grains. Eine große Bandbreite im Geschossgewicht erscheint auf den ersten Blick zwar als sehr vorteilhaft, doch es gibt wohl kaum eine Büchse, die mit einem 110 und einem 220 Grains Geschoss gleichermaßen präzise schießt. Hier ist die Dralllänge des Laufes ausschlaggebend und da lässt sich nicht die gesamte Bandbreite abdecken. Weltweit ist eine riesige Zahl an Waffen in Gebrauch und die flächendeckende Verbreitung dieses Kalibers bringt dem Jagdreisenden natürlich logistische Vorteile. Patronen .30-06 sind praktisch überall zu bekommen. Die große Auswahl an Munitionssorten und Geschosskonstruktionen erleichtert es auch sehr, eine präzise Patrone für die eigene Waffe zu finden oder ein besonders geeignetes Geschoss für die bevorstehende Jagd zu wählen. Mit den leichteren 150 Grains Geschossen ist die .30-06 eine gute Patrone für weite Schüsse auf leichtere Wildarten, etwa bei der Gamsjagd, während die schweren 220-Grains-Projektile beliebte Drückjagdlaborierungen darstellen. Zwar stellt die .30-06 nicht gerade eine Idealpatrone für viele Wild- und Jagdarten da, aber dafür ist sie sehr universell und mit einem Repetierer im Kaliber .30-06 lässt sich jedes Wild in Europa und auch viele Wildarten in Nordamerika und Afrika bejagen. Dazu kommt, dass so gut wie jedes Büchsenmodell in diesem Kaliber erhältlich ist.

Mit dem richtigen Geschoss ist die .30-06 ein Universalkaliber für mittelschweres Wild auf normale Schussentfernung. Die leichten Spezialgeschosse können auf eine hohe Mündungsgeschwindigkeit gebracht werden, und ein außenballistisch günstiges Geschoss erlaubt auch weite Schüsse ohne große Korrekturen des Haltepunktes. Die .30-06 kommt zwar nicht an die .300er Magnumpatronen heran, hat dafür aber auch erheblich weniger Nebenwirkungen und erlaubt den Bau von leichten, führigen Büchsen.

Bei den Pulvern dominieren die mittelschnellen Sorten wie Kemira N 140, N 150, IMR 4895 und Rottweil R 903, wobei sich bei schwereren Geschossen aber auch die etwas progressiver abbrennenden Treibladungsmittel wie Rottweil R 904 sehr gut einsetzen lassen. Damit war nicht nur eine gute Präzision, sondern auch eine etwas höhere Leistung erzielbar. Die Auswahl an Geschossen ist riesig und es stehen jede Menge Spezialgeschosse zur Verfügung. Zu bedenken ist jedoch, dass die .30-06 eine Mittelpatrone ist und es keine Vorteile bringt, ein für die schnellen .30er Magnums entwickeltes Spezialgeschoss zu verladen. Ein Nosler Accubond etwa, kann nicht auf die nötige Geschwindigkeit gebracht werden, um auf 200 Meter auf den angestrebten doppelten Kaliberdurchmesser aufzupilzen. Hier ist ein Kegelspitz oder Game King die bessere Wahl. Die schweren 220 grs.-Geschosse sind nur auf Drückjagddistanz bis 60 Meter einsetzbar. Darüber hinaus haben sie gegenüber mittelschweren Geschossen keine Vorteile. Auch bei der .30-06 sind Standardzündhütchen ausreichend.

# Ladedaten Kaliber .30-06 Springfield

| Geschoss-hersteller | Geschoss-typ | Geschoss-gewicht Grains | Pulver-hersteller | Pulvertyp | Pulver-ladung Grains | Hülsen-fabrikat | Zünd-hütchen | Gesamt-länge (mm) | $V_0$ m/sek |
|---|---|---|---|---|---|---|---|---|---|
| Nosler | Bal. Tip | 125 | Kemira | N 140 | 54,3 | Norma | CCI 200 | 82,0 | 975 |
| Barnes | TSX | 130 | IMR | 3031 | 53,5 | RWS | RWS 5341 | 83,0 | 952 |
| RWS | DK | 150 | Rottweil | R 904 | 57,8 | Norma | CCI 200 | 78,5 | 845 |
| Barnes | TSX | 150 | Hodgdon | Varget | 52,0 | Norma | Federal 210 | 82,5 | 865 |
| Hornady | SST | 150 | IMR | 4064 | 53,0 | RWS | CCI 200 | 82,5 | 861 |
| Swift | A-Frame | 165 | Kemira | N 160 | 57,0 | Winchester | CCI 200 | 82,0 | 830 |
| Swift | Scirocco | 165 | Kemira | N 150 | 51,5 | RWS | RWS 5341 | 82,0 | 840 |
| Nosler | Partition | 165 | IMR | 4831 | 57,0 | Hornady | Federal 215 | 82,0 | 812 |
| Barnes | MRX | 165 | Hodgdon | 4350 | 54,8 | Hornady | Federal 215 | 82,0 | 815 |
| Reichenberg | HDB | 168 | Kemira | N 540 | 52,0 | RWS | RWS 5341 | 80,5 | 825 |
| Hornady | SST | 178 | Kemira | N 160 | 55,0 | Norma | CCI 200 | 82,0 | 780 |
| Nosler | Partition | 180 | Kemira | N 165 | 57,5 | RWS | Federal 215 | 82,5 | 765 |
| Barnes | TSX | 180 | IMR | 4350 | 54,0 | Norma | Federal 215 | 82,0 | 755 |
| Speer | Grand Slam | 180 | Rottweil | R 904 | 56,0 | Norma | RWS 5341 | 82,0 | 795 |
| Brenneke | TUG | 180 | Rottweil | R 907 | 53,0 | RWS | RWS 5341 | 78,0 | 810 |
| Reichenberg | HDB Drück-jagd | 190 | Kemira | N 560 | 62,0 | RWS | CCI 200 | 80,5 | 780 |
| RWS | KS | 200 | Rottweil | R 904 | 53,0 | RWS | RWS 5341 | 79,0 | 771 |
| Nosler | Partition | 200 | Kemira | N 160 | 55,8 | Federal | CCI 200 | 82,0 | 775 |
| Hornady | TMR | 220 | Rottweil | R 904 | 51,0 | RWS | CCI 200 | 82,0 | 712 |
| Woodleigh | TMR | 220 | IMR | 4831 | 54,0 | Norma | RWS 5341 | 82,5 | 720 |

Zur Ermittlung der Ladedaten wurde eine Sauer 90 Repetierbüchse mit 60 cm Lauflänge benutzt.

# .30 R Blaser

Die .30 R Blaser wurde 1991 vom Waffenhersteller Blaser in Zusammenarbeit mit Dynamit Nobel herausgebracht. In der Leistung liegt diese Randpatrone sogar noch etwas über der .30-06.

Durch die große Geschossauswahl ist die neue 30er Randpatrone auch für den Jagdreisenden eine interessante Patrone, wenn eine Kipplaufwaffe geführt wird.

Das Angebot an Fabrikpatronen sieht allerdings vergleichsweise dürftig aus. Lediglich Dynamit Nobel und Blaser stellen Patronen dieses Kalibers her. Die .30 R Blaser ist eine neu konstruierte Patrone, bei der neueste innenballistische Erkenntnisse verwirklicht wurden. Der Geschossübergangskegel wurde nicht von der .30-06 übernommen, sondern neu konfiguriert. Die .30 R Blaser hat einen kurzen zylindrischen Teil vor dem Hülsenmund und einen kurzen steilen Kegel. Durch diesen Aufbau wird der Anteil der hoch gespannten Treibgase, die das Geschossheck beeinflussen können, was stark präzisionsmindernd ist, erheblich verringert. Waffen der Kaliber .30-06 oder auch .308 Winchester lassen sich problemlos auf die .30 R Blaser umarbeiten. Speziell darauf wurde bei der Konstruktion der Hülse großen Wert gelegt. Die P-Maße sind etwas größer bemessen als bei der .30-06. Das hat auch den Vorteil, dass so Abnutzungsspuren im Patronenlager bei einem Aufreiben von .30-06 auf .30 R Blaser beseitigt werden. Für Kipplaufwaffen ist die .30 R Blaser im Vergleich zur .30-06 technisch sicher die bessere Patrone. Randlose Hülsen verursachen in Kipplaufwaffen mitunter Auszieherprobleme.

Die .30 R Blaser ist eine erstklassige Mittelpatrone und für Kipplaufwaffen wohl die Universalpatrone schlechthin. Ein 150 grs/ 9,7g Geschoss wird auf 940 m/sek. beschleunigt und selbst bei einem schweren 200 grs./ 13,0 g Geschoss sind noch über 800 m/sek. möglich. Je nach verwendetem Geschoss lässt sie sich für weite Schüsse in der Steppe oder im Gebirge einsetzen, aber auch für starkes Wild auf mittlere Distanzen, wenn die schweren Geschosse geladen werden. Das optimale Geschossgewicht liegt zwischen 150 und 200 Grains. Besonders bei den leichten Geschossen muss auf eine ausreichend stabile Geschosskonstruktion geachtet werden, damit eine gute Tiefenwirkung erreicht wird. Als Treibladungsmittel kommen die mittelschnellen bis progressiven Pulvern zum Einsatz.

Bei den Ladeversuchen erwiesen sich die Rottweil Pulver R 904 und R 905, Norma MRP und Kemira N 160 als sehr gut geeignet. Bei allen Laborierungen wurden Magnum Zündhütchen verwendet. Bei den schnelleren Pulversorten wäre das zwar nicht unbedingt erforderlich, aber die Laborierungen waren durchweg präziser. Matrizensätze sind von RCBS, Redding, Lee oder Triebel zu bekommen.

# Ladedaten Kaliber .30 R Blaser

| Geschoss-hersteller | Geschoss-typ | Geschoss-gewicht Grains | Pulver-hersteller | Pulvertyp | Pulver-ladung Grains | Hülsen-fabrikat | Zünd-hütchen | Gesamt-länge (mm) | $V_0$ m/sek |
|---|---|---|---|---|---|---|---|---|---|
| Reichenberg | HDB | 120 | Norma | N 204 | 67,0 | RWS | CCI 250 | 83,0 | 1010 |
| Barnes | X-Bullet | 140 | Rottweil | R 904 | 66,7 | RWS | RWS 5333 | 86,0 | 945 |
| RWS | Kegelspitz | 150 | Rottweil | R 904 | 64,5 | RWS | CCI 250 | 85,0 | 930 |
| Swift | A-Frame | 165 | Rottweil | R 904 | 63,5 | RWS | RWS 5333 | 86,0 | 905 |
| Blaser | CDP | 165 | Kemira | N 160 | 64,3 | RWS | Fed. 215 | 89,0 | 895 |
| RWS | Doppelkern | 165 | Rottweil | R 904 | 64,0 | RWS | RWS 5333 | 85,8 | 902 |
| Swift | Scirocco | 165 | Kemira | N 160 | 62,0 | RWS | Fed. 215 | 89,0 | 880 |
| Nosler | Bal. Tip | 165 | Kemira | N 560 | 64,5 | RWS | CCI 250 | 90,8 | 869 |
| Reichenberg | HDB | 168 | Norma | MRP | 65,2 | RWS | Fed. 215 | 88,0 | 871 |
| Nosler | Partition | 180 | Norma | MRP | 65,0 | RWS | RWS 5333 | 88,0 | 878 |
| Barnes | X-Bullet | 180 | Norma | MRP | 61,0 | RWS | CCI 250 | 90,0 | 822 |
| Swift | Scirocco | 180 | Rottweil | R 905 | 63,0 | RWS | CCI 250 | 89,0 | 854 |
| Lapua | Naturalis | 180 | Kemira | N 160 | 63,5 | RWS | CCI 250 | 86,0 | 849 |
| Norma | Oryx | 180 | Rottweil | R 905 | 62,8 | RWS | Fed. 215 | 88,5 | 849 |
| Swift | A-Frame | 200 | Alliant | R 22 | 61,5 | RWS | Fed. 215 | 86,0 | 840 |
| Nosler | Accu Bond | 200 | Rottweil | R 905 | 61,0 | RWS | RWS 5333 | 88,0 | 825 |
| Barnes | X-Bullet | 200 | Norma | MRP | 60,5 | RWS | RWS 5333 | 89,5 | 792 |
| Hornady | InterLock | 200 | Alliant | RL 22 | 61,5 | RWS | CCI 250 | 86,0 | 839 |
| Woodleigh | TMR | 220 | Kemira | N 165 | 57,5 | RWS | CCI 250 | 87,0 | 745 |
| Hornady | TMR | 220 | Rottweil | R 905 | 59,5 | RWS | CCI 250 | 89,0 | 772 |

Zur Ermittlung der Ladedaten wurde eine Blaser Kipplaufbüchse K 95 mit 60 Zentimeter Lauflänge benutzt.

# .300 Holland&Holland Magnum

Die .300 Holland&Holland Magnum entstand im Jahre 1920 und basiert auf der 1912 vorgestellten .375 Holland&Holland Magnum. Die .375 H&H erfreute sich von Anfang an großer Beliebtheit, war aber nur bis auf mittlere Entfernung einsetzbar. Um den Bedarf nach einer rasanten Patrone für das Steppenwild zu decken, entwickelte Holland&Holland aus der Hülse der .375 H&H die .300 H&H. Zunächst wurde die Patrone „Hollands Super 30" genannt, erhielt kurze Zeit später aber ihren jetzigen Namen. Die Werte waren beeindruckend. Die Ursprungsladung brachte ein 150-Grains-Geschoss auf eine Mündungsgeschwindigkeit von 945 m/sek.. Später nahm man dann aber die Leistung etwas zurück. Mit den heute zur Verfügung stehenden modernen Nitropulvern kann diese Leistung aber leicht erreicht werden.

Wie die Ursprungspatrone hat auch die .300 H&H eine Gürtelhülse, bei der die Anlage im Patronenlager durch den Gürtel definiert wird. Holland&Holland ging diesen Weg, denn bei der wenig ausgeprägten Gestaltung der Hülsenschulter war dies notwendig. Moderne Magnumpatronen, bei denen die Hülsenschulter wesentlich steiler ist, brauchen keinen Gürtel mehr. Berühmtheit erlangte die .300 Holland&Holland als im Jahre 1935 Ben Comford das 1000 Yard-Schießen in Wimbledon damit gewann. Der Gewinn des Wimbledon-Cups machte die Patrone auch in den USA schlagartig populär. Berühmte US-Firmen wie Griffin&Howe begannen vermehrt, ihre Büchsen dafür einzurichten und selbst Winchester baute das neue Modell 70 in .300H&H. Viele moderne Patronen, wie die .300 Win. Mag., .300 Weatherby Mag. und .308 Norma Mag. basieren auf der .300 H&H. Diese Patronen haben der alten Holland&Holland Entwicklung in der Zwischenzeit den Rang abgelaufen. Fabrikpatronen sind heute schon selten geworden und mit leichten Geschossen gar nicht zu bekommen, obwohl es noch viele gute Büchsen in diesem Kaliber gibt und auch wieder neue Waffen dafür gebaut werden. Geradezu klassisch ist eine „Take Down" in .375 H&H mit Wechsellauf in .300 H&H. Beide Patronen nutzen die gleiche Hülse und so gibt es keine Probleme beim Magazin oder dem Stoßbodendurchmesser. Die Eigenpräzision ist sehr hoch, und auch wenn die Hülse ursprünglich für Cordite gedacht war, lässt sich mit modernen Pulvern daraus eine beachtliche Präzision erzielen. Die .300 Holland&Holland hat einen sehr hohen maximalen Gebrauchsgasdruck von 4300 bar. Wird der Gasdruck ausgenutzt, lässt sich eine beachtliche Leistung erzielen. Für einen Repetierbüchsenverschluss ist das kein Problem, doch es wurden auch viele Doppelbüchsen für die rasante .300er Patrone eingerichtet. Hier ist die Ausnutzung des Höchstgasdruckes bei vielen Waffen nicht unbedingt zu empfehlen. Bei den Ladedaten sind daher extra einige Laborierungen aufgeführt, die einen etwas geringeren Gasdruck haben und die Verschlüsse von Kipplaufwaffen schonen.

Patronen .300 Holland&Holland Magnum werden bei Winchester, Federal und W. Romey geladen und die Hülsenbeschaffung ist kein großes Problem. Es können auch Hülsen aus der .375 Holland&Holland umgeformt werden, was verhältnismäßig einfach geht.

Bei entsprechender Pulverwahl ist es auch nicht schwierig die .300 H&H auf das Niveau einer .30-06 herunterzuladen. Vor abgebrochenen Ladungen progressiven Pulvers muss aber eindringlich gewarnt werden. Es kann zu gefährlichen Drucksprüngen oder Nachbrennern kommen. Für die schnellen .300 Holland&Holland Magnum Laborierungen sollten keine zu weichen Geschosse gewählt werden, sonst ist die Zielballistik unbefriedigend. Die modernen homogenen Deformationsgeschosse oder stabile Zweikammergeschosse sind hier erste Wahl. Auch wenn die .300 H&H etwas unter der .300 Winchester Magnum liegt, so ist sie doch erheblich schneller als die .30er Standardpatronen.

Bei den Treibladungsmitteln sind vorwiegend die langsam abbrennenden Pulver brauchbar, obwohl der schlanke Hülsenverlauf der .300 H&H eigentlich auf offensivere Pulver hindeutet. Die offensiveren Sorten sind nur bei den leichten Geschossen unter 11,0 Gramm brauchbar. Besonders Kemira N 165, Rottweil R 905 und Hodgdon 4831 erwiesen sich universell geeignet. Magnum-Zündhütchen sind zur Anzündung der erheblichen Pulvermenge unbedingt erforderlich. Matrizensätze sind von RCBS, Redding, Lee oder Triebel zu bekommen.

Springbocktriplette im Damaraland Namibias. Bei gut 300 Meter Schussdistanz kann das Wild die Gefahr nicht orten und springt erst mit Verzögerung ab.

# Ladedaten Kaliber .300 Holland&Holland Magnum

| Geschoss-hersteller | Geschoss-typ | Geschoss-gewicht Grains | Pulver-hersteller | Pulvertyp | Pulver-ladung Grains | Hülsen-fabrikat | Zünd-hütchen | Gesamt-länge (mm) | $V_0$ m/sek |
|---|---|---|---|---|---|---|---|---|---|
| Barnes | X-Bullet | 150 | Rottweil | R 907 | 68,0 | Federal | CCI 250 | 90,0 | 970 |
| Nosler | Bal. Tip | 150 | Kemira | N 560 | 71,5 | Federal | CCI 250 | 91,0 | 962 |
| Nosler | Bal. Tip | 165 | IMR | 4350 | 73,0 | Federal | CCI 250 | 92,8 | 936 |
| RWS | Doppelkern | 165 | Rottweil | R 905 | 74,0 | Federal | RWS 5333 | 90,0 | 927 |
| Reichenberg | HDB | 168 | Kemira | N 160 | 70,0 | Winchester | CCI 250 | 89,0 | 925 |
| Nosler | Partition | 180 | Alliant | RL 19 | 76,0 | Winchester | CCI 250 | 91,5 | 910 |
| Nosler | Partition | 200 | Norma | MRP | 73,0 | Winchester | Federal 215 | 91,0 | 838 |
| Nosler | AccuBond | 200 | Rottweil | R 905 | 69,0 | Winchester | RWS 5333 | 91,8 | 832 |
| Barnes | X-Bullet | 165 | Kemira | N 140 | 63,0 | Federal | CCI 250 | 90,0 | 894 |
| Barnes | X-Bullet | 180 | IMR | 4350 | 63,5 | Federal | Federal 215 | 90,0 | 883 |
| Woodleigh | Prot. Point | 165 | Kemira | N 165 | 73,5 | Federal | CCI 250 | 90,5 | 934 |
| Woodleigh | TMR | 220 | Kemira | N 165 | 67,5 | Winchester | CCI 250 | 90,0 | 774 |
| Brenneke | TUG | 180 | Rottweil | R 905 | 73,0 | Federal | CCI 250 | 91,0 | 904 |
| Swift | A-Frame | 200 | Rottweil | R 905 | 71,0 | Federal | CCI 250 | 91,0 | 856 |
| Speer | Grand Slam | 180 | Hodgdon | 4831 | 74,0 | Winchester | CCI 250 | 92,0 | 912 |
| Swift | Scirocco | 180 | Kemira | N 165 | 70,0 | Federal | CCI 250 | 91,0 | 885 |
| Lapua | Naturalis | 180 | PB Clear-mont | PCL 517 | 72,5 | Federal | CCI 250 | 90,0 | 881 |
| Winchester | Fail Safe | 180 | Norma | MRP | 74,5 | Federal | CCI 250 | 91,0 | 908 |
| Horndy | BTSP | 190 | Alliant | RL 22 | 76,1 | Federal | CCI 250 | 91,0 | 890 |
| Hornady | InterLock | 220 | Kemira | N 165 | 67,0 | Federal | RWS 5333 | 90,0 | 785 |
| Degol | Starkmantel | 220 | Kemira | N 165 | 66,5 | Federal | CCI 250 | 90,0 | 780 |
| Winchester | Fail Safe | 180 | Norma | MRP | 74,5 | Federal | CCI 250 | 91,0 | 908 |

# Gasdruckschwächere Ladungen für Doppelbüchsen .300 H&H

| Geschoss-hersteller | Geschoss-typ | Geschoss-gewicht Grains | Pulver-hersteller | Pulvertyp | Pulver-ladung Grains | Hülsen-fabrikat | Zünd-hütchen | Gesamt-länge (mm) | $V_0$ m/sek |
|---|---|---|---|---|---|---|---|---|---|
| RWS | Kegelspitz | 150 | Rottweil | R 907 | 69,0 | Winchester | RWS 5341 | 89,0 | 978 |
| Nosler | Partition | 180 | Rottweil | R 904 | 66,0 | Federal | RWS 5341 | 91,0 | 832 |
| Speer | Grand Slam | 180 | IMR | 4895 | 55,0 | Federal | CCI 250 | 91,0 | 802 |
| Barnes | X-Bullet | 180 | IMR | 4895 | 54,0 | Winchester | CCI 250 | 91,0 | 800 |
| RWS | KS | 200 | Rottweil | R 905 | 65,0 | Federal | RWS 5333 | 90,5 | 778 |

Zur Ermittlung der Ladedaten wurde eine Repetierbüchse mit 65 Zentimeter langem Lauf und eine Doppelbüchse mit 63 cm-Lauf benutzt.

## .300 Winchester Magnum

Die .300 Winchester Magnum wurde im Jahre 1963 von der amerikanischen Firma Winchester auf den Markt gebracht. Sie bildete den Abschluss einer Serie von Winchesterpatronen mit Gürtelhülse, die aus der .264 Win. Mag., .338 Win. Mag. und der .458 Win. Mag. besteht. Marktpolitisch war die kurze Magnumpatrone, die in jedes Standardsystem passte, ein großer Wurf und die bereits etablierten .30er Magnumpatronen wie .308 Norma und .300 Holland&Holland wurden fast vom Markt verdrängt. Die Hülsenform der Winchesterpatrone ist jedoch nicht unumstritten. Um den Pulverraum möglichst groß zu halten, ist der Hülsenhals sehr kurz geraten, was zur Folge hat, dass schwere Geschosse sehr tief gesetzt werden müssen. Das kostet Pulverraum und natürlich so auch Leistung. Dazu kommt, dass bestimmte Geschosstypen mit sehr langer, konischer Spitze in dem kurzen Hülsenhals nicht genügend fest sitzen, um den erforderlichen Ausziehwiderstand aufzubauen, der für die geregelte Verbrennung des progressiven Treibladungspulvers nötig ist. Lässt sich das Geschoss nach dem Setzen mit den Fingern in die Hülse drücken, ist es ungeeignet. Das optimale Geschossgewicht liegt daher bei 180 bis max. 200 Grains. Damit ist sie eine hervorragende Patrone für Steppe und Gebirge und wird gern auf mittelschwere Wildarten eingesetzt.

Die Hülsenbeschaffung ist bei diesem Kaliber problemlos. Fabrikpatronen gibt es reichlich. Hülsen in sehr guter Qualität sind von verschiedenen Herstellern zu bekommen. Bei entsprechender Pulverwahl ist es kein Problem, die .300 Winchester Magnum auf das Niveau einer .30-06 herunterzuladen. Hier müssen dann schneller abbrennende Pulversorten verwandt werden. Abgebrochenen Ladungen progressiven Pulvers können zu gefährlichen Drucksprüngen führen oder es kann zu Nachbrennern kommen.

Für die rasanten .300 Winchester Magnum Laborierungen mit leichten Geschossgewichten dürfen keine zu weichen Geschosse gewählt werden, sonst ist die Zielballistik unbefriedigend. Mit 150 Grains Geschossen (9,7 g) lassen sich über 1000 m/sek. erreichen. Die modernen homogenen Deformationsgeschosse, hart aufgebaute Teilmantelgeschosse mit verlötetem Bleikern oder stabile Zweikammergeschosse sind hier angebracht.

Bei den Treibladungsmitteln kommen die progressiven Sorten zur Anwendung. Besonders Kemira N 160, Rottweil R 905 und Norma MRP erwiesen sich als geeignet. Magnum-Zündhütchen sind zur Anzündung der erheblichen Pulvermenge unbedingt erforderlich. Matrizensätze sind von RCBS, Redding, Lee oder Triebel zu bekommen. Sie gehören preislich zur Standardklasse und sind damit entsprechend günstig. Die .300 Winchester Magnum ist heute weltweit beliebt, wenn es um die Jagd auf stärkeres Schalenwild geht, und fast jeder Hersteller von Repetierbüchsen hat dieses Kaliber im Programm.

# Ladedaten Kaliber .300 Winchester Magnum

| Geschoss-hersteller | Geschoss-typ | Geschoss-gewicht Grains | Pulver-hersteller | Pulvertyp | Pulver-ladung Grains | Hülsen-fabrikat | Zünd-hütchen | Gesamt-länge (mm) | $V_0$ m/sek |
|---|---|---|---|---|---|---|---|---|---|
| RWS | Kegelspitz | 150 | Rottweil | R 905 | 81,0 | RWS | RWS 5333 | 82,2 | 1028 |
| Nosler | Bal. Tip | 150 | Alliant | RE 19 | 76,5 | Winchester | CCI BR 2 | 85,0 | 960 |
| Nosler | Bal. Tip | 165 | Acuarate Arms | 4350 | 72,0 | Winchester | CCI BR 2 | 85,0 | 926 |
| Barnes | X-Bullet | 165 | IMR | 4350 | 71,0 | Remington | CCI 250 | 85,0 | 910 |
| Hornady | SST | 165 | Kemira | N 165 | 74,0 | RWS | CCI 250 | 86,0 | 932 |
| Woodleigh | Prot.Point | 165 | Rottweil | R 905 | 78,0 | RWS | RWS 5333 | 85,0 | 961 |
| Reicheberg | HDB | 168 | Rottweil | R 905 | 77,0 | RWS | RWS 5333 | 84,5 | 952 |
| Nosler | Partition | 180 | Kemira | N 160 | 71,5 | Winchester | CCI 250 | 86,0 | 886 |
| Barnes | TSX | 180 | Rottweil | R 905 | 74,5 | Remington | RWS 5333 | 85,0 | 910 |
| Brenneke | TUG | 180 | Rottweil | R 904 | 72,0 | RWS | RWS 5333 | 83,0 | 919 |
| Swift | A-Frame | 180 | Alliant | RE 19 | 72,0 | RWS | CCI BR 2 | 85,0 | 901 |
| Speer | Grand Slam | 180 | Norma | MRP | 75,8 | Remington | CCI 250 | 86,0 | 924 |
| Swift | Scirocco | 180 | IMR | 4831 | 74,0 | Winchester | CCI 250 | 86,0 | 929 |
| Lapua | Naturalis | 180 | Accurate Arms | 4350 | 69,0 | Winchester | CCI BR 2 | 86,0 | 896 |
| Barnes | MRX | 180 | Alliant | RL 22 | 71,5 | Hornady | CCI 250 | 86,0 | 915 |
| RWS | Evolution | 184 | Kemira | N 165 | 73,5 | RWS | RWS 5333 | 85,0 | 920 |
| Swift | A.Frame | 200 | Kemira | N 160 | 70,0 | RWS | RWS 5333 | 85,5 | 855 |
| RWS | Kegelspitz | 200 | Rottweil | R 905 | 71,0 | RWS | CCI 250 | 84,5 | 874 |
| Nosler | Partition | 200 | Hodgdon | 870 | 81,5 | Winchester | CCI 250 | 86,0 | 862 |
| Degol | Starkmantel | 220 | Rottweil | R 905 | 71,5 | RWS | CCI 250 | 85,5 | 839 |
| Nosler | Partition | 220 | Kemira | N 165 | 66,2 | Hornady | CCI 250 | 85,5 | 845 |

Zur Ermittlung der Ladedaten wurde eine Repetierbüchse mit 65 cm Lauflänge benutzt.

# .308 Norma Magnum

Die .308 Norma Magnum entstand nach dem Zweiten Weltkrieg im Rahmen der Welle der Short-Magnum-Patronen. Sie ist eine Gürtelpatrone mit identischen Bodenabmessungen wie die .375 Holland&Holland Magnum. Dabei ist sie aber nur etwas länger als eine .30-06. Eine .30-06 Repetierbüchse auf die .308 Norma Magnum aufzureiben, ist daher sehr einfach und wurde besonders in den USA häufig gemacht. Tausende von Springfield 1903 Repetierbüchsen wurden in den 50er Jahren auf die schwedische Magnum umgeändert.

Norma fertigte zunächst nur Hülsen für Wiederlader, nahm aber sehr bald die Patrone auch in die Munitionsfertigung auf. Zum Leidwesen der amerikanischen Wiederlader waren die Norma Hülsen mit Berdan Zündhütchen bestückt und entsprechend aufwendig zu laden. Als dann im Jahre 1963 die .300 Winchester Magnum auf den Markt kam, die praktisch identische Werte liefert, aber von fast allen amerikanischen und vielen europäischen Munitionsherstellern angeboten wurde, geriet die .308 Norma Magnum ins Abseits. Im neuen Norma Katalog findet sich nur noch eine einzige Laborierung und andere Hersteller fertigen die Patrone nicht.

Die .308 Norma Magnum ist eine 300er Hochleistungspatrone für präzise Schüsse über weite Distanzen. Wiederlader haben mit der sehr gut geformten Hülse keine Probleme. Der Hülsenhals ist im Gegensatz zur .300 Win. Mag. lang genug, um Geschosse aller Längen sicher aufzunehmen und keinen Pulverraum bei schweren Geschossen zu verschenken.

Ein 180 Grains Geschoss wird mühelos auf 900 m/sek. beschleunigt, was eine Mündungsenergie von 4741 Joule ergibt. Das entspricht genau der .300 Win. Mag. Dabei ist das Rückstoßverhalten der .308 Norma Magnum noch etwas angenehmer. Die Eigenpräzision ist sehr hoch und bis in die 80er Jahre wurde das Kaliber sehr gern bei Long Range Wettkämpfen, etwa in Wimbledon, eingesetzt. Die .308 Norma Magnum ist vielseitig einsetzbar und eignet sich für die Bejagung von afrikanischen Großantilopen genauso gut wie auf Elch, Bär oder Wapiti. Ideal ist sie auch bei der Gebirgsjagd auf Gams, Schaf oder Steinbock. Hülsen und Fabrikpatronen sind nur von Norma erhältlich.

Das ideale Geschossgewicht für die .308 Norma Magnum liegt bei 180 bis 220 Grains. Es sollten nicht zu dünnmantelige Geschosse verwendet werden, denn bei der hohen Leistung der Patrone ist sonst die Tiefenwirkung zu gering. Bei den Treibladungsmitteln sind die langsam abbrennenden Pulver optimal. Besonders Kemira N 165, Rottweil 904 und 905, Norma MRP und Hodgdon 4831 erwiesen sich als gut geeignet. Magnum-Zündhütchen sind zur Anzündung der erheblichen Pulvermenge unbedingt erforderlich. Matrizensätze sind von RCBS, Redding, Lee oder Triebel zu bekommen.

# Ladedaten Kaliber .308 Norma Magnum

| Geschoss-hersteller | Geschoss-typ | Geschoss-gewicht Grains | Pulver-hersteller | Pulvertyp | Pulver-ladung Grains | Hülsen-fabrikat | Zünd-hütchen | Gesamt-länge (mm) | $V_0$ m/sek |
|---|---|---|---|---|---|---|---|---|---|
| Hornady | SST | 150 | Kemira | N 160 | 72,3 | Norma | CCI 250 | 83,5 | 970 |
| Swift | A-Frame | 165 | Hodgdon | 4831 | 74,0 | Norma | CCI 250 | 84,0 | 932 |
| Blaser | CDP | 165 | IMR | 4350 | 72,5 | Norma | Federal 215 | 83,3 | 922 |
| Swift | Scirocco | 165 | Alliant | RL 22 | 77,0 | Norma | RWS 5333 | 84,0 | 930 |
| Hornady | SST | 165 | IMR | 4831 | 67,5 | Norma | CCi 250 | 84,5 | 912 |
| Nosler | Partition | 180 | Rottweil | R 904 | 66,0 | Norma | Federal 215 | 85,0 | 892 |
| Barnes | X-Bullet | 180 | Norma | MRP | 69,5 | Norma | RWS 5333 | 84,5 | 902 |
| Speer | Grand Slam | 180 | Rottweil | R 905 | 68,0 | Norma | CCI 250 | 85,0 | 899 |
| Swift | Scirocco | 180 | Hodgdon | 4831 | 76,0 | Norma | CCI 250 | 85,0 | 952 |
| Lapua | Naturalis | 180 | Alliant | RL 22 | 76,5 | Norma | CCI 250 | 83,5 | 972 |
| Norma | Oryx | 180 | Norma | MRP | 69,0 | Norma | Federal 215 | 83,5 | 897 |
| Swift | A-Frame | 200 | Kemira | N 165 | 68,5 | Norma | CCI 250 | 83,5 | 832 |
| Nosler | Accu Bond | 200 | Rottweil | R 905 | 66,0 | Norma | RWS 5333 | 84,5 | 834 |
| Nosler | Partition | 200 | Kemira | N 165 | 68,0 | Norma | CCI 250 | 84,5 | 830 |
| Degol | Starkmantel | 220 | Norma | MRP | 66,5 | Norma | CCI 250 | 84,5 | 822 |
| Nosler | Partition | 220 | Hodgdon | H 1000 | 70,0 | Norma | RWS 5333 | 84,5 | 810 |

Zur Ermittlung der Ladedaten wurde eine Repetierbüchse mit 65 cm Lauflänge benutzt.

# .300 Weatherby Magnum

Die .300 Weatherby Magnum stammt aus dem Jahre 1944 und wurde von Roy Weatherby aus der Hülse der .300 Holland&Holland Magnum entwickelt. Für die ersten Weatherby Büchsen wurden 98er Systeme verwendet und später baute Sauer & Sohn in Eckernförde Repetierer mit dem von Weatherby konstruierten Mark-V-System. Die heutigen Büchsen stammen aus Japan.

Die .300 Weatherby ist die erfolgreichste und wohl aus ausgewogenste Weatherby Patrone. Mit dieser Patrone lässt sich mittleres bis schweres Hochwild auf jede waidgerechte Entfernung bejagen.

Weatherby gab der Hülse eine so genannte Venturi-Schulter, die auf die Ideen der Ballistiker Powell und Miller zurückgeht. Zwei ineinander übergehende Radien sollen die Verbrennung begünstigen. Um zu hohe Spitzengasdrücke zu vermeiden, haben Weatherby Büchsen vor dem Patronenlager ein Stück glatte Bohrung. Der Freiflug ist damit natürlich entsprechend groß. Die günstigsten Geschossgewichte liegen bei dieser Patrone zwischen 165 und 200 Grains. Damit ist sie eine hervorragende Patrone für Steppe und Gebirge und wird besonders von Schafsjägern geschätzt. Die starken Wildschafe sind schusshart und die Schussdistanzen meist sehr groß. Hier ist die .300 Weatherby Magnum mit einem guten 180 Grains Geschoss erste Wahl.

Die Hülsenbeschaffung ist bei diesem Kaliber im Gegensatz zu den anderen Weatherby Kalibern problemlos. Original Weatherby Patronen werden bei Norma geladen und Norma fertigt Hülsen in sehr guter Qualität. Doch auch Remington und Federal Hülsen stehen zur Verfügung. Wer seinen Hülsenvorrat nicht unbedingt durch das Verschießen der teuren Fabrikpatronen anlegen will, kann auch neue, leere Hülsen kaufen. Es ist auch möglich Hülsen aus der .375 Holland&Holland Magnum umzuformen, doch der Umform- und Feuerformungsprozess ist nur für erfahrene Wiederlader zu empfehlen und entsprechend aufwendig.

Bei entsprechender Pulverwahl ist es kein Problem die .300 Weatherby Magnum auf das Niveau einer .30-06 herunterzuladen. In Anbetracht des großen Pulverraumes muss gerade bei dieser Patrone besonders eindringlich vor abgebrochenen Ladungen progressiven Pulvers gewarnt werden. Das wäre hier sehr gefährlich. Für die schnellen .300 Weatherby Magnum Laborierungen sollten keine zu weichen Geschosse gewählt werden, sonst ist die Zielballistik unbefriedigend.

Bei den Treibladungsmitteln sind nur die langsam abbrennenden Pulver brauchbar. Besonders Kemira N 165, Rottweil R 905 und Norma MRP erwiesen sich als geeignet. Bei den ganz schweren Geschossen zeigte Hodgdon H 870 und IMR 4831 Vorteile. Magnum-Zündhütchen sind zur Anzündung der erheblichen Pulvermenge unbedingt erforderlich. Matrizensätze sind von RCBS, Redding, Lee oder Triebel zu bekommen. Sie gehören preislich zur Standardklasse und sind damit entsprechend günstig.

# Ladedaten Kaliber .300 Weatherby Magnum

| Geschoss-hersteller | Geschoss-typ | Geschoss-gewicht Grains | Pulver-hersteller | Pulvertyp | Pulver-ladung Grains | Hülsen-fabrikat | Zünd-hütchen | Gesamt-länge (mm) | $V_0$ m/sek |
|---|---|---|---|---|---|---|---|---|---|
| Barnes | TSX | 130 | Hodgdon | Varget | 75,0 | Federal | Federal 215 | 90,0 | 1080 |
| Nosler | Bal. Tip | 150 | Kemira | N 160 | 82,5 | Weatherby | CCI 250 | 90,2 | 990 |
| Hornady | SST | 150 | Alliant | RL 19 | 86,0 | Weatherby | CCI 250 | 90,5 | 985 |
| Barnes | MRX | 150 | Kemira | N 165 | 87,1 | Federal | CCI 250 | 91,0 | 1004 |
| Nosler | Bal. Tip | 165 | IMR | 7828 | 86,8 | Weatherby | CCI 250 | 90,5 | 985 |
| Nosler | Partition | 165 | Norma | MRP | 83,0 | Federal | Federal 215 | 91,2 | 990 |
| Nosler | Accu Bond | 165 | Kemira | N 160 | 78,0 | Federal | CCI 250 | 91,5 | 980 |
| Hornady | SST | 178 | Kemira | N 165 | 78,0 | Federal | CCI 250 | 91,5 | 945 |
| Nosler | Partition | 180 | Rottweil | R 905 | 78,5 | Remington | CCI 250 | 91,2 | 951 |
| Nosler | Partition | 200 | Hodgdon | 870 | 92,8 | Federal | Feredal 215 | 91,5 | 892 |
| Barnes | TSX | 165 | Norma | MRP | 82,0 | Weatherby | CCI 250 | 91,2 | 990 |
| Barnes | X-Bullet | 180 | Rottweil | R 905 | 80,0 | Weatherby | Federal 215 | 91,2 | 930 |
| Woodleigh | Prot. Point | 165 | Norma | MRP | 82,5 | Weatherby | CCI 250 | 91,0 | 981 |
| Brenneke | TUG | 180 | Alliant | RL 22 | 82,0 | Remington | CCI 250 | 90,3 | 934 |
| Swift | A-Frame | 200 | IMR | 4831 | 76,2 | Federal | CCI 250 | 91,5 | 882 |
| Speer | Grand Slam | 180 | Kemira | N 165 | 86,0 | Federal | CCI 250 | 90,5 | 931 |
| Swift | Scirocco | 180 | IMR | 7828 | 84,2 | Weatherby | CCI 250 | 91,0 | 952 |
| Lapua | Naturalis | 180 | Rottweil | R 904 | 75,2 | Weatherby | CCI 250 | 90,0 | 950 |
| Reichen-berg | HDB | 185 | Norma | MRP | 79,5 | Weatherby | CCI 250 | 90,0 | 935 |
| Hornady | InterLock | 220 | Rottweil | R 905 | 77,0 | Federal | RWS 5333 | 90,0 | 834 |
| Degol | Starkmantel | 220 | Rottweil | R 905 | 76,2 | Remington | CCI 250 | 90,0 | 826 |
| Winchester | Fail Safe | 180 | Norma | MRP | 80,5 | Weatherby | CCI 250 | 89,5 | 940 |

Zur Ermittlung der Ladedaten wurde eine Weatherby Mark V mit 66 cm langem Lauf benutzt.

## .30-378 Weatherby Magnum

Die .30-378 Weatherby Magnum wird zwar erst seit 1996 kommerziell gefertigt, ist aber eigentlich schon eine recht alte Patrone. Als im Jahre 1953 Roy Weatherby seine .378 Weatherby Magnum auf den Markt brachte, war die gewaltige Hülse sofort dankbare Grundlage für zahlreiche Wildcats und die Reduzierung des Geschossdurchmessers auf das Kaliber .30 bot sich geradezu an. Diese Wildcat wurde als Hochrasanzpatrone für Benchrest-Wettkämpfe auf 1000 Yards (914,4 m) sehr erfolgreich eingesetzt. Weatherbys eigene .300 Weatherby Magnum wird leistungsmäßig weit übertroffen und eine .300 Winchester Magnum wirkt schon fast schwächlich gegenüber einer .30-378 Weatherby Magnum, die eine fast 100 m/sek. höhere Mündungsgeschwindigkeit als die .300 Weatherby Magnum hat. Dafür wird aber auch fast 50 % mehr Pulver benötigt. Damit liegt die Patrone schon deutlich im Overbore Bereich.

Die ersten Wildcats waren nicht gerade einfach zu laden, denn zur damaligen Zeit standen viele der heutigen progressiven Pulver noch nicht zur Verfügung. Ed Weatherby, der Sohn Roy Weatherbys brachte die .30-378 dann 1996 selbst auf den Markt und reihte sie in die Weatherby-Patronenfamilie ein. Zusammen mit der .300 Pegasus ist sie die leistungsfähigste kommerzielle .30er Patrone und liegt noch etwas über der .300 Remington Ultra Magnum. Natürlich lässt sich auch die .30-378 Weatherby noch „verbessern“, wie bereits die .30 Drummond, eine Wildcat mit ausgeblasener und mit steiler Schulter versehene .30-378 Weatherby Hülse, zeigt. Durch diese Tuningmaßnahme lassen sich noch 10 Grains Pulver mehr unterbringen. Inwieweit das in der Praxis eine Rolle spielt, bleibt allerdings sehr fraglich.

Die günstigsten Geschossgewichte liegen bei dieser Patrone zwischen 180 und 200 Grains. Damit ist sie eine hervorragende Patrone für Steppe und Gebirge und wird besonders von amerikanischen Schafsjägern geschätzt. Hier ist die .30-378 Weatherby Magnum mit einem guten 200 Grains Geschoss erste Wahl. Auch auf die schweren afrikanischen Antilopenarten wie Oryx oder Eland ist die .30-378 in ihrem Element.

Ein Nachteil ist die Patronenlänge, die ein Magnumsystem erforderlich macht, was Waffengewicht, Baulänge und Waffenpreis in die Höhe treibt. Auch der Lauf darf nicht zu kurz sein, um die Leistung der Patrone auch umsetzen zu können. Das höhere Waffengewicht wird sich aber beim Schießen als Vorteil herausstellen, denn der Rückstoß ist entsprechend der verbrannten Pulvermenge ebenfalls sehr hoch. Die meisten Waffen dieses Kalibers haben daher eine Mündungsbremse.

Die Hülsenbeschaffung ist bei diesem Kaliber nicht ganz problemlos. Original Weatherby Patronen werden bei Norma geladen und Norma fertigt Hülsen in sehr guter Qualität. Wer seinen Hülsenvorrat nicht unbedingt durch das Verschießen der teuren Fabrikpatronen anlegen will, kann auch leere Hülsen kaufen. Es ist natürlich auch möglich, Hülsen aus der .378 Weatherby Magnum umzuformen, doch auch die 378er Weatherby Patrone ist nicht gerade weit verbreitet.

Vor abgebrochenen Ladungen progressiven Pulvers, muss auch bei dieser Magnumpatrone mit riesigem Pulverraum eindringlich gewarnt werden. Es kann zu gefährlichen Drucksprüngen oder Nachbrennern kommen. Für Reduzierladung gibt es weitaus besser geeignete Patronen. Für die schnellen .30-378 Weatherby Magnum Laborierungen sollten nur hochwertige und entsprechend stabile Geschosse gewählt werden, sonst ist die Zielballistik unbefriedigend. Zu leichte Geschosse sind bei weiten Distanzen nachteilig. Die .30-378 ist speziell für schwere Geschosse ausgelegt und 200 oder sogar 220 Grains Geschossgewicht sind ideal. Auf wirklich weite Distanzen haben schwere Geschosse auch außenballistisch Vorteile.

Bei den Treibladungsmitteln sind nur die ganz langsam abbrennenden Pulver brauchbar. Hier werden Sorten benutzt, die eigentlich für .50 BMG-Patronen entwickelt wurden. Die Auswahl ist entsprechend gering. Besonders Hodgdon 870, Hodgdon 1000, sowie Kemira 24N41 sind hier einsetzbar. Mit den anderen Sorten lässt sich die annoncierte Leistung nicht ganz erreichen. Brauchbar sind lediglich noch Alliant R 25 und Norma MRP-2. Magnum-Zündhütchen sind zur Anzündung der erheblichen Pulvermenge unbedingt erforderlich. Matrizensätze sind von den großen Herstellern zu bekommen. Fabrikpatronen sind in vier Laborierungen von Weatherby/Norma auf dem Markt.

# Ladedaten Kaliber .30-378 Weatherby

| Geschoss-hersteller | Geschoss-typ | Geschoss-gewicht Grains | Pulver-hersteller | Pulvertyp | Pulver-ladung Grains | Hülsen-fabrikat | Zünd-hütchen | Gesamt-länge (mm) | $V_0$ m/sek |
|---|---|---|---|---|---|---|---|---|---|
| Barnes | X-Bullet | 165 | Kemira | 24N41 | 116 | Weatherby | CCI 250 | 92,0 | 1075 |
| Barnes | X-Bullet | 165 | Kemira | N 170 | 108 | Weatherby | CCI 250 | 92,0 | 985 |
| Nosler | Partition | 180 | Hodgdon | H 1000 | 102 | Weatherby | Federal 215 | 92,2 | 956 |
| Nosler | Partition | 200 | Norma | MRP-2 | 101 | Weatherby | CCI 250 | 92,0 | 941 |
| Barnes | TSX | 200 | Hodgdon | H 870 | 114 | Weatherby | CCI 250 | 92,2 | 1005 |
| Barnes | X-Bullet | 180 | Hodgdon | H 870 | 118 | Weatherby | Federal 215 | 92,0 | 970 |
| RWS | Evolution | 184 | Hodgdon | H 1000 | 98 | Weatherby | CCI 250 | 92,0 | 952 |
| Reichen-berg | HDB | 185 | Kemia | N 170 | 109 | Weatherby | CCI 250 | 91,0 | 960 |
| Woodleigh | Prot. Point | 165 | Kemira | 24N41 | 117 | Weatherby | CCI 250 | 92,0 | 1069 |
| Nosler | Accu Bond | 200 | Alliant | R 25 | 100 | Weatherby | CCI 250 | 92,0 | 955 |
| Swift | A-Frame | 200 | Alliant | R 22 | 98 | Weatherby | CCI 250 | 92,0 | 945 |
| Norma | Oryx | 180 | Norma | MRP-2 | 103 | Weatherby | Federal 215 | 92,0 | 939 |
| Swift | Scirocco | 180 | Hodgdon | H 870 | 117 | Weatherby | CCI 250 | 92,3 | 986 |
| Lapua | Naturalis | 180 | Hodgdon | H 1000 | 102,5 | Weatherby | Federal 215 | 92,0 | 956 |
| Hornady | InterLock | 220 | Hodgdon | H 870 | 116 | Weatherby | CCI 250 | 92,0 | 965 |
| Degol | Starkmantel | 220 | Hodgdon | H 1000 | 104 | Weatherby | Federal 215 | 92,0 | 940 |

Zur Ermittlung der Ladedaten wurde eine Weatherby Mark V mit 66 cm langem Lauf benutzt.

# .300 Winchester Short Magnum

Die .300 WSM war die erste der Winchester Short Magnum Patronenreihe und läutete im Jahre 2001 in der Patronenentwicklung ein neues Zeitalter ein – zumindest bei den Fabrikpatronen – denn private Patronenentwickler hatten die Vorteile einer gürtellosen, kurzen, dicken Hülse mit steiler Schulter schon lange erkannt.

Winchester ist einer der Pioniere bei der Entwicklung von Kurzpatronen. Schon die .308 Winchester war ja nichts anderes, als eine Kurzversion der .30-06. Durch die fortschreitende Entwicklung bei den Treibladungspulvern gelang es, die Leistung der längeren Patrone nahezu zu kopieren. Als Ferris Pindell und Dr. Lou Palmisano dann die 6 mm PPC herausbrachten und einen Präzisionsrekord nach dem anderen aufstellten, war klar, wie eine moderne Präzisionspatrone aussehen muss.

Daran hielten sich die Entwickler der .300 WSM auch ziemlich genau. Die kurze, dicke Hülse hat einen 35-Grad-Winkel und keinen Gürtel. Sie arbeitet als Schulteranlieger, was nur Vorteile hat und präzisionsfördernd ist. Durch die nahezu zylindrische Hülse entsteht ein großes Innenvolumen, was in Verbindung mit dem Gebrauchsgasdruck von 4400 bar für reichlich Leistung sorgt. Die Gesamtlänge ist nur geringfügig größer als eine .308 Winchester, womit die .300 WSM auch für Kurzsysteme geeignet ist. Der Bodendurchmesser ist mit 13,51 mm zu 12,01 mm aber etwas größer. Durch den sehr gleichmäßigen und schnellen Abbrand der kurzen Pulversäule, hat die Patrone ein sehr hohes Präzisionspotential, und schießt sich zudem noch sehr angenehm. Bei den Leistungen blieb man zudem noch in vernünftigem Rahmen.

Ein 180 Grains Geschoss wird auf 905 m/sek. (4777 Joule) beschleunigt, was ziemlich genau der .300 Win. Mag. entspricht. Die .300 Winchester Magnum hat sich in allen Jagdgebieten der Erde bestens bewährt und gezeigt, dass diese Leistung fast immer ausreicht. Nur bei Extremjagden ist eine .300 Weatherby, .300 RUM oder .30-378 sinnvoll und diese Mehrleistung wird mit reichlichen Nebenwirkungen erkauft. Mit der .300 WSM wird die .300 Win. Mag. eigentlich aufs Altenteil geschoben, denn die neue Kurzpatrone kann alles besser.

Die .300 WSM ist vielseitig einsetzbar und eignet sich für die Bejagung von afrikanischen Großantilopen genauso gut wie auf Elch, Bär oder Wapiti. Ideal ist sie auch bei der Gebirgsjagd auf Gams, Schaf oder Steinbock. Hülsen und Fabrikpatronen sind bereits von mehreren Herstellern erhältlich und es ist zu erwarten, dass hier sehr schnell noch weitere Laborierungen folgen werden. Das ideale Geschossgewicht für die .300 WSM liegt bei 150 bis 200 Grains. Es sollten nicht zu weiche Geschosse verwendet werden, denn bei der doch sehr hohen Leistung der Patrone ist sonst die Tiefenwirkung zu gering. Bei den Treibladungsmitteln sind die langsam abbrennenden Pulver optimal. Besonders Kemira N 160, Rottweil 904, Alliant RE 19 und Hodgdon 414 erwiesen sich als gut geeignet. Bei den ganz progressiven Sorten ergeben sich teilweise Pressladungen. Magnum-Zündhütchen sind zur Anzündung der erheblichen Pulvermenge unbedingt erforderlich. Standardzünder machen die Patrone unpräzise. Matrizensätze sind von RCBS, Redding, Lee oder Triebel zu bekommen.

# Ladedaten Kaliber .300 WSM

| Geschoss-hersteller | Geschoss-typ | Geschoss-gewicht Grains | Pulver-hersteller | Pulvertyp | Pulver-ladung Grains | Hülsen-fabrikat | Zünd-hütchen | Gesamt-länge (mm) | $V_0$ m/sek |
|---|---|---|---|---|---|---|---|---|---|
| Barnes | X-Bullet | 140 | Alliant | RE 19 | 71,0 | Winchester | CCI 250 | 72,5 | 988 |
| Hornady | SST | 150 | Hodgdon | 4350 | 70,0 | RWS | RWS 5333 | 72,5 | 970 |
| Nosler | Accu Bond | 150 | Kemira | N 550 | 68,5 | RWS | RWS 5333 | 72,5 | 975 |
| Swift | A-Frame | 165 | Alliant | RE 19 | 70,0 | Winchester | CCI 250 | 72,5 | 945 |
| Blaser | CDP | 165 | Kemira | N 160 | 66,0 | Winchester | Federal 215 | 72,5 | 910 |
| Barnes | MRX | 165 | IMR | 4350 | 66,5 | 1WS | CCI 25 | 72,5 | 924 |
| Swift | Scirocco | 165 | Kemira | N 165 | 70,0 | Norma | RWS 5333 | 72,5 | 910 |
| Reichen-berg | HDB | 168 | Kemira | N 560 | 67,0 | Norma | CCI 250 | 72,3 | 890 |
| Hornady | SST | 178 | Kemira | N 560 | 70,2 | RWS | RWS 5333 | 72,5 | 880 |
| Nosler | Partition | 180 | Kemira | N 550 | 61,0 | Norma | Federal 215 | 72,5 | 884 |
| Barnes | TSX | 180 | Rottweil | R 904 | 62,5 | Winchester | RWS 5333 | 72,5 | 881 |
| Speer | Grand Slam | 180 | Hodgdon | H 414 | 60,0 | Winchester | CCI 250 | 72,5 | 840 |
| Swift | Scirocco | 180 | Kemira | N 550 | 60,5 | Norma | CCI 250 | 72,5 | 886 |
| Lapua | Naturalis | 180 | Kemira | N 165 | 65,0 | Winchester | CCI 250 | 72,0 | 879 |
| Norma | Oryx | 180 | Hodgdon | H 414 | 60,0 | Norma | Federal 215 | 72,5 | 836 |
| RWS | Evolution | 184 | IMR | 4831 | 66,0 | RWS | CCI 250 | 72,5 | 850 |
| Swift | A-Frame | 200 | Norma | MRP | 66,0 | Norma | CCI 250 | 72,5 | 860 |
| Nosler | Accu Bond | 200 | Alliant | RE 19 | 66,5 | Norma | RWS 5333 | 72,5 | 870 |
| Nosler | Partition | 200 | Rottweil | R 905 | 65,0 | Winchester | CCI 250 | 72,5 | 846 |
| Degol | Starkmantel | 220 | Kemira | N 165 | 65,0 | Norma | CCI 250 | 72,5 | 804 |

Zur Ermittlung der Ladedaten wurde eine Repetierbüchse mit 65 Zentimeter langem Lauf benutzt.

# .300 Remington Ultra Magnum

Die .300 Remington Ultra Magnum ist eine, von Remington im Jahre 1999 eingeführte, 300er Hochleistungspatrone für präzise Schüsse über weite Distanzen.

Die .300 RUM basiert auf der Hülse der .404 Jeffery und kommt daher ohne Gürtel aus. Die Hülse wurde mit einer steilen Schulter versehen und fast zylindrisch ausgeblasen, um einen möglichst großen Pulverraum zu erhalten. Die, durch das entstandene große Innenvolumen in Verbindung mit den modernen, langsam abbrennenden Treibladungspulvern, mögliche Leistung ist beeindruckend. Ein 180 Grains Geschoss wird auf 990 m/sek. beschleunigt, was eine Mündungsenergie von 5720 Joule ergibt. Dabei ist das Rückstoßverhalten der .300 RUM noch als angenehm zu bezeichnen und die Patrone schießt sich weicher als eine .300 Weatherby Magnum. Die Eigenpräzision ist sehr hoch und in entsprechenden Büchsen und unter Verwendung leistungsstarker Zielfernrohre ist die Reichweite sehr groß. Die .300 RUM ist vielseitig einsetzbar und eignet sich für die Bejagung von afrikanischen Großantilopen genauso gut wie auf Elch, Wapiti oder die großen Bären. Ideal ist sie aber sicher bei der Bergjagd auf Schaf oder Steinbock.

Mit einer Patronenlänge von 91,4 Millimetern lässt sie sich aber nicht mehr in Standardsysteme unterbringen, sondern benötigt lange Magnumsysteme. Patronen werden bei Remington und Federal geladen. Auch leere Hülsen sind von diesen Firmen erhältlich. Es ließen sich zwar auch Hülsen aus der .404 Jeffery umformen, aber das ist aufwendig, und Hülsen dieses Kalibers sind auch nicht gerade häufig zu finden.

Bei den Geschossen dagegen sieht es im .30er Kaliber sehr gut aus. Bei keinem anderen Kaliber hat der Wiederlader eine solche Auswahl. Die Geschosspalette reicht von 100 bis 220 Grains und damit hat der Wiederlader eine Menge Möglichkeiten. Das ideale Geschossgewicht für die .300 RUM liegt bei 180 bis 200 Grains. Es sollten nur sehr stabile und harte Geschosse verwendet werden, denn bei der hohen Leistung der Patrone ist sonst die Tiefenwirkung zu gering. Um die große Reichweite der Patrone auszuschöpfen, sollten Geschosse mit gutem Formwert eingesetzt werden. Vor abgebrochenen Ladungen progressiven Pulvers muss eindringlich gewarnt werden. Es kann zu gefährlichen Drucksprüngen oder Nachbrennern kommen. Das Hülsenvolumen der .300 Rum ist für Experimente dieser Art einfach zu groß. Bei den Treibladungsmitteln sind nur die wirklich langsam abbrennenden Pulver brauchbar. Besonders Kemira N 165, Kemira N 170, Norma MRP und Hodgdon 1000 erwiesen sich als gut geeignet. Magnum-Zündhütchen sind zur Anzündung der erheblichen Pulvermenge unbedingt erforderlich. Matrizensätze sind von RCBS, Redding, Lee oder Triebel zu bekommen.

# Ladedaten Kaliber .300 Remington Ultra Magnum

| Geschoss-hersteller | Geschoss-typ | Geschoss-gewicht Grains | Pulver-hersteller | Pulvertyp | Pulver-ladung Grains | Hülsen-fabrikat | Zünd-hütchen | Gesamt-länge (mm) | $V_0$ m/sek |
|---|---|---|---|---|---|---|---|---|---|
| Hornday | SST | 150 | Alliant | RL 22 | 93,5 | Remington | CCI 250 | 91,4 | 1052 |
| Barnes | MRX | 150 | Hodgen | H 1000 | 100,5 | Remington | CCI 250 | 91,4 | 1060 |
| Swift | A-Frame | 165 | Kemira | N 165 | 92,0 | Remington | CCI 250 | 91,4 | 1002 |
| Barnes | TSX | 165 | Norma | MRP | 90,5 | Remington | RWS 5333 | 91,4 | 1030 |
| Blaser | CDP | 165 | Hodgdon | 1000 | 94,0 | Remington | Federal 215 | 91,4 | 1004 |
| Honady | SST | 178 | Alliant | RL 25 | 93,0 | Remington | CCI 250 | 91,4 | 945 |
| Nosler | Partition | 180 | Kemira | N 170 | 92,0 | Remington | Federal 215 | 91,4 | 932 |
| Barnes | X-Bullet | 180 | Norma | MRP | 89,0 | Remington | RWS 5333 | 91,4 | 995 |
| Speer | Grand Slam | 180 | Kemira | N 170 | 92,0 | Remington | CCI 250 | 91,4 | 940 |
| Swift | Scirocco | 180 | Hodgdon | 1000 | 92,5 | Remington | CCI 250 | 91,4 | 960 |
| Lapua | Naturalis | 180 | Kemira | N 170 | 90,0 | Remington | CCI 250 | 91,0 | 944 |
| Norma | Oryx | 180 | Norma | MRP | 90,0 | Remington | Federal 215 | 91,4 | 997 |
| Reichen-berg | HDB | 185 | Kemira | N 170 | 86,0 | Remington | CCI 250 | 91,0 | 955 |
| Swift | A-Frame | 200 | Hodgdon | 1000 | 88,5 | Remington | CCI 250 | 91,4 | 915 |
| Nosler | Accu Bond | 200 | Norma | MRP | 87,0 | Remington | RWS 5333 | 91,4 | 970 |
| Nosler | Partition | 200 | Kemira | N 170 | 88,0 | Remington | CCI 250 | 91,4 | 931 |

Zur Ermittlung der Ladedaten wurde eine Repetierbüchse mit 65 Zentimeter langem Lauf benutzt.

# Dia .323

Mit Geschossen des Durchmessers .323 werden die 8 mm S-Patronen versorgt. Mit Ausnahme der 8 mm Remington-Magnum und der brandneuen .325 WSM ist dieses Kaliber eine rein deutsche Angelegenheit. Das deutsche S-Kaliber entstand aus dem engeren I-Kaliber. Das ursprüngliche alte Armeekaliber 8x57 I (I=Infanterie) und die jagdliche Randversion 8x57 IR wurden mit einem Geschossdurchmesser von 8,09 mm laboriert. Später kam dann eine Modernisierung der Patrone, und es wurden stärkere Geschosse mit einem Durchmesser von 8,22 mm verwendet. Diese Patronen bekamen die Zusatzbezeichnung „S“, also 8x57 IS und 8x57 IRS. Durch den nur minimalen Unterschied passen die S-Patronen auch in die Patronenlager von I-Waffen, dürfen daraus aber nicht verschossen werden, weil die stärkeren Geschosse im Lauf zu gefährlichen Gasdrucksteigerungen führen würden, die sogar Laufsprengungen verursachen könnten. Deutsche Hersteller versehen die S-Patronen neben der Kaliberangabe auf dem Patronenboden noch mit schwarz gefärbten Zündhütchen und einer umlaufenden Rille am Geschoss, um auf den Unterschied zusätzlich hinzuweisen. Bei Patronen ausländischer Hersteller, besonders aus den USA, findet sich dieser Hinweis aber nicht.

Im Vergleich zu den Geschossdurchmessern .284 und .308 ist das Geschossangebot im Durchmesser .323 als gering anzusehen. Trotzdem sind eine ganze Reihe von hochwertigen Spezialgeschossen erhältlich, so dass es kein Problem ist, hochwertige und leistungsstarke Jagdpatronen zu laden.

8x57IS – 8x60S – 8x65RS – 8x75RS – 8mm Remington Magnum

**Geschosspalette:**

| Hersteller | Geschosstyp | Geschoss-gewicht g / Grains | Eignung Wildarten | Kaliber-empfehlung |
|---|---|---|---|---|
| Sierra | Pro Hunter | 9,7 / 150 | Hochwild | Standardpatronen |
| Sierra | Pro Hunter | 11,7 / 180 | Schweres Hochwild | Standardpatronen |
| Sierra | Pro Hunter | 11,3 / 175 | Schweres Hochwild | Standardpatronen |
| Sierra | Game King | 14,3 / 220 | Schweres Hochwild | Standard- und Magnum-patronen |
| Hornady | InterLock | 8,1 / 125 | Leichtes Hochwild | Standardpatronen |
| Hornady | InterLock | 9,7 / 150 | Hochwild | Standardpatronen |
| Hornady | InterLock | 11,0 / 170 | Schweres Hochwild | Standardpatronen |
| Hornady | InterLock | 12,7 / 196 | Schweres Hochwild | Standardpatronen |
| Hornady | TMS | 12,5 / 192 | Leichtes Hochwild | Standardpatronen |
| GPA | GPA | 10,0 / 156 | Hochwild | Standard- und Magnum-patronen |
| GPA | GPA | 12,7 / 196 | Hochwild | Standard- und Magnum-patronen |
| Blaser | CDP | 12,7 / 196 | Schweres Hochwild | Standard- und Magnum-patronen |
| Sako | Hammerhead | 13,0 / 200 | Schweres Hochwild | Standard- und Magnum-patronen |
| RWS | Doppelkern | 11,7 / 180 | Hochwild | Standard- und Magnum-patronen |
| RWS | Kegelspitz | 11,7 / 180 | Hochwild | Standardpatronen |
| RWS | H-Mantel | 12,1 / 187 | Schweres Hochwild | Standardpatronen |
| RWS | TMR | 12,7 / 196 | Schweres Hochwild | Standardpatronen |
| RWS | Ideal-Classik | 12,8 / 198 | Schweres Hochwild | Standardpatronen |
| RWS | Evolution | 13,0 / 200 | Schweres Hochwild | Standard- und Magnum-patronen |
| RWS | Kegelspitz | 14,5 / 224 | Schweres Hochwild | Standardpatronen |
| PMC | TMS | 11,0 / 170 | Hochwild | Standardpatronen |
| Geco | TMR | 12,0 / 185 | Hochwild | Standardpatronen |
| Barnes | X-Bullet | 11,7 / 180 | Schweres Hochwild | Standard- und Magnum-patronen |
| Barnes | X-Bullet | 13,0 / 200 | Schweres Hochwild | Standard- und Magnum-patronen |

| Hersteller | Geschosstyp | Geschoss-gewicht g / Grains | Eignung Wildarten | Kaliber-empfehlung |
|---|---|---|---|---|
| Barnes | X-Bullet | 14,3 / 220 | Schweres Hochwild | Standard- und Magnum-patronen |
| Barnes | Triple Shock | 11,7 / 180 | Schweres Hochwild | Standard- und Magnum-patronen |
| Brenneke | TIG | 12,8 / 198 | Schweres Hochwild | Standardpatronen |
| Brenneke | TAG | 11,3 / 174 | Schweres Hochwild | Standard- und Magnum-patronen |
| Brenneke | TOG | 11,7 / 180 | Schweres Hochwild | Standard- und Magnum-patronen |
| Brenneke | TOG | 14,3 / 220 | Schweres Hochwild | Standard- und Magnum-patronen |
| Hirtenberger | ABC | 13,0 / 200 | Schweres Hochwild | Standard- und Magnum-patronen |
| Reichenberg | HDB | 8,4 / 131 | Hochwild | Standardpatronen |
| Reichenberg | HDB | 9,0 / 139 | Hochwild | Standard- und Magnum-patronen |
| Reichenberg | HDB | 11,0 / 170 | Hochwild | Standardpatronen Drück-jagd |
| Reichenberg | HDB | 11,7 / 180 | Schweres Hochwild | Standard- und Magnum-patronen |
| Reichenberg | HDB | 12,7 / 196 | Schweres Hochwild | Standard- und Magnum-patronen |
| Reichenberg | HDB | 12,8 / 198 | Schweres Hochwild | Standard- und Magnum-patronen |
| Nosler | Balistik Tip | 11,7 / 180 | Hochwild | Standardpatronen |
| Nosler | Partition | 13,0 / 200 | Schweres Hochwild | Standard- und Magnum-patronen |
| Nosler | Accu Bond | 13,0 / 200 | Schweres Hochwild | Standard- und Magnum-patronen |
| Remington | Core-Lokt | 11,0 / 170 | Hochwild | Standardpatronen |
| Remington | Core Lokt | 12,0 / 200 | Schweres Hochwild | Standardpatronen |
| Federal | Hi Shock | 11,0/ 170 | Leichtes Hochwild | Standardpatronen |
| Impala | Impala | 9,7 / 150 | Leichtes Hochwild | Standardpatronen |
| Degol | TMR | 11,3/ 175 | Hochwild | Standard- und Magnum-patronen |
| Degol | TMS Hohlsp. | 12,7 / 196 | Hochwild | Standard- und Magnum-patronen |
| Degol | TMR | 12,7 / 196 | Schweres Hochwild | Standard- und Magnum-patronen |

| Hersteller | Geschosstyp | Geschoss-gewicht g / Grains | Eignung Wildarten | Kaliber-empfehlung |
|---|---|---|---|---|
| Degol | TMR | 14,3 / 220 | Schweres Hochwild | Standard- und Magnum-patronen |
| Speer | TMS | 13,0 / 200 | Hochwild | Standardpatronen |
| Speer | TMS | 14,6 / 225 | Schweres Hochwild | Standardpatronen |
| Speer | Hot-Cor | 9,7 /150 | Hochwild | Standardpatronen |
| Speer | Pro Hunter | 9,7 / 150 | Hochwild | Standardpatronen |
| Speer | Hot-Cor | 11,0 / 170 | Hochwild | Standardpatronen |
| Speer | Hot-Cor | 13,0 / 200 | Schweres Hochwild | Standardpatronen |
| Norma | TM-Alaska | 12,7 / 196 | Schweres Hochwild | Standardpatronen |
| Norma | Vulkan | 12,7 / 196 | Schweres Hochwild | Standardpatronen |
| Norma | Oryx | 12,7 / 196 | Schweres Hochwild | Standard- und Magnum-patronen |
| Swift | A-Frame | 13,0 / 200 | Schweres Hochwild | Standard- und Magnum-patronen |
| Swift | A-Frame | 14,3 / 220 | Schweres Hochwild | Standard- und Magnum-patronen |
| Swift | A-Frame | 17,8 / 275 | Schweres Hochwild | Standard- und Magnum-patronen |
| Woodleigh | TMR | 12,7 / 196 | Schweres Hochwild | Standard- und Magnum-patronen |
| Woodleigh | TMS | 14,3 / 220 | Schweres Hochwild | Standard- und Magnum-patronen |
| Woodleigh | TMR | 16,2 / 250 | Schweres Hochwild | Standard- und Magnum-patronen |
| Brenneke | TOG | 14,3 / 220 | Schweres Hochwild | Standard- und Magnum-patronen |
| Winchester | Power Point | 11,0 / 170 | Hochwild | Standardpatronen |
| Sellier&Bellot | Torpedo-S | 12,7 / 196 | Hochwild | Standardpatronen |
| Sellier&Bellot | TMR | 12,7 / 196 | Hochwild | Standardpatronen |

# 8x57 IS und 8x57 IRS

Die 8x57 ist ein echter Dauerbrenner, denn ihr Ursprung liegt im Jahre 1888 als die Patrone M/88 auf den Markt gebracht wurde. Ursprünglich war die Patrone mit einem kleineren Geschossdurchmesser ausgestattet, der dann durch das stärkere S-Geschoss abgelöst wurde. Die Vergrößerung des Geschossdurchmessers verbesserte die Präzision und erhöhte die Lebensdauer der Läufe. Es sind aber auch heute noch Waffen im engen Ursprungskaliber zu finden, so dass es wichtig ist, sich genau über das tatsächliche Kaliber der Waffe zu vergewissern. Aus Waffen im alten I-Kaliber dürfen auf keinen Fall die modernen S-Patronen verschossen werden. Die 8 mm Kaliber sind eine fast rein europäische Angelegenheit. Zwar versuchten auch ausländische Konstrukteure das 8 mm Kaliber zu übernehmen, etwa bei der 8 mm Remington Magnum oder neuen .325 WSM, aber mit wenig Erfolg.

Die 8x57 IS ( R ) ist eine sehr ausgewogene Patrone und das Verhältnis von Aufwand und Leistung, also die erzielte Mündungsgeschwindigkeit im Verhältnis zur eingesetzten Pulvermenge, ist hier hervorragend. Kaum eine andere Patrone kann hier heran reichen.

Das Hauptanwendungsgebiet liegt bei mittlerem und schwerem Hochwild. Besonders der Waldjäger schätzt die wildbretschonende und noch sehr angenehm zu schießende 8x57 IS und deren Randversion. Selbst stärkstes Hochwild lässt sich damit erlegen. Doch auch für die Rehwildjagd ist diese Patrone keineswegs überdimensioniert und richtet oft weniger Schaden an, als die kleinen, schnellen Rehwildkaliber. Unschöne Hämatome entstehen hier nur sehr selten und meist nur dann, wenn leichte Geschosse auf kurze Distanz eingesetzt werden. Als Drückjagdkaliber steht sie in der Beliebtheit noch vor der 9,3x62 und der 9,3x74 R, denn sie liefert auf Drückjagdentfernung mehr als genug Leistung und schießt sich wesentlich angenehmer als die dicken 9,3 mm Kaliber. Aus der Doppelbüchse fällt der zweite Schuss hier einen Tick schneller, weil der weichere Rückschlag die Waffe nicht so weit aus der Ziellinie wirft. Auf engen Schneisen oft ein entscheidender Vorteil. Die angenehm zu schießende Patrone ist auch für den Liebhaber leichter Kipplaufwaffen eine gute Wahl, zumal die Verschlussbelastung der 8x57 IRS bei nur 2900 bar Gasdruck sehr gering ist.

Bei der Geschosswahl sollte die nicht sehr hohe Geschwindigkeit bedacht werden, wenn schwere Geschosse verladen werden. Harte Spezialgeschosse sind hier ungeeignet und liefern keine befriedigenden Ergebnisse. Für Drückjagden sind die guten alten Rundkopfgeschosse immer noch erste Wahl oder es werden speziell dafür entwickelte Konstruktionen wie etwa das HDB-Drückjagdgeschoss verladen, das auch bei geringer Zielgeschwindigkeit zuverlässig aufpilzt. Universell einsetzbar sind nicht zu harte Deformationsgeschosse, wie etwa das Norma Vulcan, oder das RWS Kegelspitz in den mittleren Geschossgewichten.

Die beste Leistung bei sehr guter Präzision liefern die mittelschnell abbrennenden Pulversorten wie Rottweil R 903, R 907 oder Kemira N 140. Auch bei schweren Geschossen ist hier mit progressiver abbrennenden Pulvern keine höhere V0 zu erzielen. Magnumzündhütchen sind nicht erforderlich. Hülsen sind von den europäischen Munitionsherstellern in sehr guter Qualität erhältlich. Randlose Hülsen sind auch von verschiedenen US-Firmen zu bekommen. Matrizensätze sind von allen Herstellern zu bekommen.

# Ladedaten 8x57 IS

| Geschoss-hersteller | Geschoss-typ | Geschoss-gewicht Grains | Pulver-hersteller | Pulvertyp | Pulver-ladung Grains | Hülsen-fabrikat | Zünd-hütchen | Gesamt-länge (mm) | $V_0$ m/sek |
|---|---|---|---|---|---|---|---|---|---|
| Hornady | TMS | 125 | Kemira | N 135 | 53,0 | RWS | CCI 200 | 69,5 | 920 |
| Sierra | Pro Hunter | 150 | Kemira | N 140 | 49,5 | RWS | RWS 5341 | 73,0 | 860 |
| Speer | Hot-Cor | 170 | Rottweil | R 907 | 55,0 | RWS | CCI 200 | 74,5 | 818 |
| RWS | Doppelkern | 180 | Kemira | N 140 | 50,0 | RWS | RWS 5341 | 73,0 | 810 |
| RWS | Kegelspitz | 180 | Rottweil | R 907 | 51,5 | RWS | CCI 200 | 72,2 | 802 |
| Barnes | TSX | 180 | Hodgdon | H 414 | 54,0 | RWS | CCI BR 2 | 78,0 | 795 |
| Reichen-berg | HDB | 180 | Kemira | N 150 | 52,5 | RWS | CCI BR 2 | 77,0 | 801 |
| Norma | Vulcan | 196 | Kemira | N 140 | 48,5 | RWS | RWS 5341 | 78,0 | 765 |
| Blaser | CDP | 196 | Hodgdon | H 414 | 53,0 | RWS | CCI BR 2 | 77,0 | 780 |
| Swift | A-Frame | 200 | Rottweil | R 903 | 45,4 | RWS | RWS 5341 | 77,0 | 715 |
| Nosler | Partition | 200 | Kemira | N 150 | 47,5 | RWS | CCI 200 | 77,0 | 725 |
| Barnes | TSX | 200 | Hodgdon | Varget | 46,0 | RWS | CCI 200 | 80,0 | 730 |
| Speer | Hot-Cor | 200 | Alliant | RL 15 | 46,5 | RWS | CCI 200 | 77,0 | 719 |
| Sierra | Game King | 220 | Rottweil | R 903 | 44,5 | RWS | RWS 5341 | 78,0 | 700 |
| Woodleigh | TMR | 220 | Kemira | N 150 | 46,0 | RWS | CCI 200 | 76,5 | 705 |
| Degol | TMR | 220 | Kemira | N 160 | 52,5 | RWS | CCI 200 | 76,5 | 707 |
| RWS | KS | 224 | Rottweil | R 904 | 52,0 | RWS | RWS 5341 | 75,0 | 700 |

Zur Ermittlung der Ladedaten wurde eine Repetierbüchse mit 60 cm Lauflänge benutzt.

# Ladedaten Kaliber 8x57 IRS

| Geschoss-hersteller | Geschoss-typ | Geschoss-gewicht Grains | Pulver-hersteller | Pulvertyp | Pulver-ladung Grains | Hülsen-fabrikat | Zünd-hütchen | Gesamt-länge (mm) | $V_0$ m/sek |
|---|---|---|---|---|---|---|---|---|---|
| Reichen-berg | HDB | 139 | Kemira | N 135 | 51,2 | RWS | CCI 200 | 73,0 | 825 |
| Blaser | CDP | 140 | Rottweil | R 902 | 45,0 | RWS | CCI 200 | 73,0 | 815 |
| Sierra | Pro Hunter | 150 | Kemira | N 140 | 52,5 | RWS | CCI 200 | 76,5 | 845 |
| Hornady | InterLock | 150 | Norma | 201 | 46,0 | RWS | RWS 5341 | 75,0 | 795 |
| Sierra | TM-semi-spitz | 170 | IMR | 4895 | 47,0 | RWS | Federal 215 | 75,0 | 760 |
| Reichen-berg | HDB Drück-jagd | 170 | Kemira | N 140 | 50,5 | RWS | RWS 5341 | 74,0 | 775 |
| RWS | Kegelspitz | 180 | Kemira | N 140 | 48,0 | RWS | RWS 5341 | 73,5 | 770 |
| RWS | Doppelkern | 180 | IMR | 4064 | 48,0 | RWS | RWS 5341 | 73,5 | 765 |
| Woodleigh | TMR | 196 | Rottweil | R 903 | 47,6 | RWS | CCI 200 | 73,5 | 720 |
| Swift | A-Frame | 200 | Rottweil | R 904 | 51,5 | RWS | RWS 5333 | 77,0 | 725 |
| Nosler | Partition | 200 | Rottweil | R 903 | 44,0 | RWS | CCI 250 | 77,0 | 705 |
| Barnes | TSX | 200 | Kemira | N 550 | 46,0 | RWS | Federal 215 | 79,5 | 675 |
| Brenneke | TIG | 196 | Rottweil | R 907 | 47,6 | RWS | RWS 5341 | 76,5 | 716 |
| Sierra | Game King | 220 | Rottweil | R 904 | 48,0 | RWS | CCI 200 | 76,5 | 660 |
| Woodleigh | TMR | 220 | Rottweil | R 907 | 44,0 | RWS | CCI 250 | 76,5 | 650 |
| RWS | KS | 224 | Rottweil | R 904 | 49,0 | RWS | Federal 215 | 75,0 | 672 |

Zur Ermittlung der Ladedaten wurde ein Drilling mit 63,5 cm Lauflänge benutzt.

## 8x60 S

Lange Zeit war es ruhig um die 8x60 S, doch seit einiger Zeit werden wieder vermehrt Repetierbüchsen für dieses Kaliber eingerichtet.

Die 8x60 S war keine Neuschöpfung, bei der es darum ging, die Leistung der 8x57 IS deutlich zu verbessern, sondern entstand aus einer Notwendigkeit heraus, die sich nach dem Friedensvertrag im Jahre 1918 ergab. Die Anzahl der Waffen im deutschen Militärkaliber 8x57 I und 8x57 IS war von den Siegermächten stark reglementiert worden. Selbst die Anzahl der zugehörigen Munition wurde festgelegt. Die Jagdbüchsen und Jagdpatronen in den beiden Militärkalibern wurden hier mitgerechnet und um eine Beschlagnahmung zu vermeiden, bot sich eine Änderung des Kalibers geradezu an. Um den Umbau möglichst kostengünstig und unproblematisch zu halten, wurde die 8x57 einfach um drei Millimeter verlängert. Die Hülsenmaße am Boden und an der Schulter wurden exakt beibehalten. So musste lediglich das Patronenlager und der Übergang um drei Millimeter verlängert werden und die Büchse hatte nicht mehr das Militärkaliber 8x57, sondern das zivile Jagdkaliber 8x60. Das 98er Magazin nahm die drei Millimeter längeren Patronen problemlos auf und auch die Zuführung funktionierte einwandfrei.

Die Patrone wurde in beiden 8 mm Kalibern (.318 und .323) hergestellt. Heute werden nur noch Patronen mit dem weiteren S-Kaliber gefertigt und auch die neuen Waffen haben dieses Kaliber. Von beiden Patronen wurden auch Randversionen entwickelt.

Gegenüber der kürzeren 8x57 IS können etwa 3 % mehr Mündungsgeschwindigkeit erzielt werden. Es gab auch Versuche, die Patronen leistungsmäßig hochzuzüchten, etwa die „Magnum Bombe" von DWM oder die so genannte „Magnum ohne Rand" von RWS. Beide Patronen waren mit einem 12-g-Geschoss laboriert und sollen 890 m/sek. aus einem 72 cm langen Lauf erreicht haben. Diese Werte sind heute aus den üblichen 60er oder 65er Läufen unter Einhaltung des Höchstgasdruckes nicht mehr erreichbar.

Die 8x60 S kommt leistungsmäßig noch lange nicht in die Nähe der 8x68 S, schießt sich aber wesentlich angenehmer als die starke RWS-Patrone.

Mit den schweren Geschossen, besonders wenn die modernen Konstruktionen verwendet werden, ist die 8x60 S eine verlässliche Patrone für mittleres und starkes Hochwild auf nicht zu weite Distanzen. Ihr Vorteil gegenüber der 8x68 S oder einer 300er Magnum ist ihr wesentlich geringerer Rückschlag. Auch eine leichte Pirschbüchse ist in diesem Kaliber noch angenehm zu schießen. Gegenüber der 8x57 IS ist die Mehrleistung nicht besonders hoch und wird in der Praxis nicht besonders ins Gewicht fallen, auch wenn die Befürworter der 8x60 S von einer wesentlich besseren Wirkung im Vergleich zur 8x57 IS sprechen. Mit den leichteren Geschossen kann die 8x60 S auch auf weitere Distanzen eingesetzt werden und eignet sich gut für die Jagd im Gebirge oder leichteres Plains Game. Sie ist eine sehr universelle Patrone, die auf der Jagdreise wie im heimischen Revier einsetzbar ist.

Fabrikmunition wird von RWS und von WR-Munition angeboten. RWS verlädt das Doppelkern mit 11,7 Gramm Gewicht und WR-Munition das Woodleigh Verbundkerngeschoss mit 13,0 Gramm, sowie ein Halbspitz-Standardgeschoss mit 11,7 Gramm. Auch wenn keine Fabrikpatronen zur Hülsengewinnung verschossen werden sollen, ist die Hülsenbeschaffung kein großes Problem. Es sind Neuhülsen der Firmen Horneber und RWS im Handel. Es ließen sich auch Hülsen aus der .30-06 umformen.

Bei den Treibladungsmitteln sind besonders die mittelschnell abbrennenden Sorten geeignet. Besonders Rottweil R 907 erwies sich als sehr gleichmäßig und brachte eine hohe Leistung. Progressivere Sorten waren zwar ebenfalls sehr präzise, aber lagen in der erreichbaren Mündungsgeschwindigkeit etwas zurück. Auch PRB PCL 511 ist sehr gut einsetzbar. Nur bei den ganz schweren Geschossen sind die langsam abbrennenden Pulversorten im Vorteil. Standardzündhütchen reichen zur sicheren Anzündung vollkommen aus. Die Werkzeugbeschaffung ist kein großes Problem, die meisten großen Hersteller haben das Kaliber im Programm. Matrizensätze gehören aber nicht zur preisgünstigen Standardkategorie.

Bei der Hirschjagd im Wald sind langsame, dicke Patronen gefragt, deren Geschosse auch bei kleinen Hindernissen noch die Richtung behalten.

# Ladedaten Kaliber 8x60 S

| Geschoss-hersteller | Geschoss-typ | Geschoss-gewicht Grains | Pulver-hersteller | Pulvertyp | Pulver-ladung Grains | Hülsen-fabrikat | Zünd-hütchen | Gesamt-länge (mm) | $V_0$ m/sek |
|---|---|---|---|---|---|---|---|---|---|
| Sierra | Pro Hunter | 150 | PRB | PCL 511 | 55,0 | RWS | RWS 5341 | 77,0 | 856 |
| Hornady | Interlock | 150 | IMR | 3031 | 49,0 | RWS | CCI 200 | 77,0 | 858 |
| Winchester | Power Point | 170 | PRB | PCL 511 | 54,0 | RWS | RWS 5341 | 77,5 | 838 |
| RWS | Doppelkern | 180 | Rottweil | R 907 | 54,5 | RWS | RWS 5341 | 76,5 | 840 |
| RWS | Kegelspitz | 180 | Kemira | N 550 | 55,5 | RWS | CCI 200 | 76,5 | 830 |
| Barnes | X-Bullet | 180 | Rottweil | R 907 | 53,0 | RWS | CCI BR 2 | 76,5 | 820 |
| Reichen-berg | HDB | 180 | Rottweil | R 907 | 52,0 | RWS | RWS 5341 | 78,0 | 810 |
| RWS | ID-Classic | 198 | Rottweil | R 903 | 53,0 | RWS | CCI 200 | 79,2 | 793 |
| Woodleigh | TMR | 196 | IMR | 4895 | 50,0 | RWS | CCI BR 2 | 77,6 | 789 |
| Swift | A-Frame | 200 | Rottweil | R 907 | 53,5 | RWS | RWS 5341 | 79,0 | 808 |
| Nosler | Partition | 200 | IMR | 4350 | 53,0 | RWS | CCI 200 | 79,0 | 812 |
| Barnes | X-Bullet | 200 | Norma | N 203-B | 53,6 | RWS | CCI 200 | 78,5 | 810 |
| Nosler | Accu Bond | 200 | Rottweil | R 903 | 53,8 | RWS | CCI BR 2 | 78,8 | 805 |
| Woodleigh | TMR | 220 | Rottweil | R 904 | 53,5 | RWS | CCI 200 | 77,5 | 716 |
| Swift | A-Frame | 220 | Rottweil | R 904 | 54,2 | RWS | RWS 5341 | 78,2 | 725 |
| Degol | TMR | 220 | Norma | N 204 | 53,6 | RWS | CCI 200 | 77,5 | 722 |
| Swift | A-Frame | 220 | Kemira | N 550 | 52,0 | RWS | CCI BR 2 | 78,0 | 724 |
| RWS | KS | 224 | Rottweil | R 904 | 54,0 | RWS | RWS 5341 | 78,0 | 719 |

Zur Ermittlung der Ladedaten wurde eine Repetierbüchse mit 60 Zentimeter Lauflänge benutzt

# 8x64 S

Die 8x64 S stammt aus dem Jahre 1912 und ist eine Konstruktion von Altmeister Wilhelm Brenneke. Es war das erste Hochleistungskaliber, das Brenneke entwickelt und zur Produktionsreife gebracht hat.

Die Patrone wurden in beiden 8 mm Kalibern (.318 und .323) hergestellt, wobei sich das weitere S-Kaliber durchsetzte. Auch eine Randversion gab es. Brenneke wollte die Leistung der .30-06 Springfield kopieren, die zu dieser Zeit als Maß der Dinge galt. Das ist ihm mehr als gelungen, doch eine militärische Karriere machte die 8x64 trotzdem nicht. Die deutschen Militärdienststellen sahen keine Notwendigkeit, die 8x57 IS zu ersetzen. Die Jägerschaft nahm die leistungsstarke 8x64 S dagegen gern an. Zur damaligen Zeit entwickelte Brenneke auch das TIG-Geschoss und für die 8x64 S eine 14,5 Gramm schwere Version, die auch in Afrika auf schweres Wild erfolgreich eingesetzt wurde.

Die 8x64 S ist im Prinzip eine verlängerte 8x57 IS, wobei die Hülsenmaße am Boden und an der Schulter beibehalten wurden. Es ist daher kein großes Problem, eine Waffe im Kaliber 8x57 IS auf 8x64 S aufzureiben. Auch bei der Zuführung und der Magazinlänge gibt es keine Schwierigkeiten – zumindest beim 98er System nicht. Gegenüber der kürzeren 8x57 IS können etwa 40-50 m/sek. mehr Mündungsgeschwindigkeit erzielt werden. Die 8x64 S kommt damit zwar leistungsmäßig noch lange nicht in die Nähe der 8x68 S, schießt sich aber wesentlich angenehmer als die starke RWS-Patrone.

Mit den schweren Geschossen, besonders wenn die modernen Konstruktionen verwendet werden, ist die 8x64 S eine verlässliche Patrone für mittleres und starkes Hochwild auf nicht zu weite Distanzen. Ihr Vorteil gegenüber der 8x68 S oder einer 300er Magnum ist ihr wesentlich geringerer Rückschlag. Auch eine leichte Pirschbüchse ist in diesem Kaliber noch angenehm zu schießen. Mit den leichteren Geschossen kann die 8x64 S auch auf weitere Distanzen eingesetzt werden und eignet sich gut für die Jagd im Gebirge oder leichteres Plains Game. Sie ist eine sehr universelle Patrone, die auf der Jagdreise wie im heimischen Revier einsetzbar ist.

Fabrikmunition wird von der Firma Sellier&Bellot, Brenneke und von WR-Munition angeboten. Brenneke verlädt das hauseigene TOG mit 14,2 Gramm Gewicht und das 12,8g TIG, S&B ein 12,7 g TMR und WR-Munition das Woodleigh Verbundkerngeschoss mit 13,0 und 14,2 g Gramm. Auch wenn keine Fabrikpatronen zur Hülsengewinnung verschossen werden sollen, ist die Hülsenbeschaffung kein großes Problem. Es sind Neuhülsen der Firmen Horneber und S&B im Handel. Es wäre auch möglich, die Hülsen umzuformen. Dazu ist aber die 7x64, die sich eigentlich anbietet, nicht optimal geeignet. Ihr P2-Durchmesser ist kleiner und der hier erforderliche umfangreiche Aufweitvorgang produziert sehr viel Ausschuss. Mit der .280 Remington geht es wesentlich besser, aber auch hier ist der versierte Wiederlader gefragt.

Bei den Treibladungsmitteln sind mittelschnell bis langsam abbrennende Sorten geeignet. RWS R 907 und Kemira N 140 bei den leichteren Geschossen, sowie RWS R 904 und Kemira N 160 für schwerere Geschosse, erwiesen sich als sehr präzise. Standardzündhütchen reichen zur sicheren Anzündung vollkommen aus. Die Werkzeugbeschaffung ist kein großes Problem, die Matrizensätze gehören aber nicht zur preisgünstigen Standardkategorie.

# Ladedaten Kaliber 8x64 S

| Geschoss-hersteller | Geschoss-typ | Geschoss-gewicht Grains | Pulver-hersteller | Pulvertyp | Pulver-ladung Grains | Hülsen-fabrikat | Zünd-hütchen | Gesamt-länge (mm) | $V_0$ m/sek |
|---|---|---|---|---|---|---|---|---|---|
| Sierra | Pro Hunter | 150 | Rottweil | R 903 | 58,7 | S&B | RWS 5341 | 80,7 | 935 |
| Speer | Hot-Cor | 170 | Rottweil | R 907 | 58,0 | S&B | CCI 200 | 81,5 | 875 |
| RWS | Doppelkern | 180 | Rottweil | R 904 | 62,0 | S&B | RWS 5341 | 82,0 | 859 |
| RWS | Kegelspitz | 180 | Kemira | N 140 | 54,2 | S&B | CCI 200 | 80,0 | 854 |
| Barnes | X-Bullet | 180 | Rottweil | R 904 | 60,5 | S&B | CCI BR 2 | 82,5 | 846 |
| RWS | TIG | 198 | Rottweil | R 904 | 61,5 | S&B | RWS 5341 | 83,0 | 828 |
| Woodleigh | TMR | 196 | Norma | N 204 | 60,5 | S&B | CCI BR 2 | 83,5 | 810 |
| Swift | A-Frame | 200 | Rottweil | R 907 | 55,0 | S&B | RWS 5341 | 83,0 | 812 |
| Nosler | Partition | 200 | IMR | 4064 | 51,0 | S&B | CCI 200 | 83,5 | 809 |
| Barnes | X-Bullet | 200 | Norma | N 204 | 59,5 | S&B | CCI 200 | 83,5 | 805 |
| Speer | Hot-Cor | 200 | Rottweil | R 904 | 61,0 | S&B | CCI 200 | 83,0 | 825 |
| Sierra | Game King | 220 | Kemira | N 160 | 59,0 | S&B | RWS 5341 | 83,5 | 771 |
| Woodleigh | TMR | 220 | Rottweil | R 904 | 57,0 | S&B | CCI 200 | 83,0 | 742 |
| Swift | A-Frame | 220 | Rottweil | R 905 | 95,7 | S&B | RWS 5341 | 83,5 | 752 |
| Degol | TMR | 220 | Kemira | N 160 | 59,2 | S&B | CCI 200 | 83,5 | 760 |
| Swift | A-Frame | 220 | Kemira | N 160 | 59,0 | S&B | CCI 200 | 83,5 | 758 |
| RWS | KS | 224 | Norma | N 204 | 58,0 | S&B | RWS 5341 | 83,0 | 761 |

Zur Ermittlung der Ladedaten wurde eine Repetierbüchse mit 65 Zentimeter Lauflänge benutzt

# 8x68 S

Die deutsche „8-mm-Magnum“, wie sie im Ausland auch genannt wird, ist eine beliebte Patrone für die Plainsgame-Jagd in Afrika und wird auch in Nordamerika auf Elch und Bär von deutschen Gastjägern gern geführt.

Die 8x68 S ist eine Entwicklung der Firma RWS und wurde gegen Ende der 30er Jahre auf den Markt gebracht. Die neue Patrone sollte die schon vorhandenen 8 mm S-Kaliber 8x64 S und 8x75 S übertreffen. Das war nur durch eine Vergrößerung des Verbrennungsraumes möglich, um das neu entwickelte progressive Pulver unterzubringen. Auch um eine Verstärkung der Hülsenwandung kam man nicht herum.

Bei der Patronenlänge setzte das damals sehr beliebte Mauser 98er System die Grenzen. Länger als 84 mm durfte die Patrone nicht ausfallen. So wurde eine völlig neue Patrone konstruiert, die im Vergleich zu den geläufigen Patronen erheblich größere P- und R-Durchmesser aufweist. Am Mausersystem waren daher auch geringfügige Änderungen am Stoßboden und der Auflauframpe notwendig. Die 8x68 S ist aber für das Mausersystem maßgeschneidert und nutzt die Möglichkeiten dieses Systems konsequent aus.

Der bei S-Läufen übliche Drall erwies sich für die hohen Geschwindigkeiten der neuen Patrone als zu steil, und man änderte die Dralllänge daher auf 28 cm. Die neue Patrone wurde schnell ein Erfolg und sehr beliebt als Hochleistungspatrone für starkes Wild. Deutsche Jäger brachten sie auch nach Afrika, wo sie sich einen guten Ruf bei der Bejagung der starken Antilopen erwarb und auch heute noch sehr beliebt ist. Sie wurde zu so etwas wie dem Markenzeichen des deutschen Waidmanns. Grundsätzlich ist die starke 8-mm-Patrone auf starkes Schalenwild weltweit einsetzbar und hat, was die Wirkung angeht, gegenüber den .30er Magnums die Nase sogar etwas vorn.

Zeitgleich wurde die auf gleicher Hülse basierende 6,5x68 herausgebracht, die ebenfalls leistungsmäßig zur internationalen Spitzenklasse gehört. Trotzdem beschränkt sich die Verbreitung der 8x68 S und auch der 6,5x68 auf den europäischen Raum, denn die amerikanischen 300er und 338er Magnumpatronen decken den gleichen Einsatzbereich ab. Die 8x68 S ist hier etwas benachteiligt, da sie nicht über das große Geschossangebot der zölligen Kaliber verfügt. Munition wird daher auch ausschließlich von europäischen Munitionsfirmen hergestellt. Das Laborierungsangebot reicht vom rasanten 11,7-Gramm-Geschoss, das auf über 950 m/sek. beschleunigt wird, bis hin zum schweren 14,5-Gramm-Geschoss, das auch noch auf gut 850 m/sek. kommt und bei entsprechend hartem Geschossaufbau eine sehr hohe Tiefenwirkung erzielt.

Gewehre im Kaliber 8x68 S sollten eine Lauflänge von 65 cm besitzen, um das Potential der starken Patrone auszunutzen. Durch die notwendigen sehr progressiv abbrennenden Pulver führen kurze Läufe hier zu starken Leistungsverlusten.

Die Hülsenbeschaffung ist bei diesem Kaliber kein großes Problem. Wird der Hülsenbedarf nicht durch das Verschießen von Fabrikpatronen gedeckt, so können auch neue Hülsen bezogen werden. Das Leistungsoptimum wird um den Geschossbereich von 200 Grains erreicht.

Bei den Treibladungsmitteln sind hauptsächlich die progressiv abbrennenden Sorten gut geeignet. RWS R 904 und R 905, Kemira N 160 und IMR 4831 erwiesen sich als sehr präzise. Von reduzierten Ladungen sollte abgesehen werden, denn die beste Präzision erbringt die 8x68 S im oberen Geschwindigkeitsbereich, und bei den progressiv abbrennenden Pulvern ist eine Ladungsreduktion sehr gefährlich. Außerdem fiel auf, dass die 8x68 S sehr stark auf unterschiedliche Hülsenvolumen reagiert, wie sie bei den verschiedenen Hülsenfabrikaten immer wieder zu finden sind. Die in den Ladevorschlägen angegebenen Ladungen sollten nicht ohne weiteres in anderen Hülsenfabrikaten übernommen werden. Zur sicheren Anzündung der nicht unerheblichen Pulvermenge sind Magnumzündhütchen erforderlich. Die Werkzeugbeschaffung ist kein großes Problem, die Matrizensätze gehören aber nicht zur preisgünstigen Standardkategorie. Alle Hersteller von Wiederladewerkzeugen haben aber die 8x68 S im Programm.

Zebra direkt nach dem Schuss. Das Scharfrandgeschoss hat ein kreisrundes Loch gestanzt und der Schweiß kam noch über eine Minute aus dem Einschuss.

# Ladedaten Kaliber 8x68 S

| Geschoss-hersteller | Geschoss-typ | Geschoss-gewicht Grains | Pulver-hersteller | Pulvertyp | Pulver-ladung Grains | Hülsen-fabrikat | Zünd-hütchen | Gesamt-länge (mm) | $V_0$ m/sek |
|---|---|---|---|---|---|---|---|---|---|
| Sierra | Pro Hunter | 150 | Rottweil | R 907 | 70,0 | RWS | CCI 250 | 76,0 | 964 |
| Hornady | InterLock | 150 | Rottweil | R 904 | 76,0 | RWS | RWS 5333 | 76,0 | 970 |
| Speer | Hot-Cor | 170 | Kemira | N 160 | 76,5 | RWS | CCI 250 | 76,5 | 928 |
| RWS | Doppelkern | 180 | Rottweil | R 904 | 74,0 | RWS | RWS 5333 | 84,0 | 922 |
| RWS | Kegelspitz | 180 | Rottweil | R 905 | 77,8 | RWS | Federal 215 | 84,0 | 946 |
| Reichen-berg | HDB | 180 | Kemira | N 160 | 77,0 | RWS | Federal 215 | 84,0 | 950 |
| Swift | A-Frame | 200 | Kemira | N 160 | 71,5 | RWS | Federal 215 | 86,0 | 872 |
| Nosler | Partition | 200 | Rottweil | R 905 | 73,8 | RWS | CCI 250 | 87,5 | 892 |
| Barnes | X-Bullet | 200 | Kemira | N 160 | 71,0 | RWS | Federal 215 | 87,5 | 870 |
| RWS | TIG | 196 | Rottweil | R 905 | 78,0 | RWS | Federal 215 | 87,0 | 907 |
| Speer | Hot-Cor | 200 | Vectan | TU 7000 | 71,5 | RWS | RWS 5333 | 87,0 | 865 |
| Sierra | Game King | 220 | Norma | MRP | 73,2 | RWS | CCI 250 | 87,0 | 861 |
| Woodleigh | TMR | 220 | IMR | 4831 | 68,5 | RWS | CCI 250 | 87,5 | 838 |
| Swift | A-Frame | 220 | Rottweil | R 905 | 72,0 | RWS | Federal 215 | 87,0 | 848 |
| Degol | TMR | 220 | IMR | 4350 | 65,0 | RWS | RWS 5333 | 87,5 | 820 |
| Hornday | TMS | 220 | Kemira | N 160 | 64,0 | RMS | CCI 250 | 87,5 | 845 |
| Swift | A-Frame | 220 | Norma | MRP | 73,0 | RWS | RWS 5333 | 87,5 | 859 |
| RWS | KS | 224 | Rottweil | R 905 | 70,0 | RWS | Federal 215 | 85,0 | 824 |

Zur Ermittlung der Ladedaten wurde eine Sauer 80 Magnum mit 66 Zentimeter Lauflänge benutzt.

# 8x75 RS

Die 8x75 RS stammt aus dem Jahre 1908 und wurde im Auftrag der „Behrs Waffenwerke Suhl“ entwickelt. Als Basishülse diente die 9,3x74 R. Gedacht war die Patrone für die damaligen deutschen Kolonien, wo Bedarf für eine leistungsstarke Hochwildpatrone bestand. Natürlich wollte man auch den englischen Waffen- und Munitionsfabriken Konkurrenz machen, die den dortigen Markt beherrschten. Die Kolonien waren zu dieser Zeit ein sehr lukratives Absatzgebiet.

Es gab zwei Versionen der Patrone und zwar als Version für das so genannte „S“-Kaliber mit 8,20 mm Geschossdurchmesser und als 8 mm R für das kleinere 8,08 mm-Geschoss. Dazu kamen noch analoge Schwesterpatronen ohne Rand für den Gebrauch in Repetierbüchsen. Durchsetzen konnte sich nur die Randversion, die auch in Deutschland sehr erfolgreich wurde. Inwieweit es dabei eine Rolle spielte, dass sie die Lieblingspatrone des „Reichsjägermeisters“ war, mag dahingestellt bleiben. Bis zum Kriegsende gab es eine große Auswahl an Laborierungen mit verschiedenen Geschossgewichten. Nach dem Krieg war sie aus den Munitionskatalogen verschwunden und blieb es lange Zeit auch. Erst Mitte der 80er Jahre wurde sie von Heinz Knipp und Hartmut Böning „wiederbelebt“ und heute werden wieder Fabrikpatronen gefertigt.

Die 8x75 RS liegt im Leistungsbereich zwischen der 8x57 IRS und der 8x68 S und deckt diese Lücke sehr gut ab. Vor dem Krieg wurden Laborierungen publiziert, die ein 12-g-Geschoss auf über 900 m/sek. beschleunigten. Diese Leistungsangaben sind unrealistisch und sollten nicht als Maßstab genommen werden. Die 8x75 RS ist keine sehr moderne Patrone und durch die hohe, schlanke Pulversäule innenballistisch nicht unproblematisch. Der Arbeitsgasdruck sollte höchstens 85 % des maximal zulässigen Gasdruckes betragen. Die Verschlussbelastung ist sehr hoch, und es sollten nur Kipplaufwaffen mit stabilen Verschlüssen für die 8x75 RS eingerichtet werden. Wer eine alte 8x57 IRS auf die 8x75 RS aufreiben lassen will, sollte sich vorher genau vergewissern, ob der Verschluss der Waffe hierfür auch geeignet ist, sonst kann es beim Neubeschuss zu bösen Überraschungen kommen.

Mit den heutigen modernen Nitropulvern lassen sich bei der 8x75 RS Leistungen von etwa 860 m/sek. mit einem 12,0-g-Geschoss und 830 m/sek. mit einem 13,0-g-Geschoss erzielen. Damit wird eine Mündungsenergie von gut 4500 Joule erreicht. Das Einsatzgebiet liegt bei starkem, mitteleuropäischem Hochwild und den afrikanischen Antilopen. Für diese Wildarten ist sie eine verlässliche Patrone auch auf größere Distanzen.

Fabrikmunition wird von Blaser, LFB (Labor für Ballistik) und Wolfgang Romey hergestellt. Frankonia hat dazu noch eine Laborierung des gewerblichen Wiederladers Hans Hasel im Programm.

Das Laborierungsangebot der Fabrikpatronen reicht von 12,7 bis 14,26 Gramm. Die Hülsenbeschaffung ist bei diesem Kaliber kein großes Problem. Wird der Hülsenbedarf nicht durch das Verschießen von Fabrikpatronen gedeckt, so können auch neue Leerhülsen erworben werden. Es ist aber auch nicht sehr schwierig, Hülsen aus der

9,3x74 R umzuformen. Die normale Kalibriermatrize reicht dazu aus. Das Leistungsoptimum wird um den Geschossbereich von 185 bis 200 Grains erreicht.

Bei den Treibladungsmitteln sind hauptsächlich die progressiv abbrennenden Sorten gut geeignet. RWS R 904 und R 905, Kemira N 160 und Norma MRP erwiesen sich als sehr präzise. Zur sicheren Anzündung reichen bei den nicht ganz so progressiven Pulversorten Standardzündhütchen aus; die langsamen Pulver sollten mit Magnumzündern angezündet werden. Die Werkzeugbeschaffung ist kein großes Problem, die Matrizensätze gehören aber nicht zur preisgünstigen Standardkategorie.

Großkatzen wie Puma oder Leopard sind dünnhäutig. Hier sollten "weiche" Geschosse eingesetzt werden, die schnell ansprechen.

# Ladedaten Kaliber 8x75RS

| Geschoss-hersteller | Geschoss-typ | Geschoss-gewicht Grains | Pulver-hersteller | Pulvertyp | Pulver-ladung Grains | Hülsen-fabrikat | Zünd-hütchen | Gesamt-länge (mm) | $V_0$ m/sek |
|---|---|---|---|---|---|---|---|---|---|
| Reichen-berg | HDB | 139 | Norma | N 204 | 73,0 | WR | CCIB 200 | 92,0 | 970 |
| Sierra | Pro Hunter | 150 | Norma | N 204 | 59,5 | WR | CCI 200 | 92,5 | 895 |
| Hornady | InterLock | 150 | Kemira | N 140 | 60,0 | WR | RWS 5341 | 94,0 | 940 |
| Sierra | TM-semi-spitz | 170 | Kemira | N 160 | 69,0 | WR | Federal 215 | 94,0 | 880 |
| RWS | Kegelspitz | 180 | Rottweil | R 905 | 72,0 | WR | RWS 5341 | 91,0 | 872 |
| RWS | Doppelkern | 180 | Rottweil | R 904 | 68,0 | WR | RWS 5341 | 91,0 | 855 |
| Norma | Oryx | 196 | Kemira | N 160 | 67,0 | WR | CCI 200 | 92,5 | 810 |
| Swift | A-Frame | 200 | Norma | MRP | 68,5 | WR | RWS 5333 | 94,5 | 843 |
| Nosler | Partition | 200 | Rottweil | R 905 | 68,0 | WR | CCI 250 | 95,2 | 845 |
| Barnes | X-Bullet | 200 | Kemira | N 160 | 66,0 | WR | Federal 215 | 94,5 | 812 |
| RWS | TIG | 196 | Rottweil | R 905 | 69,5 | WR | RWS 5341 | 94,0 | 822 |
| Reichen-berg | HDB | 198 | Norma | MRP | 70,0 | WR | RWS 5341 | 94,0 | 830 |
| Sierra | Game King | 220 | Hercules | RL 22 | 73,0 | WR | CCI 250 | 94,0 | 840 |
| Woodleigh | TMR | 220 | Rottweil | R 905 | 67,5 | WR | CCI 250 | 92,5 | 801 |
| Swift | A-Frame | 220 | Norma | MRP | 67,5 | WR | Federal 215 | 94,0 | 799 |
| Degol | TMR | 220 | Rottweil | R 905 | 67,5 | WR | RWS 5333 | 92,0 | 794 |
| RWS | KS | 224 | Rottweil | R 905 | 68,0 | RWS | Federal 215 | 91,5 | 796 |

Zur Ermittlung der Ladedaten wurde ein Drilling Krieghoff Trumpf mit 63 Zentimeter Lauflänge benutzt

# 8 mm Remington Magnum

Amerikanische Patronen mit metrischer Kaliberbezeichnung sind äußerst selten und es ist wohl nur dem großen Erfolg der 7 mm Remington Magnum zu verdanken, dass Remington im Jahre 1977 mit der 8 mm Remington Magnum eine zweite Patrone mit europäischen Geschossdurchmesser nachschob.

An den Erfolg der 7 mm Remington Magnum konnte die 8-mm-Patrone aber lange nicht anknüpfen und fristet bis heute ein Schattendasein. Verwunderlich ist das nicht, denn mit der .300 Winchester Magnum stand den amerikanischen Jägern schon seit 20 Jahren eine Hochleistungspatrone im gleichen Leistungsbereich zur Verfügung, die zudem auch noch wesentlich kompakter ist. Remington wählte als Ausgangshülse die .375 Holland&Holland Magnum und zwar mit voller Hülsenlänge. Dadurch wird für die 91,4 mm lange Patrone ein langes Repetierbüchsensystem benötigt. Nicht gerade verkaufsfördernd, wenn die Konkurrenzpatrone von Winchester mit einem Normalsystem auskommt. Auch bei den europäischen Jägern sorgte die amerikanische 8 mm nicht gerade für Begeisterung, denn hier stand ihr die bestens eingeführte 8x68 S gegenüber. Das es noch wesentlich kompakter geht, zeigte dann wieder Konkurrent Winchester mit der gerade auf den Markt gekommenen Kurzpatrone .325 WSM, bei der man zwar die metrische Kaliberbezeichnung vermied, die aber ebenfalls mit 8 mm S-Geschossen laboriert wird.

Trotzdem ist die 8 mm Remington Magnum keine schlechte Patrone- ganz im Gegenteil, sie ist sogar sehr leistungsstark und auch flexibel, was die Bandbreite der erzielbaren Leistung angeht. Mit schweren 220-Grains-Geschossen kratzt sie schon an der 6000-Joule Grenze und die leichten 125-Grains-Geschosse lassen sich auf über 1000 m/sek. beschleunigen. Damit deckt die amerikanische 8 mm-S von der Bergjagd bis hin zu afrikanischen Großantilopen alles ab. Mit den mittelschweren Geschossen, besonders wenn die modernen Konstruktionen verwendet werden, ist die 8 mm Remington Magnum eine verlässliche Patrone für mittleres und starkes Hochwild auch auf weitere Distanzen. Sie ist eine sehr universelle Patrone, die auf der Jagdreise wie im heimischen Revier einsetzbar ist.

Die erreichbare Leistung hängt aber auch mit dem hohen Gasdruck der 8 mm Remington Magnum zusammen. Mit 4600 bar zulässigem Gasdruck ist sie eine der gasdruckstärksten Patronen überhaupt.

Fabrikmunition wird nur noch von Remington selbst und nur in einer einzigen Laborierung angeboten. Hülsen lassen sich aus der .375 H&H Magnum umformen. Die 8 mm Remington hat allerdings einen wesentlich schwächeren Hülsenkonus. Heute stehen hochwertige Spezialgeschosse zur Verfügung, was die 8 mm Remington gegenüber der Zeit ihrer Einführung aufwertet. Damals waren stabile Deformationsgeschosse noch Mangelware und die damals verwendeten Geschosskonstruktionen oft zu weich für die hohe Leistung der schnellen 8 mm, was ihr den Ruf brutaler Geschosswirkung eintrug.

Bei den Treibladungsmitteln sind hauptsächlich die langsam abbrennende Sorten geeignet. RWS R 906 und Kemira N165 Alliant R 22 erwiesen sich als besonders geeignet. Bei den leichten Geschossen zeigte besonders Hodgdon 4350 eine gute Präzision. Zur Anzündung der hohen Pulverladung sind Magnumzündhütchen erforderlich. Die Werkzeugbeschaffung ist kein großes Problem, die Matrizensätze sind von allen großen Herstellern zu bekommen.

# Ladedaten Kaliber 8 mm Remington Magnum

| Geschoss-hersteller | Geschoss-typ | Geschoss-gewicht Grains | Pulver-hersteller | Pulvertyp | Pulver-ladung Grains | Hülsen-fabrikat | Zünd-hütchen | Gesamt-länge (mm) | $V_0$ m/sek |
|---|---|---|---|---|---|---|---|---|---|
| Hornady | InterLock | 125 | Hodgdon | 4350 | 86,5 | Remington | RWS 5333 | 90,2 | 1054 |
| Sierra | Pro Hunter | 150 | Hodgdon | 4350 | 86,0 | Remington | RWS 5333 | 91,4 | 989 |
| Hornday | TMS | 150 | Kemira | N 560 | 84,0 | Remington | CI 250 | 91,0 | 970 |
| Federal | Hi-Shock | 170 | Kemira | N 160 | 82,5 | Remington | Federal 215 | 91,0 | 960 |
| RWS | Doppelkern | 180 | Kemira | N 165 | 87,0 | Remington | Federal 215 | 91,0 | 970 |
| Nosler | Ballistic Tip | 180 | Alliant | R 22 | 86,0 | Remington | RWS 5333 | 91,4 | 965 |
| Barnes | X-Bullet | 180 | Hodgdon | 4831 | 85,0 | Remington | RWS 5333 | 91,4 | 952 |
| Barnes | X-Bullet | 180 | Rottweil | R 905 | 81,0 | Remington | RWS 5333 | 91,4 | 925 |
| Woodleigh | TMR | 196 | Alliant | R 22 | 80,5 | Remington | CCI 250 | 91,0 | 902 |
| Swift | A-Frame | 200 | Kemira | N 165 | 80,0 | Remington | RWS 5333 | 91,4 | 895 |
| Nosler | Partition | 200 | Rottweil | R 905 | 80,0 | Remington | CCI 250 | 91,4 | 891 |
| Barnes | X-Bullet | 200 | Hodgdon | 4831 | 82,0 | Remington | RWS 5333 | 91,4 | 892 |
| Speer | Hot-Cor | 200 | Rottweil | R 905 | 80,5 | Remington | Federal 215 | 91,4 | 890 |
| Sierra | Game King | 220 | Norma | MRP | 78,5 | Remington | RWS 5333 | 91,4 | 870 |
| Swift | A-Frame | 220 | Kemira | N 560 | 78,0 | Remington | CCI 250 | 91,4 | 870 |
| Degol | TMR | 220 | Alliant | R 22 | 80,5 | Remington | RWS 5333 | 91,0 | 885 |
| Swift | A-Frame | 220 | Kemira | N 165 | 79,5 | Remington | RWS 5333 | 91,4 | 857 |
| Sierra | Game King | 220 | Hodgdon | 4831 | 91,0 | Remington | CCI 250 | 91,4 | 853 |

Zur Ermittlung der Ladedaten wurde eine Repetierbüchse mit 61 cm Lauflänge benutzt.

# Dia .330

Ein sehr seltener Geschossdurchmesser, der sich nur bei zwei Patronen, der 8x56 R und der .318 Westley Richards findet, wobei nur die .318 WR jagdlich interessant ist. Das Geschossangebot ist dementsprechend gering. Alles Weitere daher bei den Ausführungen über die Patrone.

**Geschosspalette:**

| Hersteller | Geschosstyp | Geschossgewicht g /Grains | Eignung | Patronen-empfehlung |
|---|---|---|---|---|
| Degol | Hohlspitz | 13,4 / 207 | Hochwild | .318 WR |
| Degol | TMR | 13,6 / 210 | Hochwild | .318 WR |
| Degol | TMR | 16,2 / 250 | Schweres Hoch-wild | .318 WR |
| Degol | Protekted Point | 16,2 / 250 | Schweres Hoch-wild | .318 WR |
| Woodleigh | TMR | 16,2 / 250 | Schweres Hoch-wild | .318 WR |
| Woodleigh | Vollmantel | 16,2 / 250 | ------------------------ | .318 WR |
| Delsing | TMR | 13,0 / 200 | Hochwild | .318 WR |

# .318 Westley Richards Nitro Express

Die schlanke .318 WR ist heute fast in Vergessenheit geraten. Sie wurde im Jahre 1910 von Westley Richards entwickelt und diente der Jagd auf Großantilopen in Afrika. Sie ist eine randlose Patrone, eigentlich gedacht für Repetierbüchsen, doch Westley Richards fertigte auch Blockbüchsen und Doppelbüchsen dafür. Es handelt sich hier um eine typische „Mittelpatrone“ – zumindest von den Abmessungen her. Trotzdem leistet sie Erstaunliches, denn ihre Konstrukteure setzten bei dieser Patrone nicht nur auf besonders schwere Geschosse, sondern statteten die Läufe auch mit einem 8-Zoll-Drall aus.

Der Verfasser jagt seit Jahren mit dieser, sehr angenehm schießenden und extrem wirkungsvollen Patrone, und kann hier aus dem Vollen schöpfen, was die praktischen Erfahrungen mit dieser Patrone angeht.

Von den Maßen her ist die .318 WR nichts anderes als eine 8x60. Es lassen sich sogar 8x60 S Patronen aus einem .318 WR Repetierer verschießen, auch wenn die Präzision nicht besonders hoch ist, denn die .318 WR benötigt einen Geschossdurchmesser von .330 Dia, während die 8mm S-Geschosse lediglich .323 Dia durchmessen. Das Besondere der .318 WR ist aber ihr Geschossgewicht, das 250 Grains, also 16,2 Gramm beträgt. Eine 8x60 S oder auch die in der Leistung sehr ähnliche .30-06 kann mit maximal 14,5 Gramm schweren Geschossen laboriert werden. Schwerere Geschosse würden nicht mehr ausreichend stabilisiert, denn die Standarddralllänge bei diesen Kalibern liegt bei 10 oder 12 Zoll. Die .318 WR hat einen 8-Zoll-Drall und stabilisiert daher auch die schweren Geschosse.

In der Praxis hat das große Auswirkungen. Die Tiefenwirkung ist aufgrund der enormen Querschnittsbelastung extrem hoch, und die .318 WR produziert auch bei sehr schwerem Wild noch Ausschüsse. In alter englischer Jagdliteratur ist von Ausschüssen bei 700 Kilogramm schweren Elandbullen auf 150 Meter die Rede. Auch viele Elefantenjäger, darunter auch Karamojo Bell, benutzten die .318 WR und erlegten eine Menge Großwild damit. Dazu ist die Patrone natürlich nicht gedacht und auch nicht zu empfehlen.

Westley Richards laborierte die .318 WR mit so genannten „Cape Bullets“, die speziell für diese Patrone entwickelt wurden und eine enorme Tiefenwirkung erbrachten. In alten Katalogen sind durchschossene Stahlplatten von 1,4 Zentimeter Dicke abgebildet. Durch die nur bei 700 bis 730 m/sek. liegende Mündungsgeschwindigkeit ist dazu die Wildbretentwertung sehr gering. Hämatome kommen kaum vor und die Ausschüsse sind nicht sehr groß. Vom Rückstoßverhalten her liegt die .318 WR auf dem Niveau der 8x60 S oder .30-06.

Schaut man sich die Werte an, wird schnell klar, dass es sich hier auch um eine ideale Mittelpatrone für europäisches Wild handelt. Brauchbar von der Drückjagd bis zur Ansitzjagd auf Rehwild, denn auch bei unserer kleinsten Schalenwildart ist die .318 WR sehr wildbretschonend. Der Neubau eines Repetierers im Kaliber .318 WR ist zudem kein großes Problem, denn ein Standardsystem reicht völlig, und die passenden

Läufe mit 8-Zoll-Drall sind von Lothar Walther zu bekommen. Dort lässt auch die englische Firma Westley Richards, die heute noch Repetierer in diesem Kaliber baut, die Läufe fertigen. Von der Ballistik sehr ähnlich ist die .338-06, eine auf das Kaliber .338 aufgeweitete .30-06, die dadurch ebenfalls den Vorteil des hohen Geschossgewichtes bekommt.

Die Hülsenbeschaffung ist bei diesem Kaliber sehr eingeschränkt. Wer seinen Hülsenvorrat nicht unbedingt durch das Verschießen der teuren Fabrikpatronen anlegen will, kann aber auch 8x60 S Hülsen verwenden – muss dann aber mit dem nicht passenden Bodenstempel leben. Neue Hülsen sind bei Reimer Johannsen, Neumünster zu bekommen. Johannsen bietet auch Umformwerkzeug an, mit dem sich .318 WR Hülsen aus .30-06 herstellen lassen. Solche Arbeiten sind aber nur dem versierten Wiederlader zu empfehlen.

Bei den Geschossen sieht es noch schlechter aus. Der .330er Geschossdurchmesser ist bei den Geschossherstellern so gut wie nicht vertreten. Lediglich die 8x56 R Ungarisch benötigt noch diese Geschosse – und die ist auch nicht gerade häufig zu finden. Das Angebot beschränkt sich auf Geschosse vom australischen Geschosshersteller Woodleigh und dem belgischen Custom Geschosshersteller Wim Degol. Degol bietet auch leichtere Geschosse von 207 und 210 Grains an, die für die 8x56 R Ungarisch gedacht sind, aber sich auch in der .318 WR verladen lassen. Auch Delsing hat noch ein 200 Grains Geschoss für die 8x56 R im Programm. Mit den leichteren Geschossen lässt sich die .318 in eine 8x60 S oder .30-06 verwandeln. Ihre ballistischen Vorteile spielt sie aber nur mit den schweren 250-Grains-Geschossen aus.

Bei den Treibladungsmitteln sind die mittelschweren bis langsamen Pulver brauchbar. Besonders Kemira N 560, Kemira N 150, Rottweil R 903 Rottweil R 907 und Rottweil R 904 erwiesen sich als geeignet. Standard-Zündhütchen reichen aus. Die Werkzeugbeschaffung ist ein weiteres Problem, wenn ein Originalmatrizensatz gewünscht wird. Der ist von RCBS oder Triebel zwar zu bekommen, aber entsprechend der Seltenheit des Kalibers teuer. Die .318 WR lässt sich aber ohne weiteres auch mit einem 8x60 S oder sogar 8x57 IS Matrizensatz laden, wenn lediglich der Innenkalibrierkern geändert wird. Es ist kein großes Problem, den kleinen Knopf vom gängigen Durchmesser .338 auf 330 abzudrehen. Fabrikpatronen gibt es nur von Wolfgang Romey und von LFB. Bei der Gesamtlänge muss bei den schweren Geschossen unbedingt das Maximum von 84,5 mm, das ist die Länge, die sich in einem 98er Magazin unterbringen lässt und sicher zugeführt wird, ausgeschöpft werden. Wird das Geschoss tiefer in die Hülse gesetzt, verringert sich der Pulverraum und es kommt zu gefährlichen Gasdrucksteigerungen.

# Ladedaten Kaliber .318 Westley Richards

| Geschoss-hersteller | Geschoss-typ | Geschoss-gewicht Grains | Pulver-hersteller | Pulvertyp | Pulver-ladung Grains | Hülsen-fabrikat | Zünd-hütchen | Gesamt-länge (mm) | $V_0$ m/sek |
|---|---|---|---|---|---|---|---|---|---|
| Degol | Hohlspitz | 207 | PRB | PCL 507 | 53,0 | Romey | RWS 5341 | 84,0 | 810 |
| Degol | TMR | 210 | Kemira | N 150 | 52,5 | Romey | RWS 5341 | 84,0 | 812 |
| Degol | TMR | 210 | Rottweil | R 907 | 53,5 | Romey | RWS 5341 | 84,0 | 807 |
| Degol | TMR | 210 | Hodgdon | H 450 | 57,0 | Romey | RWS 5341 | 84,0 | 815 |
| Woodleigh | TMR | 250 | PRB | PCL 511 | 46,0 | Romey | RWS 5341 | 84,5 | 695 |
| Woodleigh | TMR | 250 | Rottweil | R 907 | 48,0 | Romey | RWS 5341 | 84,5 | 704 |
| Woodleigh | TMR | 250 | Kemira | N 150 | 52,0 | Romey | RWS 5341 | 84,5 | 715 |
| Woodleigh | VM | 250 | Rottweil | R 907 | 48,0 | Romey | RWS 5341 | 84,5 | 707 |
| Degol | TMR | 250 | Kemira | N 560 | 57,0 | Romey | RWS 5341 | 84,5 | 718 |
| Degol | Prot. Point | 250 | Norma | MRP | 57,0 | Romey | RWS 5341 | 84,5 | 709 |
| Degol | TMR | 250 | Kemira | N 150 | 50,9 | Romey | RWS 5341 | 84,5 | 704 |
| Degol | Prot. Point | 250 | Kemira | N 560 | 55,5 | Romey | RWS 5341 | 84,5 | 705 |

Zur Ermittlung der Ladedaten wurde eine Repetierbüchse mit 63 cm Laufbenutzt.

# Dia .338

Patronen, die Geschosse mit .338er Durchmesser verwenden, sind in den USA recht häufig zu finden, während die europäischen Konkurrenzpatronen, die etwa den gleichen Leistungsbereich abdecken, meist mit den etwas dickeren .366er Geschossen aufwarten. Lediglich die deutsche 8,5x63 sowie deren Randversion, benutzen diesen Geschossdurchmesser. Die stärkeren .338er Patronen werden hauptsächlich für weite Schüsse auf starkes Wild eingesetzt, hier können sie ihre Stärken voll ausspielen. Wegbereiter war die .338 Winchester Magnum, die sich in den nordamerikanischen Jagdgebieten schnell einen guten Ruf bei der Jagd auf Bär, Elch und Wapiti erwarb. Die später auf den Markt gebrachten Patronen hatten meist eine durchweg höhere Leistung, wie etwa die .340 Weatherby Magnum oder die 338 Lapua, die schon an der Obergrenze einer sinnvollen Jagdpatrone liegen und nur eingesetzt werden sollten, wenn mit wirklich weiten Schussentfernungen zu rechnen ist. Das Geschossangebot im Durchmesser .338 ist erfreulich groß und es sind reichlich Spezialgeschosse zu finden, die für die starken .338er Patronen konstruiert wurden. Nur mit einem ausreichend stabilen und außenballistisch günstig geformten Geschoss macht eine Weitschusspatrone wie die .338 Lapua überhaupt Sinn.

338WM – 338RUM – 338Lapua – 340 Weatherby – 330Dakota – 8,5x63

## Geschosspalette:

| Hersteller | Geschosstyp | Geschoss-gewicht g / Grains | Eignung | Patronen-empfehlung |
|---|---|---|---|---|
| Sierra | Game King | 13,9 / 215 | Hochwild | Standardpatronen |
| Sierra | Game King | 16,2 / 250 | Schweres Hochwild | Standardpatronen |
| Hornady | InterLock | 13,0 / 200 | Hochwild | Standardpatronen |
| Hornady | TM-flach | 13,0 / 200 | Leichtes Hochwild | Standardpatronen |
| Hornady | InterLock | 14,6 / 225 | Hochwild | Standardpatronen |
| Hornady | TMS | 16,2 / 250 | Schweres Hochwild | Standardpatronen |
| Hornady | InterLock RN | 16,2 / 250 | Schweres Hochwild | Standardpatronen |
| Sako | Hammerhead | 16,2 / 250 | Schweres Hochwild | Standard- und Hoch-leistungspatronen |
| Barnes | X-Bullet | 10,4 / 160 | Hochwild | Hochleistungspatronen |
| Barnes | TTSX-Bullet | 10,4/160 | Hochwild | Hochleistungspatronen |
| Barnes | X-Bullet | 11,3 / 175 | Hochwild | Hochleistungspatronen |
| Barnes | TSX-Bullet | 12,0 / 185 | Hochwild | Hochleistungspatronen |
| Barnes | MRX-Bullet | 12,0/185 | Hochwild | Hochleistungspatronen |
| Barnes | X-Bullet | 13,0 / 200 | Schweres Hochwild | Hochleistungspatronen |
| Barnes | Vollmantel | 13,0 / 200 | ---------------------- | Hochleistungspatronen |
| Barnes | X-Bulet | 13,6 / 210 | Schweres Hochwild | Hochleistungspatronen |
| Barnes | Vollmantel | 13,6 / 210 | ---------------------- | Hochleistungspatronen |
| Barnes | TTSX-Bullet | 13,6/210 | Schweres Hochwild | Hochleistungspatronen |
| Barnes | X/TSX-Bullet | 14,6 / 225 | Schweres Hochwild | Hochleistungspatronen |
| Barnes | TTSX-Bullet | 14,6/225 | Schweres Hochwild | Hochleistungspatronen |
| Barnes | MRX-Bullet | 14,6/225 | Schweres Hochwild | Hochleistungspatronen |
| Barnes | Vollmantel | 14,6 / 225 | ----------------------- | Hochleistungspatronen |
| Barnes | X-Bullet | 16,2 / 250 | Schweres Hochwild | Hochleistungspatronen |
| Barnes | Vollmantel | 16,2 / 250 | ----------------------- | Hochleistungspatronen |
| Barnes | TMR | 19,4 / 300 | Schweres Hochwild | Standardpatronen |
| Barnes | VMR | 19,4 / 300 | ----------------------- | Standard- und Hoch-leistungspatronen |
| Nosler | Bal. Tip. | 13,0 / 200 | Hochwild | Standardpatronen |
| Swiss | CDP-Scharfrand | 12,3 / 190 | Hochwild | Standard- und Hoch-leistungspatronen |
| Swiss | CDP-Semispitz | 13,6 /210 | Schweres Hochwild | Standard- und Hoch-leistungspatronen |
| Nosler | Partition | 13,6 / 210 | Hochwild | Standard- und Hoch-leistungspatronen |
| Nosler | AccuBond | 13,6 / 210 | Hochwild | Hochleistungspatronen |
| Nosler | Partition | 14,6 / 225 | Schweres Hochwild | Standard- und Hoch-leistungspatronen |
| Nosler | AccuBond | 14,6 / 225 | Schweres Hochwild | Hochleistungspatronen |
| Nosler | Partition | 16,2 / 250 | Schweres Hochwild | Standard- und Hoch-leistungspatronen |
| Remington | Core-Lokt | 14,6 / 225 | Hochwild | Standardpatronen |

| Hersteller | Geschosstyp | Geschoss-gewicht g / Grains | Eignung | Patronen-empfehlung |
|---|---|---|---|---|
| Remington | Core-Lokt | 16,2 / 250 | Schweres Hochwild | Standardpatronen |
| Federal | Bear Claw | 14,6/ 225 | Schweres Hochwild | Hochleistungspatronen |
| Reichenberg | HDB | 9,7 / 150 | Berg-Hochwild | Hochleistungspatronen |
| Reichenberg | HDB | 11,0 / 170 | Hochwild | Standard- und Hoch-leistungspatronen |
| Reichenberg | HDB | 12,3 / 190 | Schweres Hochwild | Standardpatronen Drückjagd |
| Reichenberg | HDB | 13,0 / 200 | Schweres Hochwild | Hochleistungspatronen |
| Reichenberg | HDB | 14,3 / 220 | Schweres Hochwild | Hochleistungspatronen |
| Impala | Solid | 10,7 / 165 | Rehwild/ Hochwild | Standard- und Hoch-leistungspatronen |
| Degol | TMS | 14,6 / 225 | Hochwild | Standard- und Hoch-leistungspatronen |
| Degol | TMR | 16,2 / 250 | Schweres Hochwild | Standard- und Hoch-leistungspatronen |
| Degol | TMS | 19,4 / 300 | Schweres Hochwild | Hochleistungspatronen |
| Speer | TMS | 13,0 / 200 | Hochwild | Standardpatronen |
| Speer | TM-Semispitz | 16,2 / 250 | Schweres Hochwild | Standardpatronen |
| Speer | Grand Slam | 16,2 / 250 | Schweres Hochwild | Standard- und Hoch-leistungspatronen |
| Swift | A-Frame | 14,6 / 225 | Schweres Hochwild | Standard- und Hoch-leistungspatronen |
| Swift | A-Frame | 16,2 / 250 | Schweres Hochwild | Standard- und Hoch-leistungspatronen |
| Swift | A-Frame | 17,8 / 275 | Schweres Hochwild | Standard- und Hoch-leistungspatronen |
| Woodleigh | TMR | 14,6 / 225 | Schweres Hochwild | Standardpatronen |
| Woodleigh | Protec. Point | 16,2 / 250 | Schweres Hochwild | Standard- und Hoch-leistungspatronen |
| Woodleigh | TMR | 16,2 / 250 | Schweres Hochwild | Standard- und Hoch-leistungspatronen |
| Woodleigh | TMR | 19,4 / 300 | Schweres Hochwild | Standard- und Hoch-leistungspatronen |
| Lapua | Mira | 16,2 / 250 | Schweres Hochwild | Standardpatronen |

# .338 Winchester Magnum

Die .338 Winchester Magnum wurde im Jahr 1958 zusammen mit der .264 Winchester Magnum auf den Markt gebracht. Ursprung beider Patronen ist die zwei Jahre früher vorgestellte .458 Winchester Magnum. Aufgabe der neuen Patrone war es, die Lücke zwischen den .300er Magnums und der .375 Holland&Holland zu schließen. Winchester wollte eine Patrone für die Waldjagd auf schweres Schalenwild schaffen. Diese Vorgabe ist auch sehr gut erfüllt. Die .338 Winchester Magnum wurde in den Staaten und in Kanada sehr schnell bekannt und hat bis heute einen festen Platz behauptet. In Europa war das etwas anders, denn unsere 9,3-mm-Patronen sind zu ähnlich.

Vorteil der .338er Geschosse ist aber die höhere Querschnittsbelastung, wodurch sie eine etwas bessere Tiefenwirkung haben. Wie auch die 9,3x62 passt die .338 Winchester Magnum ohne Probleme in normale Standardsysteme, wodurch der Bau preiswerter Büchsen sehr unproblematisch ist. Fabrikpatronen gibt es reichlich, und es werden auch moderne Spezialgeschosse von den Munitionsherstellern verladen. Es sind Patronen mit Geschossen von 13 bis hin zu 16,2 Gramm erhältlich. Die .338 Winchester Magnum ist eine hervorragende Patrone für die Jagd auf schweres Rot-, Schwarz- oder Elchwild, aber auch Bären oder afrikanische Großantilopen, wenn die Schussentfernung nicht zu groß ist. Der Wiederlader hat die Möglichkeit, sich maßgeschneiderte Patronen für den jeweiligen Verwendungszweck zu schaffen, denn das Geschossangebot ist breit gefächert.

Die Hülsenbeschaffung ist bei diesem Kaliber kein Problem. Wird der Hülsenbedarf nicht durch das Verschießen von Fabrikpatronen gedeckt, so können auch von vielen Munitionsherstellern Hülsen bezogen werden. Natürlich können auch .264 Winchester Magnum Hülsen aufgeweitet oder .458 Winchester Hülsen eingezogen werden, aber bei dem doch recht günstigen Hülsenpreis lohnt die Mühe kaum.

Der .338er Geschossdurchmesser ist bei fast allen Geschossherstellern vertreten, sehen wir von den deutschen Firmen mal ab. Die Geschosspalette reicht von 200 bis 300 Grains und damit hat der Wiederlader eine Menge Möglichkeiten. Überschwere Geschosse sind aber bei der begrenzten Hülsenkapazität der .338 Winchester Magnum nicht sehr sinnvoll. 200 bis 250 Grains Geschosse bringen die beste Leistung. Mit 185 Grains Geschossen lassen sich recht rasante Laborierungen für weite Schüsse auf leichtes und mittelschweres Hochwild laden.

Bei den Treibladungsmitteln sind hauptsächlich die progressiv abbrennenden Sorten gut geeignet. RWS R 905, Kemira N 160 und IMR 4831 erwiesen sich als sehr präzise und Kemira N 560 brachte bei den 250 Grains Geschossen die höchste Leistung. Für die .338 Winchester Magnum lassen sich aber auch noch mit einer Vielzahl anderer Pulversorten gut schießende Laborierungen herstellen. Die .338 Winchester Magnum reagiert sehr stark auf unterschiedliche Hülsenvolumen, wie sie bei den verschiedenen Hülsenfabrikaten immer wieder zu finden sind. Die in den Ladevorschlägen angegebenen Ladungen sollten nicht ohne weiteres in anderen Hülsenfabrikaten übernommen werden. Sicherheitshalber sollten zunächst Testpatronen mit leicht abgebrochener Ladung verschossen, und auf Anzeichen eines zu hohen Gasdruckes untersucht werden. Der sicherste Weg ist es natürlich, Gasdruckmessungen bei einem Beschussamt oder der DEVA durchführen zu lassen. Für die langsam abbrennenden Treibladungsmittel sollten Magnum-Zündhütchen gesetzt werden. Die Werkzeugbeschaffung ist kein Problem und die Matrizensätze gehören zu der preisgünstigen Standardkategorie. Alle Hersteller von Wiederladewerkzeugen haben die .338 Winchester Magnum im Programm.

Safaribüchse Kaliber 8,5x63 mit Lochschaft. Eine Präzisionsbüchse für den weiten Schuss in der Ebene.

# Ladedaten Kaliber .338 Winchester Magnum

| Geschoss-hersteller | Geschoss-typ | Geschoss-gewicht Grains | Pulver-hersteller | Pulvertyp | Pulver-ladung Grains | Hülsen-fabrikat | Zünd-hütchen | Gesamt-länge (mm) | $V_0$ m/sek |
|---|---|---|---|---|---|---|---|---|---|
| Nosler | Accu Bond | 180 | Kemira | N 150 | 67,0 | Sako | CCI 250 | 84,0 | 955 |
| Barnes | TSX | 185 | IMR | 4350 | 71,0 | Federal | RW 5333 | 84,0 | 950 |
| Nosler | Bal. Tip | 200 | Kemira | N 160 | 78,0 | Winchester | Federal 215 | 84,2 | 884 |
| Nosler | Bal. Tip | 200 | Winchester | AA 3100 | 75,5 | Winchester | Federal 215 | 84,2 | 880 |
| Barnes | X-Bullet | 200 | Rottweil | R 905 | 75,0 | Sako | CCI 250 | 84,2 | 896 |
| Hornady | Inter Lock | 200 | Alliant | RL 22 | 79,0 | Winchester | Federal 215 | 84,0 | 900 |
| Barnes | TSX BT | 210 | IMR | 4831 | 68,5 | Sako | CCI 250 | 84,5 | 886 |
| Degol | TMS | 225 | Hogdgon | H4831 | 74,0 | Sako | Federal 215 | 84,0 | 844 |
| Woodleigh | TMS | 225 | Kemira | N 560 | 73,4 | Winchester | RWS 5333 | 84,7 | 855 |
| Hornday | SST | 225 | Kemira | N 160 | 69,5 | Sako | CCI 250 | 84,5 | 860 |
| Nosler | Partition | 225 | Vectan | Tu 7000 | 69,5 | Federal | CCI 250 | 84,2 | 830 |
| Winchester | Fail Safe | 230 | Rottweil | R 905 | 74,0 | Sako | CCI 250 | 84,0 | 831 |
| Swift | A-Frame | 250 | Hogdgon | H 4831 | 71,0 | Winchester | Federal 215 | 84,0 | 801 |
| Woodleigh | TMS | 250 | Rottweil | R 905 | 72,5 | Sako | RWS 5333 | 84,5 | 806 |
| Woodleigh | TMS | 250 | Norma | MRP | 72,0 | Sako | RWS 5333 | 84,5 | 802 |
| Sierra | SPBT | 250 | Kemira | N 165 | 75,0 | Federal | Federal 215 | 84,2 | 792 |
| Speer | Grand Slam | 250 | Reloader | RL 19 | 74,0 | Sako | Federal 215 | 84,0 | 819 |
| Hornady | Rundkopf | 250 | Kemira | N 160 | 71,5 | Winchester | CCI 250 | 85,0 | 794 |
| Degol | TMS | 250 | Rottweil | R 905 | 74,5 | Federal | RWS 5333 | 84,2 | 816 |
| Barnes | X-Bullet | 250 | Kemira | N 560 | 76,0 | Federal | Federal 215 | 84,6 | 836 |
| Lapua | Forex | 260 | Kemira | N 560 | 75,2 | Winchester | RWS 5333 | 85,1 | 831 |
| Swift | A-Frame | 275 | PB | PCL 517 | 75,3 | Norma | Federal 215 | 82,3 | 768 |
| Woodleigh | TMR | 300 | PB | PCL 517 | 75,0 | Norma | Federal 215 | 84,5 | 754 |
| Degol | TMS | 300 | PB | PCL 517 | 75,0 | Norma | Federal 215 | 84,5 | 756 |

Zur Ermittlung der Ladedaten wurde eine Sauer 90 Magnum mit 66 Zentimeter Lauflänge benutzt

## 8,5x63 und 8,5x63 R

Die 8,5x63 und die Randeversion sind nicht sehr bekannt, obwohl sie schon 25 Jahre alt sind. Entwickelt vom Forstmann und leidenschaftlichen Jäger Werner Reb sollte die zuerst erschienene 8,5x63 R bei den Randpatronen die Lücke zwischen der 8x57 IRS und der 9,3x74 R schließen – und das schafft sie auch mühelos. Schon längst in die CIP-Liste aufgenommen und von mehreren Kipplaufwaffenherstellern in die Kaliberliste integriert, hat sie heute einen kleinen, aber beständigen Kreis von Anhängern. Etwas später folgte die randlose Version mit etwas höherem Gasdruck. Interessanter ist aber die Randpatrone, denn außer der alten 8x75 RS und der später entstandenen, aber nicht sehr verbreiteten .30 R Blaser, hat sie keine Konkurrenz.

Ausgangshülse der 8,5x63 R ist die 7x65 R, die aufgeweitet und mittels Feuerformladung in die endgültige Form „geblasen" wird. Die Patrone ist für einen 254 mm Drall des Laufes ausgelegt und stabilisiert am besten die mittelschweren und schweren Geschosse. Das Geschossangebot im Durchmesser .338 ist reichlich und reicht von 9 bis 20,0 g. In diesem beliebten Kaliberbereich sind auch viele moderne Spezialgeschosse erhältlich. Fertige Munition gibt es heute von gewerblichen Wiederladern wie etwa Bernhard Klaus, Erding oder vom Labor für Ballistik. Hülsen lassen sich aus Neuhülsen 7x65 R selbst formen, oder aber es werden gleich die aus Horneber Produktion stammenden Hülsen 8,5x63 R verwendet, dann stimmt auch sofort der Bodenstempel. Ladewerkzeuge sind bei den großen Herstellern wie RCBS oder Tornado erhältlich.

Werner Reb hat die 8,5x63 R zwar als Mittelpatrone konzipiert, aber wenn man die Leistung dieser Patrone, die ein 13,0 g Geschoss auf 850 m/sek. beschleunigt und damit eine Mündungsenergie von 4701 Joule erbringt, mit so genannten „Magnums" vergleicht, wird schnell klar, dass diese Patrone alles andere als „mittel" ist. So bringt die randlose .338 Winchester Magnum bei deutlich höherem Druck auch nicht wesentlich mehr und die brandneue .300 WSM hat sogar gut 700 Joule weniger.

Die 8,5x63 R ist eine hervorragende Patrone für die Jagd auf schweres Rot-, Schwarz- oder Elchwild, aber auch Bären oder afrikanische Großantilopen. Der Wiederlader hat die Möglichkeit, sich maßgeschneiderte Patronen für den jeweiligen Verwendungszweck zu schaffen, denn das Geschossangebot ist breit gefächert, und so kann die gutmütige Universal Patrone auch für Rehe und Frischlinge wildbretschonend verladen werden.

Bei den Treibladungsmitteln sind für die leichteren Geschosse die mittelschnellen Pulver wie RWS R 902 und R903 ideal, während die schweren Geschosse nach langsam abbrennendem Pulver wie Kemira N 560 oder Rottweil R 905 verlangen.

# Ladedaten Kaliber 8,5x63

| Geschoss-hersteller | Geschoss-typ | Geschoss-gewicht Gramm | Pulver-hersteller | Pulvertyp | Pulver-ladung Gramm | Hülsen-fabrikat | Zünd-hütchen | Gesamt-länge (mm) | $V_0$ m/sek |
|---|---|---|---|---|---|---|---|---|---|
| Reichen-berg | HDB | 170 | Rottweil | R 907 | 67.0 | Horneber | CCI 250 | 78,3 | 940 |
| Barnes | X-Bullet | 175 | Rottweil | R 907 | 64,5 | Horneber | RWS 5333 | 82,8 | 910 |
| Nosler | Accubond | 180 | Kemira | N 150 | 61,2 | Horneber | CCI 250 | 83,8 | 840 |
| Reichen-berg | HDB Drück-jagd | 190 | Rottweil | R 903 | 61,0 | Horneber | CCI 250 | 78,3 | 880 |
| Barnes | X-Bullet | 200 | Kemira | N 150 | 59,0 | Horneber | RWS 5333 | 83,8 | 816 |
| Nosler | Ball. Tip | 200 | Accurate | 4350 | 61,2 | Horneber | CCI 250 | 83,8 | 819 |
| Reichen-berg | HDB | 200 | Rottweil | R 907 | 61,8 | Horneber | RWS 5333 | 81,8 | 825 |
| Hornady | TMS | 200 | Rottweil | R 903 | 61,0 | Horneber | RWS 5333 | 83,8 | 861 |
| Barnes | TTSX | 210 | Rottweil | R 903 | 60,0 | Horneber | RWS 5333 | 83,8 | 840 |
| Barnes | TTSX | 210 | PRB | PCL 507 | 55,9 | Horneber | CCI 250 | 83,8 | 845 |
| Barnes | TS-X | 210 | IMR | 4895 | 56,0 | Horneber | CCI 250 | 83,8 | 822 |
| Swift | A-Frame | 225 | Norma | N 204 | 60,5 | Horneber | CCI 250 | 83,8 | 760 |
| Woodleigh | PP | 225 | Rottweil | R 903 | 58,5 | Horneber | RWS 5333 | 83,8 | 809 |
| Nosler | Partition | 225 | Norma | N 204 | 61,0 | Horneber | CCI 250 | 83,8 | 769 |
| Winchester | Fail Safe | 230 | Kemira | N 160 | 61,8 | Horneber | RWS 5333 | 83,8 | 780 |
| Swift | A-Frame | 250 | Rottweil | R 907 | 57,0 | Horneber | CCI 250 | 83,8 | 742 |
| Barnes | X-Bullet | 250 | Norma | N 204 | 58,6 | Horneber | CCI 250 | 83,8 | 720 |
| Speer | Grand Slam | 250 | Rottweil | R 907 | 57,5 | Horneber | CCI 250 | 83,8 | 745 |
| Degol | TMR | 250 | Kemira | N 160 | 62,0 | Horneber | RWS 5333 | 83,8 | 729 |
| Degol | TMR | 300 | Rottweil | R 907 | 52,5 | Horneber | CCI 250 | 83,8 | 690 |

Zur Ermittlung der Ladedaten wurde eine 98er Repetierbüchse mit 65 cm Lauflänge benutzt. Die Gesamtlänge wurde auf 83,8 mm begrenzt, weil das Magazin dieser Waffe keine längeren Patronen aufnimmt. Wird eine Büchse mit größerem Magazin verwendet, kann das Geschoss auf 84,0 mm herausgesetzt werden.

# Ladedaten Kaliber 8,5x63 R

| Geschoss-hersteller | Geschoss-typ | Geschoss-gewicht Gramm | Pulver-hersteller | Pulvertyp | Pulver-ladung Gramm | Hülsen-abrikat ** | Zünd-hütchen | Gesamt-länge (mm) | $V_0$ m/sek |
|---|---|---|---|---|---|---|---|---|---|
| Reichen-berg | HDB | 9,7 | Rottweil | R902 | 62,0 | Klaus | RWS 5341 | 80,5 | 985 |
| Barnes | X | 10,4 | Rottweil | R903 | 64,5 | RWS 7x65R | RWS 5341 | 82,5 | 965 |
| Impala | Solid | 10,7 | Kemira | N150 | 60,0 | Klaus | RWS 5341 | 84,0 | 915 |
| Barnes | X | 11,3 | Rottweil | R907 | 64,0 | RWS 7x65R | RWS 5341 | 84,0 | 940 |
| Barnes | X | 11,3 | Rottweil | R903 | 63,0 | RWS 7x65R | RWS 5341 | 84,0 | 935 |
| Barnes | TSX | 12,0 | Hodgdon | H380 | 62,5 | Klaus | Fed 215M | 84,0 | 870 |
| Hornady | TMS | 13,0 | Rottweil | R903 | 54,0 | Klaus | RWS 5341 | 84,0 | 750* |
| Hornady | TMS | 13,0 | Rottweil | R903 | 59,4 | Klaus | RWS 5341 | 84,0 | 850 |
| Hornady | TMS | 13,0 | Hodgdon | 4350 | 60,2 | Klaus | CCI BR | 84,0 | 775* |
| Hornady | TMS | 13,0 | Hodgdon | 4350 | 64,0 | Klaus | CCI BR | 84,0 | 850 |
| Reichen-berg | HDB | 14,3 | Rottweil | R903 | 58,6 | Klaus | RWS 5341 | 84,0 | 815 |
| Nosler | AccuBond | 14,6 | Rottweil | R903 | 53,3 | RWS 7x65R | CCI BR2 | 84,0 | 750F |
| Nosler | AccuBond | 14,6 | Hodgdon | H380 | 57,0 | Klaus | Fed 215M | 84,0 | 770 |
| Hornady | TMS | 14,6 | Rottweil | R903 | 58,6 | RWS 7x65R | RWS 5341 | 84,0 | 810 |
| Woodleigh | TMR | 16,2 | Rottweil | R904 | 62,5 | Klaus | RWS 5341 | 84,0 | 770 |
| Rhino | Solid Shank | 16,2 | Rottweil | R904 | 61,7 | Klaus | RWS 5341 | 84,0 | 770 |
| Speer | TMS | 17,8 | Kemira | N560 | 62,5 | Klaus | RWS 5341 | 84,0 | 710 |
| Speer | TMS | 17,8 | Rottweil | R904 | 60,1 | Klaus | RWS 5341 | 84,0 | 730 |
| Barnes | TMR/VMR | 19,4 | Rottweil | R905 | 60,2 | Klaus | RWS 5333 | 83,5 | 705 |

* Minimumladung [ca. 2500 bar], ansonsten „max.“,
** Klaus = Neuhülse Fa. Bernhard Klaus Erding, RWS = sprengverformt aus neuer Hülse 7x65R (außer „F“!)
F= Feuerformladung (Sprengverformung): Nosler AccuBond 14,6 g auf neue Hülse RWS 7x65 R gesetzt;
Zur Ermittlung der Ladedaten wurde eine BBF mit 63 cm Lauflänge eingesetzt.

# .330 Dakota

Die in Sturgis, South Dakota beheimatete Firma Dakota Arms ist bekannt für ihre praxisgerechten Custom- und Semi-Custom Repetierbüchsen. Neben der Waffenherstellung vertreibt Dakota Arms aber auch Einzelteile wie Systeme, Magazinkästen oder Kammerstengel an Büchsenmacher. Nach dem Vorbild berühmter Waffenfirmen, wie Holland&Holland oder Rigby, brachte der Firmeninhaber Dan Allen dann vor einigen Jahren auch eine eigene Patronenserie heraus, die von der 7 mm Dakota bis hin zur .450 Dakota reicht. Als Basishülse dient bei allen Patronen, mit Ausnahme der .450 Dakota, die Hülse der .404 Jeffery. Die .330 Dakota ist wohl das universellste der Dakota Kaliber.

Als Basishülse die gürtellose .404 Jeffery zu wählen, ist sehr vorteilhaft, was Präzision und Zuverlässigkeit betrifft. Bekanntlich sind gürtellose Patronen hinsichtlich der Präzision im Vorteil, weil die Zentrierung des Geschosses zur Laufseelenachse hier günstiger ist. Auch sind gürtellose Patronen bei der Verwendung in Repetierbüchsen gegenüber Gürtel-, Rand, oder Patronen mit eingezogenem Rand bei der Zuführung und dem Ausziehen der abgefeuerten Hülse viel unproblematischer.

Die Basishülse .404 Jeffery ist „ausgeblasen", das heißt, sie hat eine bis zur Schulter fast zylindrische Hülsenform, was eine Vergrößerung des Pulverraumes zur Folge hat. In der .330 Dakota lassen sich so gut 12 Grains Pulver mehr unterbringen, als in einer .338 Winchester Magnum, was sich natürlich in der Leistung widerspiegelt. Durch den Schulterwinkel von 30 Grad und die günstige Hülsenform wird zudem ein optimaler Pulverabbrand erreicht. Die Eigenpräzision der .330 Dakota ist entsprechend hoch.

Leistungsmäßig liegt sie in einer Klasse mit der .340 Weatherby Magnum. Ein 200 Grains Geschoss wird auf über 970 m/sek. gebracht, was eine Mündungsenergie von gut 6000 Joule ergibt. Der große Vorteil der .330 Dakota ist, dass sie problemlos in normal lange Büchsensysteme passt und kein teures Magnumsystem braucht. Das ermöglicht den Bau von preiswerten Repetierbüchsen.

Die .330 Dakota ist eine hervorragende Patrone für die Jagd auf schweres Schalenwild auf weite Distanzen. Großantilopen in den weiten Steppen Afrikas oder die großen Schafsarten im Gebirge sind die bevorzugte Beute der schnellen .338er Patrone. Sie kombiniert die Energie einer .375 Holland&Holland Magnum mit der rasanten Flugbahn einer 7 mm Remington Magnum.

Die Hülsenbeschaffung ist bei diesem Kaliber sehr eingeschränkt. Wer seinen Hülsenvorrat nicht unbedingt durch das Verschießen der teuren Fabrikpatronen anlegen will, kann auch .404 Jeffery Hülsen umformen, was aber schon etwas Sachkenntnis beim Feuerformen verlangt.

Für die schnelle .330 Dakota sollten keine zu weichen Geschosse gewählt werden, sonst ist die Zielballistik unbefriedigend. Die modernen homogenen Deformationsgeschosse, Verbundkerngeshcosse oder stabilen Zweikammergeschosse, sind hier erste Wahl. Geschosse mit einem höheren Gewicht als 250 Grains brachten bei den Laborierungsversuchen eine zu geringe Mündungsgeschwindigkeit. Das optimale Geschossgewicht der .330 Dakota liegt zwischen 200 und 250 Grains.

Bei den Treibladungsmitteln sind nur die langsam abbrennenden Pulver brauchbar. Besonders Kemira N 160, Hodgdon 4831 und Alliant RL 19 erwiesen sich als geeignet. Von reduzierten Ladungen sollte abgesehen werden. Sie erbringen kaum befriedigende Präzision und bei den progressiven Pulvern kann es zu gefährlichen Drucksprüngen kommen. Magnum-Zündhütchen sind zur Anzündung der erheblichen Pulvermenge unbedingt erforderlich. Die Werkzeugbeschaffung ist kein großes Problem, aber entsprechend teuer. Matrizensätze sind von RCBS, Redding oder Triebel zu bekommen. Fabrikpatronen gibt es nur von Dakota selbst.

# Ladedaten Kaliber .330 Dakota

| Geschoss-hersteller | Geschoss-typ | Geschoss-gewicht Grains | Pulver-hersteller | Pulvertyp | Pulver-ladung Grains | Hülsen-fabrikat | Zünd-hütchen | Gesamt-länge (mm) | $V_0$ m/sek |
|---|---|---|---|---|---|---|---|---|---|
| Barnes | X-Bullet | 165 | Kemira | N 150 | 78,0 | Dakota | CCI BR 2 | 85,0 | 1020 |
| Barnes | X-Bullet | 175 | Hodgdon | 4895 | 73,5 | Dakota | Federal 215 | 85,0 | 986 |
| Nosler | Accu Bond | 180 | Hodgdon | Varget | 72,5 | Dakota | CCI 250 | 85,0 | 967 |
| Barnes | TSX | 185 | Winchester | 760 | 81,0 | Dakota | CCI BR 2 | 85,0 | 970 |
| Nosler | Bal. Tip | 200 | Kemira | N 160 | 81,0 | Dakota | CCI 250 | 85,0 | 921 |
| Nosler | Partition | 210 | Alliant | RL 19 | 80,0 | Dakota | Federal 215 | 85,5 | 907 |
| Barnes | TSX | 225 | Hodgdon | H 4831 | 86,0 | Dakota | CCI BR 2 | 85,5 | 870 |
| Hornady | InterLock | 225 | Hodgdon | H 4831 | 85,0 | Dakota | Federal 215 | 85,5 | 864 |
| Degol | TMS | 225 | Kemira | N 160 | 75,0 | Dakota | CCI BR 2 | 85,0 | 850 |
| Nosler | Partition | 225 | Rottweil | R 905 | 74,0 | Dakota | Federal 215 | 85,5 | 848 |
| Hornady | SST | 225 | Kemira | N 160 | 74,5 | Dkkota | CCI 25 | 85,0 | 872 |
| Barnes | XFB | 225 | Alliant | RL 19 | 79,0 | Dakota | RWS 5333 | 85,0 | 870 |
| Swift | A-Frame | 250 | Hodgdon | H 4831 | 82,0 | Dakota | CCI 250 | 85,5 | 824 |
| Woodleigh | TMS | 250 | Kemira | N 160 | 74,0 | Dakota | CCI 250 | 85,0 | 821 |
| Nosler | Partition | 250 | IMR | 4350 | 78,0 | Dakota | CCI 250 | 85,0 | 818 |
| Speer | Grand Slam | 250 | Accurate | 3100 | 78,0 | Dakota | CCI 250 | 85,0 | 823 |
| Degol | TMS | 250 | Kemira | N 170 | 84,0 | Dakota | CCI 250 | 85,0 | 792 |
| Barnes | X-Bullet | 250 | Norma | N 204 | 74,0 | Dakota | CCI 250 | 85,0 | 790 |

Zur Ermittlung der Ladedaten wurde eine Dakota Repetierbüchse benutzt.

# .340 Weatherby Magnum

Die .340 Weatherby Magnum stammt aus dem Jahre 1962 und ist damit eine der jüngeren Weatherby-Patronen. Sie basiert auf der Hülse der .300 Holland&Holland Magnum, und ist natürlich wie die anderen Weatherby-Kaliber eine Gürtelpatrone und hat die typische Doppelradiusschulter. Weatherby brachte diese Patrone als Konkurrenz zur beliebten .338 Winchester Magnum, die vier Jahre früher entstand, auf dem Markt. Obwohl die .340 Weatherby Magnum gut 40 m/sek. mehr Mündungsgeschwindigkeit liefert, konnte sie an der Popularität der .338 Winchester Magnum nicht viel ändern. Die kleinere Winchester Patrone passt in Standardsysteme und schießt sich wesentlich angenehmer als die Weatherby, die ein längeres Magnumsystem benötigt. Die .340 Weatherby Magnum entwickelt einen wirklich harten und unangenehmen Rückstoß, vor allem wenn sie aus normalen Jagdbüchsen, wie etwa der Weatherby Mark V verschossen wird. Dafür zeigt die Patrone eine sehr hohe Eigenpräzision und erweitert den Anwendungsbereich der .338 Winchester Magnum natürlich beträchtlich. Ein 210 Grains Geschoss kann auf 978 m/sek. beschleunigt werden, was eine Mündungsenergie von 6517 Joule ergibt. Auf 300 Meter bringt die Patrone dann noch gut 3700 Joule ins Ziel. Für die jagdlichen „Normaldistanzen“ ist sie damit kaum sinnvoll einsetzbar, aber wer wirklich weit schießen will, findet hier die Erfüllung seiner Wünsche.

Sehr weit verbreitet ist die .340 Weatherby Magnum heute nicht mehr, denn mit zahlreichen neuen Kalibern in der .338er Klasse wie .338 Lapua Magnum, .338 Remington Ultra Magnum, .338 A-Square oder .330 Dakota Magnum findet sie starke Konkurrenz. Zudem schuf Weatherby mit der .338-378 Weatherby Magnum, die auf der riesigen Hülse der .378 Weatherby Magnum basiert, Konkurrenz im eigenen Hause. Diese Supermagnum übertrifft die Leistung der .340 Weatherby Magnum deutlich. Trotzdem ist die .340 Weatherby Magnum auch heute noch eine hervorragende Patrone für die Jagd auf schweres Schalenwild auf weite Distanzen. Es sollte aber nochmals auf den Rückstoß der .340 Weatherby Magnum hingewiesen werden. Besonders bei Bergjagden, wo auch schon mal steil nach oben oder unten geschossen werden muss, hat sich schon mancher Jäger den berüchtigten „Weatherby-Kiss“ eingefangen.

Die Hülsenbeschaffung ist bei diesem Kaliber sehr eingeschränkt. Weatherby Patronen werden bei Norma geladen und Norma fertigt Hülsen in sehr guter Qualität. Wer seinen Hülsenvorrat nicht unbedingt durch das Verschießen der teuren Fabrikpatronen anlegen will, kann auch leere Hülsen kaufen. Bei den Geschossen sieht es weitaus besser aus. Der .338er Geschossdurchmesser ist bei den Geschossherstellern gut vertreten. Die Geschosspalette reicht von 160 bis über 300 Grains und damit hat der Wiederlader eine Menge Möglichkeiten. Für die schnelle .340 Weatherby Magnum sollten aber wie schon bei der .330 Dakota ausgeführt, keine zu weichen Geschosse gewählt werden, sonst ist die Zielballistik unbefriedigend.

Bei den Treibladungsmitteln sind nur die langsam abbrennenden Pulver brauchbar. Besonders Kemira N 165, Hodgdon 4831 und Norma MRP erwiesen sich als geeignet. Bei den ganz schweren Geschossen zeigten die Accurate Arms Pulver AA

3100 und AA 8700 Vorteile. Von reduzierten Ladungen sollte abgesehen werden. Sie erbringen kaum befriedigende Präzision und bei den progressiven Pulvern kann es zu gefährlichen Drucksprüngen kommen. Magnum-Zündhütchen sind zur Anzündung der erheblichen Pulvermenge unbedingt erforderlich. Die Werkzeugbeschaffung ist kein Problem, aber entsprechend teuer. Matrizensätze sind von RCBS, Redding oder Triebel zu bekommen.

Pirsch im afrikanischen Dornbusch. Eine Herausforderung für Jäger und Ausrüstung.

# Ladedaten Kaliber .340 Weatherby Magnum

| Geschoss-hersteller | Geschoss-typ | Geschoss-gewicht Grains | Pulver-hersteller | Pulvertyp | Pulver-ladung Grains | Hülsen-fabrikat | Zünd-hütchen | Gesamt-länge (mm) | $V_0$ m/sek |
|---|---|---|---|---|---|---|---|---|---|
| Nosler | Accu Bond | 180 | IMR | 4350 | 88,0 | Weatherby | CC 250 | 93,5 | 1012 |
| Barnes | MRX | 185 | Kemira | N 550 | 83,2 | Weatherby | CCI 250 | 93,5 | 975 |
| Nosler | Bal. Tip | 200 | IMR | 4831 | 85,0 | Weatherby | CCI 250 | 93,5 | 932 |
| Nosler | Accu Bond | 200 | Norma | MRP | 94,5 | Weatherby | CCI 250 | 93,5 | 982 |
| Nosler | Partition | 210 | Norma | MRP | 93,0 | Weatherby | Federal 215 | 93,5 | 978 |
| Barnes | MRX | 225 | Hodgdon | 4831 | 86,0 | Weatherby | CCI 250 | 93,4 | 889 |
| Hornady | InterLock | 225 | Alliant | RL 19 | 83,0 | Weatherby | Federal 215 | 93,5 | 883 |
| Degol | TMS | 225 | Norma | MRP | 92,0 | Weatherby | Federal 215 | 93,5 | 900 |
| Woodleigh | TMS | 225 | Norma | MRP | 92,0 | Weatherby | CCI 250 | 93,5 | 904 |
| Nosler | Partition | 225 | Kemira | N 165 | 88,0 | Weatherby | Federal 215 | 93,5 | 875 |
| Swift | A-Frame | 250 | IMR | 4831 | 82,0 | Weatherby | CCI 250 | 93,4 | 838 |
| Woodleigh | TMS | 250 | Norma | MRP | 90,5 | Weatherby | CCI 250 | 93,4 | 881 |
| Sierra | SPBT | 250 | Rottweil | R 905 | 81,0 | Weatherby | CCI 250 | 93,4 | 841 |
| Speer | Grand Slam | 250 | Kemira | N 165 | 85,0 | Weatherby | CCI 250 | 93,5 | 845 |
| Degol | TMS | 250 | Alliant | RL 22 | 84,0 | Weatherby | CCI 250 | 93,3 | 852 |
| Barnes | TSX | 250 | IMR | 4831 | 85,0 | Weatherby | CCI 250 | 93,5 | 843 |
| Lapua | Forex | 260 | Accurate | 3100 | 80,0 | Weatherby | CCI 250 | 93,0 | 828 |
| Swift | A-Frame | 275 | Alliant | RL 22 | 80,0 | Weatherby | CCI 250 | 93,5 | 810 |

Zur Ermittlung der Ladedaten wurde eine Weatherby Mark V mit 66 cm langem Lauf benutzt.

# .338 Remington Ultra Magnum

Die .338 RUM ist die zweite Patrone der neuen Remington Ultra Magnum Baureihe. Das hier der traditionelle amerikanische Geschossdurchmesser .338 gewählt wurde, war zu erwarten, denn gerade dieses Kaliber ist auf dem amerikanischen Markt hart umkämpft.

Seinen Ursprung hatte das .338er Kaliber aber auf englischem Boden mit der .333 Rimless NE, besser bekannt als .333 Jeffery, die bereits 1911 eingeführt wurde und sich besonders in Afrika schnell einen Namen als „Medium Bore-Patrone" machte. Unerschrockene Jäger erlegten damit aber sogar Elefanten. Amerikanische „Wildcatter" nahmen sich schnell des Kalibers an und entwickelten Patronen wie die .33 OKH, die auf der .30-06 Hülse basierte. Winchester gelang 1958 mit der .338 Winchester Magnum ein ganz großer Wurf in der Munitionsentwicklung. Bereits 1962 brachte Roy Weatherby seine .340 Weatherby Magnum und legte die Latte, was die erzielbare Leistung anbelangt, ein ganzes Stück höher. Die nächste Runde im ballistischen Wettrüsten läutete dann 1978 Art Alphin von A-Square ein und schuf die .338 A-Square. Damit war es möglich, ein 250 Grains-Geschoss auf 959 m/sek. zu beschleunigen, was eine Mündungsenergie von satten 7449 Joule ergab. Eigentlich genug, aber hier nur eine Herausforderung für die amerikanischen Ballistikexperten, die dann mit der .338/50 Talbot zeigten, wo der Hammer hängt. Die auf .338 eingezogene .50 BMG (Browning Machine Gun) Hülse hatte so viel Pulverraum, dass das 250 Grains-Geschoss den Lauf mit 1128 m/sek. verlässt und 10326 Joule erzielt. Damit dürfte das Ende der Fahnenstange erreicht sein und eine Leistungssteigerung kaum das Ziel neuer Patronenentwicklungen sein. So begnügte sich Lapua dann bei der .338 Lapua Magnum auch mit lediglich 896 m/sek. für das 250-Grains-Geschoss, und 6502 Joule und setzt auf hohe Eigenpräzision und Patronenabmessungen, die den Bau von Waffen mit normalen Abmessungen ermöglichten. Auch die folgenden Neuentwicklungen wie die .338 Excalibur, .330 Dakota und .338-378 Weatherby bewegten sich unter 1000 m/sek. Eigentlich sollte es damit.338er Patronen genügend geben und das gesamte Leistungsspektrum und jeden Einsatzbereich abzudecken. Das hielt Remington aber nicht davon ab, ein eigenes .338er Kaliber zu schaffen. Ziel war hier nicht ballistische Höchstleistung, sondern eine auf die Remington Büchsen zugeschnittene Patrone.

Die Hülse ist der .404 Jeffery ähnlich, hat aber einen 0,4 mm kleineren Durchmesser am Hülsenrand. Damit passt sie vom Stoßbodendurchmesser genau zum Remington 700 Verschluss. Damit hat die .338 RUM einen minimal zurückgesetzten Rand und keinen Gürtel. Der Verschlussabstand wird also auf der Schulter gebildet und nicht auf dem Gürtel, was die Präzision verbessert und die Lebensdauer der Hülse erhöht. Mit einer Gesamtlänge von 91,44 mm passt die .338 RUM genau in den langen Remington 700 Verschluss und schöpft mit der großvolumigen Hülse das Leistungspotential voll aus. Ein 250-Grains-Geschoss kann auf 890 m/sek. Gebracht werden, was 6430 Joule ergibt. Damit ist die neue RUM eine klassische Medium Bore Patrone für die nordamerikanischen Wildarten wie Elch, Bär oder Wapiti, aber auch in Afrika für Großantilopen ideal. Das .338er Kaliber hat im Geschossgewicht zwischen 215 bis 300 Grains einen ungewöhnlich guten ballistischen Koeffizienten und ist damit für Weitschüsse sehr gut geeignet. Durch ihre Maße bringen die .338er Geschosse auch auf größeren Schussdistanzen genügend Energie für die schweren Wildarten ins Ziel. Mit den relativ preisgünstigen und technisch ausgereiften Remington Repetierbüchsen stehen zudem attraktive Waffen zur Verfügung.

Das Geschossangebot im Durchmesser .338 ist reichlich und reicht von 9 bis 20,0 g. In diesem beliebten Kaliberbereich sind auch viele moderne Spezialgeschosse erhältlich. Fertige Munition gibt es zurzeit nur von Remington. Hülsen können durch das Verschießen von Fabrikmunition gewonnen werden. Es wäre zwar auch möglich .300 Reminton Ultra Magnum Hülsen aufzuweiten, aber dieses neue Kaliber ist genauso selten. Das Umformen aus der Mutterhülse .404 Jeffery dagegen ist sehr aufwendig, es müsste sogar der Rand abgedreht werden, und nicht zu empfehlen. Ladewerkzeuge sind bereits bei allen großen Herstellern erhältlich.

Der Wiederlader hat die Möglichkeit, sich maßgeschneiderte Patronen für den jeweiligen Verwendungszweck zu schaffen, denn das Geschossangebot ist breit gefächert.

Bei den Treibladungsmitteln hat sich besonders Hodgdon 1000 bewährt. Mit diesem Pulver wurde nicht nur eine ausgezeichnete Präzision, sondern auch eine sehr hohe Leistung erzielt. Aber auch die anderen langsam abbrennenden Sorten wie Kemira N 560, Norma MRP oder IMR 7828 sind brauchbar. Zur sicheren Zündung der erheblichen Pulvermenge sind Magnumzündhütchen erforderlich.

# Ladedaten Kaliber .338 Remington Ultra Magnum

| Geschoss-hersteller | Geschoss-typ | Geschoss-gewicht Grains | Pulverher-steller | Pulvertyp | Pulver-ladung Grains | Hülsen-fabrikat | Zünd-hütchen | Gesamt-länge (mm) | $V_0$ m/sek. |
|---|---|---|---|---|---|---|---|---|---|
| Barnes | X-Bullet | 160 | Hodgdon | 1000 | 99,0 | Remington | CCI 250 | 91,5 | 958 |
| Barnes | X-Bullet | 175 | Hodgen | 1000 | 96,0 | Remington | CCI 250 | 91,5 | 922 |
| Barnes | MRX | 185 | Hodgdon | 1000 | 98,0 | Remington | RWS 5333 | 91,5 | 942 |
| Nosler | Partition | 210 | Hodgdon | 1000 | 96,0 | Remington | Federal 215 | 91,5 | 910 |
| Barnes | TSX BT | 210 | Alliant | RL 25 | 91,0 | Remington | CCI 250 | 91,5 | 918 |
| Nosler | Accu Bond | 225 | Kemira | N 560 | 90,0 | Remington | CCI 250 | 91,5 | 916 |
| Sierra | Game King | 215 | Hodgdon | 1000 | 96,0 | Remington | CCI 250 | 91,5 | 925 |
| Nosler | Accu Bond | 225 | Norma | MRP | 96,5 | Remington | RWS 5333 | 91,5 | 948 |
| Hornady | InterLock | 225 | IMR | 7828 | 92,0 | Remington | RWS 5333 | 91,5 | 951 |
| Hornady | SSt | 225 | Kemira | N 165 | 91,5 | Remington | RWS 5333 | 91,5 | 967 |
| Nosler | Partition | 225 | IMR | 4831 | 84,2 | Remington | RWS 5333 | 91,2 | 896 |
| Nosler | Accu Bond | 250 | Norma | MRP | 89,2 | Remington | CCI 250 | 91,5 | 875 |
| Woodleigh | TMR | 250 | Kemira | N 560 | 90,0 | Remington | CCI 250 | 91,5 | 840 |
| Sierra | Game King | 250 | IMR | 4831 | 83,2 | Remington | CCI 250 | 91,6 | 869 |
| Swift | A-Frame | 250 | IMR | 7828 | 88,1 | Remington | RWS 5333 | 91,5 | 859 |
| Speer | Grand Slam | 250 | Hodgdon | 1000 | 92,0 | Remington | Federal 215 | 91,6 | 845 |
| Degol | TMR | 250 | IMR | 7872 | 88,0 | Remington | CCI 250 | 91,2 | 852 |
| Swift | A-Frame | 275 | Hodgdon | 1000 | 86,2 | Remington | CCI 250 | 91,5 | 810 |
| Swift | A-Frame | 275 | Hodgdon | 4831 | 80,2 | Remington | CCI 250 | 91,5 | 781 |
| Woodleigh | TMR | 300 | Alliant | RL 25 | 89,3 | Remington | CCI 250 | 91,5 | 825 |

Zur Ermittlung der Ladedaten wurde eine Repetierbüchse mit 63 cm Lauflänge benutzt.

# .338 Lapua Magnum

Die .338 Lapua Magnum ist eine recht neue Patrone und eine eigentlich militärische Entwicklung. Die Geschichte der weitreichenden .338er begann 1983, als in den USA eine neue, weitreichende Scharfschützenpatrone gesucht wurde. Die Vorgabe lautete, ein Geschoss von 250 Grains / 16,2 Gramm auf eine Mündungsgeschwindigkeit von über 900 m/sek. zu bringen. Nach militärischen Versuchen ist eine solche Patrone noch auf Entfernungen von 1000 bis 1500 Metern effektiv. Um in diesen Leitungsbereich vorzustoßen, ist natürlich eine entsprechend große Hülse notwendig, um die benötigte Menge an Treibladungsmittel unterzubringen. Die Wahl fiel schließlich auf die Hülse der .416 Rigby, die auf das Kaliber .338 eingezogen wurde. Ab 1987 nahm die finnische Firma Lapua, die wesentlich an der Entwicklung beteiligt war, die neue Patrone in ihr Fertigungsprogramm auf. Die in sie gesetzten Erwartungen erfüllt die große .338er voll. Sie ist eine echte Long-Range-Patrone und eigentlich erst ab Entfernungen von über 300 Metern sinnvoll. Wie viele militärische Entwicklungen wurde die .338 Lapua Magnum auch im zivilen Bereich begeistert aufgenommen. Beim sportlichen Gewehrschießen auf große Distanzen zeigte sie schnell ihre Qualitäten, und auch Jäger entdeckten schnell die Möglichkeiten der leistungsstarken Patrone. Für die jagdlichen „Normaldistanzen" ist sie natürlich kaum sinnvoll einsetzbar, aber wer wirklich weit schießen will, findet hier die Erfüllung seiner Wünsche. Dazu kommt noch ein zweiter Vorteil, der die Patrone sehr interessant macht: Eine Take-Down- oder wechsellauffähige Büchse im Kaliber .416 Rigby lässt sich ohne großen Aufwand mit einem Wechsellauf Kaliber .338 Lapua Magnum ausstatten. Beide Kaliber basieren auf der gleichen Hülse und damit sind Stoßbodendurchmesser und Magazinabmessungen identisch. Für den Jagdreisenden ist eine solche Kombination eine feine Sache, die fast alle Möglichkeiten abdeckt. Universeller geht es kaum.

Fabrikpatronen werden von Lapua, W. Romey und Norma gefertigt, wobei Norma sich auf Patronen für den behördlichen Bereich beschränkt, die für den Jäger kaum zu gebrauchen sind. Auch bei den Lapua Laborierungen findet sich nicht viel Auswahl. Lediglich die Laborierung mit dem Mirageschoss ist jagdlich einsetzbar. Soll die Patrone jagdlich genutzt werden, ist der Wiederlader gefordert.

Die Hülsenbeschaffung ist bei diesem Kaliber zwar nicht schwierig, aber dafür teuer. Es sollten Originalhülsen benutzt werden. Umformen aus der .416 Rigby ist zwar möglich, aber nicht einfach und die in diese Richtung durchgeführten Versuche befriedigten nicht. Die originale .338er Lapua Hülse ist stärker dimensioniert, um dem hohen Druckniveau standzuhalten. Bei den Geschossen sieht es dafür besser aus. Der .338er Geschossdurchmesser ist durch die beliebte .338 Winchester Magnum und auch die .340 Weatherby bei den Geschossherstellern gut vertreten.

Bei den Treibladungsmitteln sind nur die langsam abbrennenden Pulver brauchbar. Besonders Kemira N 160 und N 165 sowie Norma MRP und IMR 7828 erwiesen sich als geeignet. Vor reduzierten Ladungen muss unbedingt gewarnt werden. In Anbetracht des großen Hülsenvolumens sind Versuche in diese Richtung gefährlich, da es zu erheblichen Drucksprüngen kommen kann. Magnum-Zündhütchen sind zur Anzündung der erheblichen Pulvermenge unbedingt erforderlich. Die Werkzeugbeschaffung ist kein Problem, aber entsprechend teuer. Matrizensätze sind von RCBS, Redding, Hornady oder Triebel zu bekommen.

# Ladedaten Kaliber .338 Lapua Magnum

| Geschoss-hersteller | Geschoss-typ | Geschoss-gewicht Grains | Pulver-hersteller | Pulvertyp | Pulver-ladung Grains | Hülsen-fabrikat | Zünd-hütchen | Gesamt-länge (mm) | $V_0$ m/sek |
|---|---|---|---|---|---|---|---|---|---|
| Barnes | TSX BT | 185 | Alliant | RL 25 | 99,5 | Lapua | RWS 5333 | 90,0 | 1005 |
| Nosler | Bal. Tip | 200 | Norma | MRP | 92,0 | Lapua | CCI 250 | 91,5 | 985 |
| Nosler | Accu Bond | 200 | Kemira | N 165 | 98,5 | Lapua | CCI 250 | 91,5 | 970 |
| Nosler | Partition | 210 | Kemira | N 560 | 87,3 | Lapua | CCI 250 | 91,5 | 952 |
| Barnes | TSX | 225 | Norma | MRP | 90,5 | Lapua | CCI 250 | 88,7 | 930 |
| Degol | TMS | 225 | Kemira | N 165 | 100,0 | Lapua | CCI 250 | 90,0 | 945 |
| Woodleigh | TMS | 225 | Norma | MRP | 90,0 | Lapua | CCI 250 | 90,5 | 920 |
| Hornady | SST | 225 | Hodgdon | 4831 | 94,8 | Lapua | CCI 250 | 91,5 | 930 |
| Winchester | Fail Safe | 230 | Kemira | N 165 | 92,0 | Lapua | CCI 250 | 93,5 | 890 |
| Swift | A-Frame | 250 | IMR | 7828 | 94,0 | Lapua | CCI 250 | 88,5 | 900 |
| Woodleigh | TMS | 250 | Norma | MRP | 91,0 | Lapua | CCI 250 | 89 | 880 |
| Sierra | SPBT | 250 | IMR | 7828 | 93,0 | Lapua | CCI 250 | 93,5 | 880 |
| Speer | Grand Slam | 250 | Kemira | N 165 | 98,0 | Lapua | CCI 250 | 90,5 | 900 |
| Degol | TMS | 250 | Norma | MRP | 92,0 | Lapua | CCI 250 | 92,0 | 895 |
| Barnes | X-Bullet | 250 | IMR | 7828 | 92,0 | Lapua | CCI 250 | 89,0 | 880 |
| Lapua | Mira | 250 | Kemira | N 165 | 90,0 | Lapua | CCI 250 | 93,5 | 895 |
| Hornady | TMS | 250 | Alliant | RL 22 | 88,2 | Lapua | CCI 250 | 91,5 | 882 |
| Lapua | Forex | 260 | Hogdgen | H 870 | 102,0 | Lapua | CCI 250 | 91,0 | 902 |
| Swift | A-Frame | 275 | Accurate | 8700 | 104,0 | Lapua | CCI 250 | 88 | 840 |
| Woodleigh | TMR | 300 | Accurate | 8700 | 101,0 | Lapua | CCI 250 | 93,2 | 810 |
| Degol | TMS | 300 | Accurate | 8700 | 101,0 | Lapua | CCI 250 | 93,5 | 812 |

Zur Ermittlung der Ladedaten wurde eine Ruger Blockbüchse mit 66 cm langem Heym-Lauf benutzt.

# Dia 366

Mit den 366er Geschossen werden ausschließlich die deutschen 9,3-mm-Patronen versorgt. Früher gab es einige dieser Kaliber, heute spielen nur noch die beiden randlosen Patronen 9,3x62 und 9,3x64, sowie die Randpatrone 9,3x74 R eine Rolle. Neu hinzugekommen ist die 9,3x66 von Sako,die aber noch nicht sehr verbreitet ist. Die alten Patronen wie 9,3x57 oder 9,3x72R sind kaum noch zu finden und von der Leistung her auch nicht mit den moderneren 9,3-mm-Kaliber zu vergleichen. Das Geschossangebot ist in Anbetracht der wenigen Patronen erfreulich groß und hochwertig. Selbst die großen amerikanischen Hersteller wie Nosler, Swift oder Barnes haben Geschosse für die deutschen 9,3mm-Patronen im Programm.

9,3x62 – 9,3x74R – 9,3x64 – 9,3x66 Sako

## Geschosspalette:

| Hersteller | Geschoss-typ | Geschoss-gewicht g /Grains | Eignung | Patronenempfehlung |
|---|---|---|---|---|
| RWS | TMF | 12,5 / 193 | Reduzierte Ladungen | alle 9,3 mm Patronen |
| RWS | Doppelkern | 14,6 / 225 | Leichtes bis mittleres Hochwild | alle 9,3 mm Patronen |
| RWS | KS | 16,0 / 247 | Leichtes Hochwild | alle 9,3 mm Patronen |
| RWS | TMR | 16,5 / 255 | Leichtes Hochwild | alle 9,3 mm Patronen |
| RWS | HMK | 16,7 / 258 | Mittleres bis schweres Hochwild | alle 9,3 mm Patronen |
| RWS | Vollmantel | 18,5 / 285 | Dickhäuter | alle 9,3 mm Patronen |
| RWS | TMR | 18,5 / 285 | Mittleres bis schweres Hochwild | alle 9,3 mm Patronen |
| RWS | Universal Classik | 19,0 / 293 | Schweres Hochwild und Großwild | alle 9,3 mm Patronen |
| RWS | Evolution | 18,8 / 291 | Schweres Hochwild | alle 9,3 mm Patronen |
| Brenneke | TOG | 16;0 / 247 | Schweres Hochwild und Großwild | alle 9,3 mm Patronen |
| Brenneke | TAG | 14,6 / 225 | Mittleres bis schweres Hochwild | alle 9,3 mm Patronen |
| Brenneke | TUG | 19,0 / 293 | Schweres Hochwild und Großwild | alle 9,3 mm Patronen |
| Norma | Vollmantel | 10,0 / 154 | Übungsschießen, Raubwild | alle 9,3 mm Patronen |
| Norma | PPC | 15,0 / 231 | Leichtes Hochwild | alle 9,3 mm Patronen |
| Norma | Oryx | 15,5 / 237 | Mittleres bis schweres Hochwild | alle 9,3 mm Patronen |
| Norma | Alaska | 18,5 / 285 | Schweres Hochwild | alle 9,3 mm Patronen |
| Norma | TMR | 18,5 / 285 | Mittleres bis schweres Hochwild | alle 9,3 mm Patronen |
| A-Square | Lion Load | 18,5 / 285 | Großkatzen | alle 9,3 mm Patronen |
| A-Square | Dead Tough | 18,5 / 285 | Schweres Hochwild | alle 9,3 mm Patronen |
| A-Square | Monolithic Solid | 18,5 / 285 | Dickhäuter | alle 9,3 mm Patronen |
| Sako | TMR | 16,6 / 256 | Mittleres Hochwild | alle 9,3 mm Patronen |
| Sako | Powerhead | 16,2 / 250 | Mittleres Hochwild | alle 9,3 mm Patronen |
| GPA | GPA | 11;7 / 179 | Leichtes Hochwild | alle 9,3 mm Patronen |
| GPA | GPA | 15,2 / 238 | Mittleres Hochwild | alle 9,3 mm Patronen |
| Lapua | Forex | 17,5 / 270 | Schweres Hochwild | alle 9,3 mm Patronen |
| Lapua | Mega | 18,5 / 285 | Mittleres bis schweres Hochwild | alle 9,3 mm Patronen |
| Lapua | Naturalis | 17,5 / 270 | Schweres Hochwild | alle 9,3 mm Patronen |
| Delsing | TMR | 16,2 / 250 | Leichtes bis mittleres Hochwild | alle 9,3 mm Patronen |

| Hersteller | Geschoss-typ | Geschoss-gewicht g /Grains | Eignung | Patronenempfehlung |
|---|---|---|---|---|
| Speer | TM-Semi-spitz | 17,5 / 270 | Leichtes bis mittleres Hochwild | alle 9,3 mm Patronen |
| Swift | A-Frame | 16,2 / 250 | Mittleres bis schwe-res Hochwild | alle 9,3 mm Patronen |
| Swift | A-Frame | 19,4 / 300 | Schweres Hochwild | Hochleistungspatronen |
| S&B | TMF | 12,5 / 193 | Reduzierte Ladun-gen | alle 9,3 mm Patronen |
| S&B | TMR | 18,5 / 285 | Mittleres bis schwe-res Hochwild | alle 9,3 mm Patronen |
| Reichenberg | HDB | 12,0 / 185 | Mittleres bis schwe-res Hochwild | alle 9,3 mm Patronen |
| Reichenberg | HDB | 14,3 / 220 | Mittleres bis schwe-res Hochwild | alle 9,3 mm Patronen |
| Reichenberg | HDB | 15,5 / 240 | Schweres Hochwild | alle 9,3 mm Patronen |
| Reichenberg | HDB | 17,5 / 270 | Schweres Hochwild | alle 9,3 mm Patronen |
| Reichenberg | Super Pen-etrator | 19,4 / 300 | Dickhäuter | alle 9,3 mm Patronen |
| Degol | TMR | 16,5 / 255 | Mittleres Hochwild | Hochleistungspatronen |
| Degol | Hohlspitz | 15,1 / 232 | Leichtes bis mittleres Hochwild | alle 9,3 mm Patronen |
| Degol | Hohlspitz | 17,0 / 263 | Mittleres Hochwild | alle 9,3 mm Patronen |
| Degol | TMR | 18,5 / 285 | Schweres Hochwild | alle 9,3 mm Patronen |
| Degol | Vollmantel | 18,5 / 285 | Dickhäuter | alle 9,3 mm Patronen |
| Degol | Hohlspitz | 18,5 / 285 | Schweres Hochwild | alle 9,3 mm Patronen |
| Degol | TMR | 20,7 / 320 | Schweres Hochwild | Hochleistungspatronen |
| Degol | Vollmantel | 20,7 / 320 | Dickhäuter | Hochleistungspatronen |
| Woodleigh | TMR | 16,2 / 250 | Mittleres Hochwild | alle 9,3 mm Patronen |
| Woodleigh | Protected Point | | Schweres Hochwild | alle 9,3 mm Patronen |
| Woodleigh | TMR | 18,5 / 285 | Schweres Hochwild | alle 9,3 mm Patronen |
| Woodleigh | Vollmantel | 18,5 / 285 | Dickhäuter | alle 9,3 mm Patronen |
| Woodleigh | TMR | 20,7 / 320 | Schweres Hochwild | Hochleistungspatronen |
| Woodleigh | Vollmantel | 20,7 / 320 | Dickhäuter | Hochleistungspatronen |
| Barnes | X-Bullet | 16,2 / 250 | Mittleres bis schwe-res Hochwild | alle 9,3 mm Patronen |
| Barnes | X-Bullet | 18,5 / 285 | Schweres Hochwild | alle 9,3 mm Patronen |
| Barnes | Solid | 18,5 / 285 | Dickhäuter | alle 9,3 mm Patronen |
| Barnes | Triple Shock | 16,2 / 250 | Schweres Hochwild | alle 9,3 mm Patronen |
| Barnes | Triple Shock | 18,5 / 285 | Schweres Hochwild | Hochleistungspatronen |
| Nosler | Ballistic Tip | 16,2 / 250 | Leichtes bis mittleres Hochwild | alle 9,3 mm Patronen |
| Nosler | Accu Bond | 16,2 / 250 | Schweres Hochwild | alle 9,3 mm Patronen |
| Nosler | Partition | 18,5 / 285 | Schweres Hochwild | alle 9,3 mm Patronen |
| Blaser | CDP | 18,5/ 285 | Schweres Hochwild | alle 9,3 mm Patronen |

# 9,3x62

Die 9,3x62 wurde im Jahre 1905 von dem Berliner Büchsenmacher Otto Bock entwickelt. Der Grundgedanke war, eine mittelstarke Patrone für die Jagd in den damaligen afrikanischen Kolonien zu schaffen. Sie war als Konkurrenz zu den englischen Patronen .350 Rigby und .400/350 NE gedacht und hier auch ein voller Erfolg. Sie schlug die alten englischen Kaliber in kürzester Zeit aus dem Felde und war zwischen den beiden Weltkriegen die beliebteste Großwildpatrone der Mittelklasse in Afrika. Grund war hier sicher auch, dass die 9,3x62 die kostengünstige Verwendung des normalen 98er Mausersystems zuließ, und dieses System sich bei der Großwildjagd schnell einen legendären Ruf verschaffte.

Die 9,3x62 besitzt den gleichen Boden wie die anderen Mauser-Patronen und ist genau auf das Mauser-System zugeschnitten. Doch auch in heimischen Revieren war die 9,3x62 schnell bekannt und bei der Jagd auf europäisches Elch, Rot- und Schwarzwild weit verbreitet. In den Nachkriegsjahren lief ihr dann zunächst die kalibergleiche, aber stärkere 9,3x64 Brenneke den Rang ab. Doch dass änderte sich wieder, denn die druckschwache und noch angenehm zu schießende 9,3x62 ist für unser heimisches Wild völlig ausreichend und hat wesentlich weniger „Nebenwirkungen". Heute ist sie eine der beliebtesten Drückjagdpatronen und besonders bei den Waldjägern sehr beliebt. Doch auch für die Auslandsjagd, wenn es um mittelschweres Wild in dicht bewachsenem Gelände geht, ist sie eine gute Wahl. Die Schussentfernung sollte gute 160 Meter nicht überschreiten, denn danach fällt das Geschoss doch ziemlich stark. Dafür ist die Stoppwirkung auf kurze Distanz sehr hoch und die Wildbretentwertung hält sich in erträglichen Grenzen.

Die 9,3x62 eignet sich auch sehr gut für den Bau kurzläufiger Büchsen, da die mittelschnellen Pulver, die bei dieser Patrone zum Einsatz kommen, in Verbindung mit den relativ schweren Geschossen, auch in kürzeren Läufen nahezu vollständig abbrennen und der Leistungsverlust daher sehr gering ist. Die 9,3x62 ist eine zwar leistungsstarke, aber trotzdem sehr ausgewogene und angenehm zu schießende Patrone. Viele moderne Patronen verlieren schnell ihren „Magnum-Glanz", wenn die echten Werte, also aus der Waffe und nicht aus Messläufen, mit denen der 9,3x62 verglichen werden.

Die Hülsenbeschaffung ist bei diesem Kaliber unproblematisch. Theoretisch lassen sich zwar 9,3x62 Hülsen auch durch Umformen aus 7x64 oder .30-06 gewinnen, doch die originalen 9,3-Hülsen sind im P 1-Bereich stärker gehalten. Umgeformte Hülsen führen daher zu einer stärkeren Verschlussbelastung. Bei dem großen Angebot an Herstellern lohnt sich das kaum. Bei den Geschossen sieht es sehr gut aus und das Angebot ist reichhaltig. Durch die im Vergleich zu anderen Großwildpatronen kleine Hülse, ist mit progressiven Pulvern keine ausreichende Leistung zu erzielen. Zum Einsatz kommen daher die offensiven bis mittelschnellen Pulver. Reduzierte Ladungen sind kein Problem. Auch die Werkzeugbeschaffung ist einfach. Die meisten Hersteller von Wiederladematrizen haben die 9,3x62 im Programm. Standardzündhütchen reichen für die mittelschnellen Pulver völlig aus.

# Ladedaten Kaliber 9,3x62

| Geschoss-hersteller | Geschoss-typ | Geschoss-gewicht Grains | Pulver-hersteller | Pulvertyp | Pulverl-adung Grains | Hülsen-fabrikat | Zünd-hütchen | Gesamt-länge (mm) | $V_0$ m/sek |
|---|---|---|---|---|---|---|---|---|---|
| RWS | TMF | 193 | Rottweil | R 901 | 51,0 | RWS | RWS 5341 | 74,6 | 718 |
| Reichen-berg | HDB Drück-jagd | 220 | Kemira | N135 | 60,0 | RWS | RWS 5341 | 74,0 | 775 |
| Norma | Oryx | 231 | Kemira | N 135 | 60,2 | Norma | CCI 200 | 79,0 | 808 |
| Norma | PPC | 231 | Rottweil | R 902 | 59,5 | RWS | CCI 200 | 78,0 | 785 |
| RWS | KS | 247 | Rottweil | R 903 | 61,5 | RWS | RWS 5341 | 80,5 | 754 |
| Geco | TMR | 255 | Rottweil | R 907 | 62,5 | RWS | RWS 5341 | 79,5 | 752 |
| Barnes | TSX | 250 | Kemira | N 140 | 58,0 | Norma | CCI 200 | 84,0 | 748 |
| Swift | A-Frame | 250 | Rottweil | R 903 | 60,3 | Lapua | CCI 200 | 79,2 | 752 |
| Barnes | TSX | 250 | Hodgdon | H 380 | 58,5 | RWS | Fed . 210 | 84,0 | 750 |
| Nosler | Accu Bond | 250 | Hodgdon | Varget | 53,0 | RWS | Fed . 210 | 83,5 | 735 |
| RWS | HMKH | 258 | Rottweil | R 903 | 60,5 | RWS | CCI 200 | 81,7 | 758 |
| Speer | Spitzer | 270 | Hodgdon | H 380 | 59,0 | Norma | CCI BR 2 | 83,2 | 758 |
| Norma | Alaska | 285 | IMR | 3031 | 55,0 | Norma | CCI BR 2 | 80,5 | 712 |
| Lapua | Forex | 270 | Alliant | Rel. 15 | 59,0 | RWS | CCI 200 | 80,6 | 715 |
| Woodleigh | TMR | 285 | Norma | 202 | 58,0 | RWS | RWS 5341 | 80,0 | 717 |
| Lapua | Forex | 270 | Kemira | N 150 | 60,0 | Lapua | RWS 5341 | 80,6 | 722 |
| Woodleigh | Vollmantel | 285 | IMR | 4320 | 55,7 | RWS | CCI 200 | 80,0 | 715 |
| Norma | Alaska | 285 | Kemira | N 150 | 59,5 | Norma | RWS 5341 | 80,5 | 720 |
| Barnes | X-Bullet | 285 | Kemira | N 140 | 58,0 | Norma | CCI 200 | 84,0 | 716 |
| Lapua | Mega | 285 | Kemira | N 135 | 55,0 | Lapua | CCI 200 | 80,0 | 705 |
| Woodleigh | TMR | 285 | IMR | 4320 | 56,0 | RWS | RWS 5341 | 80,0 | 716 |
| Blaser | CDP | 285 | Kemira | N 135 | 55,3 | Norma | CCI 200 | 82,0 | 704 |
| Nosler | Partition | 285 | Rottweil | R 903 | 58,0 | RWS | RWS 5341 | 83,2 | 699 |
| Brenneke | TUG | 293 | Rottweil | R 903 | 58,2 | RWS | RWS 5341 | 82,0 | 714 |
| Brennke | TUG | 293 | Norma | 202 | 55,0 | Norma | CCI BR 2 | 82,0 | 674 |
| Swift | A-Frame | 300 | Rottweil | R 903 | 57,5 | RWS | RWS 5341 | 82,2 | 702 |

Zur Ermittlung der Ladedaten wurde eine Repetierbüchse mit 60 cm Lauflänge benutzt.

# 9,3x74 R

Die Randpatrone 9,3x74 R gilt als Schwesterpatrone der im Jahre 1905 vorgestellten randlosen 9,3x62 und stammt aus der gleichen Zeit. Als Vorlage dürfte hier wohl die englische .400/.360 Nitro Express gedient haben, die mit der 9,3x74 R eine starke Ähnlichkeit aufweist. Obwohl die Hülsenform der beiden deutschen 9,3-mm-Patronen stark voneinander abweicht, ist ihre Leistung bei gleichem Druck nahezu identisch.

Bei den Fabriklaborierungen erreicht die 9,3x74 R nicht ganz die Werte der 9,3x62, da ihr Druck mit Rücksicht auf die einfachen Kipplaufverschlüsse der damaligen Zeit später auf 3000 bar begrenzt wurde. Die 9,3x74 R wird auch „Königin der Randpatronen“ genannt, und ist eine der beliebtesten Drückjagdpatronen im deutschsprachigen Raum. Durch die schlanke Hülse ist es möglich, elegante und schmale Waffen zu bauen und der auf 3000 bar begrenzte Gasdruck ist gerade bei Kipplaufwaffen ein großer Vorteil und garantiert eine lange Lebensdauer des Verschlusses. Sie ist eine erstklassige Hochwildpatrone und hat eine sehr gute Wirkung auf mittleres und schweres Hochwild. Die einzige ernst zu nehmende Konkurrenz mit Rand wäre die wenig verbreitete .375 Holland&Holland Flanged.

Auch für die Auslandjagd, wenn es um mittelschweres Wild in dicht bewachsenem Gelände geht, ist sie eine gute Wahl. Der Jagdreisende schätzt die starke 9,3, wenn der Vorteil einer zerlegbaren Kipplaufwaffe genutzt werden soll. Mit den schweren Geschossen lassen sich die afrikanischen Antilopen ebenso zuverlässig erlegen, wie Elch und Bär in Nordamerika.

Die 9,3x74 R ist eine zwar leistungsstarke, aber trotzdem sehr ausgewogene und angenehm zu schießende Patrone. Dazu kommt, dass die Wildbretentwertung der zwar schweren, aber relativ langsamen Geschosse, nicht sehr groß ist. Daher wird die 9,3x74 R auch gern zur Bejagung von leichterem Wild eingesetzt.

Bei den Fabrikpatronen ist die Auswahl zwar auf wenige, ausschließlich europäische Hersteller beschränkt, aber dafür hat allein RUAG sechs Laborierungen im Programm.

Mit den progressiven Pulvern ist wie bei der 9,3x62 keine ausreichende Leistung zu erzielen. Zum Einsatz kommen daher die offensiven bis mittelschnellen Pulver. Reduzierte Ladungen sind daher auch kein Problem und die 9,3x74 R lässt sich bis auf die Leistung der alten Försterpatrone 9,3x72 R herunterladen. Die Werkzeugbeschaffung ist einfach. Die meisten Hersteller von Wiederladematrizen haben die 9,3x74 R im Programm. Standardzündhütchen reichen für die mittelschnellen Pulver völlig aus.

# Ladedaten Kaliber 9,3x74 R

| Geschoss-hersteller | Geschoss-typ | Geschoss-gewicht Grains | Pulver-hersteller | Pulvertyp | Pulver-ladung Grains | Hülsen-fabrikat | Zünd-hütchen | Gesamt-länge (mm) | $V_0$ m/sek |
|---|---|---|---|---|---|---|---|---|---|
| RWS | TMF | 193 | Rottweil | R 901 | 51,0 | RWS | RWS 5341 | 87,0 | 720 |
| Reichen-berg | HDB Drück-jagd | 220 | Kemira | N 140 | 63,0 | RWS | RWS 5341 | 89,0 | 760 |
| Norma | Oryx | 231 | Kemira | N 135 | 58,5 | Norma | CCI 200 | 91,0 | 774 |
| RWS | KS | 247 | Rottweil | R 903 | 61,5 | RWS | RWS 5341 | 92,5 | 730 |
| Barnes | X-Bullet | 250 | Rottweil | R 907 | 60,5 | Norma | CCI 200 | 92,0 | 746 |
| Swift | A-Frame | 250 | Kemira | N 140 | 61,0 | RWS | CCI 200 | 92,5 | 750 |
| Barnes | X-Bullet | 250 | Rottweil | R 902 | 54,0 | RWS | Fed . 210 | 93,0 | 720 |
| Geco | TMR | 255 | Rottweil | R 903 | 63,0 | RWS | RWS 5341 | 93,0 | 734 |
| Degol | TMR | 255 | Rottweil | R 907 | 63,5 | RWS | RWS 5341 | 93,0 | 736 |
| RWS | HMKH | 258 | Rottweil | R 903 | 59,0 | RWS | CCI 200 | 94,5 | 742 |
| Speer | Spitzer | 270 | Kemira | N 135 | 57,5 | Norma | CCI BR 2 | 94,0 | 700 |
| Lapua | Naturalis | 270 | Rottweil | R 907 | 61,0 | RWS | CCI 200 | 93,0 | 721 |
| Woodleigh | TMR | 285 | Rottweil | R 903 | 59,0 | RWS | RWS 5341 | 95,0 | 723 |
| Woodleigh | Vollmantel | 285 | Rottweil | R 903 | 59,0 | RWS | RWS 5341 | 95,0 | 720 |
| RWS | TMR | 285 | IMR | 4895 | 55,0 | RWS | RWS 5341 | 94,0 | 712 |
| Norma | Alaska | 285 | Kemira | N 140 | 58,0 | Norma | RWS 5341 | 93,5 | 665 |
| Barnes | X-Bullet | 285 | Kemira | N 140 | 58,0 | Norma | CCI 200 | 94,0 | 668 |
| Woodleigh | TMR | 285 | Rottweil | R 907 | 57,5 | RWS | RWS 5341 | 95,0 | 652 |
| RWS | VM | 285 | Rottweil | R 902 | 54,5 | RWS | RW S 5341 | 94,0 | 681 |
| Degol | TMR | 285 | Hodgdon | 4895 | 54,0 | RWS | RWS 5341 | 94,0 | 671 |
| Blaser | CDP | 285 | Kemira | N 140 | 54,5 | Blaser | CCI 200 | 94,0 | 664 |
| Nosler | Partition | 285 | Rottweil | R 903 | 61,0 | Blaser | RWS 5341 | 94,5 | 682 |
| RWS | Universal | 293 | Rottweil | R 903 | 56,5 | RWS | RWS 5341 | 95,5 | 674 |
| RWS | Universal | 293 | IMR | 4350 | 61,0 | Norma | CCI BR 2 | 96,5 | 686 |

Zur Ermittlung der Ladedaten wurde ein Drilling mit 63,5 Zentimeter Lauflänge benutzt.

## 9,3x64 Brenneke

Die 9,3x64 ist die stärkste Patrone Wilhelm Brennekes und kam bereits 1927 auf den Markt. Die Hülse wurde auf dem Reißbrett völlig neu konstruiert, und die Hülsenmaße wurden so festgelegt, dass ein möglichst großer Pulverraum entstand, die Patrone aber noch in das Mauser 98er-System passte. Brenneke stattete die neue Patrone mit einem 19,65 Gramm schweren „Spezial-Jagdgeschoss Torpedo Ideal“ für schweres Wild und einem 17 Gramm leichten Starkmantelgeschoss, wahlweise mit Blei-, Bronze- oder Kupferblechhohlspitze für die leichteren Wildarten aus. Später kam noch ein „Spezial TIG“ mit Bronzespitze und ein 18,5 g Vollmantelgeschoss für Dickhäuter hinzu, und als Abschluss entwickelte Brenneke das 19,0 g TUG mit Scharfrand und Bleispitze, dass bis heute mit kleinen Änderungen gefertigt wird. Nach dem zweiten Weltkrieg wurde nur noch das TUG und das Vollmantelgeschoss gefertigt und später durch ein 18,5 g Teilmantelrundkopf-Geschoss ergänzt. In dieser Kombination hat sich die Patrone gut bewährt. Sie liegt im gleichen Leistungsbereich wie die .375 Holland&Holland Magnum und verbraucht für die gleiche Leistung sogar weniger Pulver. Die 19,0 g TUG Laborierung der 9,3x64 von RWS, heute Universal Classik genannt, hat eine Mündungsgeschwindigkeit von 785 m/sek. und damit eine Mündungsenergie von 5854 Joule. Das 19,4 g Uni-Classik aus der .375 Holland&Holland ist nach RWS-Angabe lediglich fünf m/sek. schneller.

Altmeister Brenneke hat mit der 9,3x64 eine sehr effektive Patrone geschaffen und gezeigt, dass sich aus einer relativ kleinen Hülse eine erstaunliche Leistung herausholen lässt. Das größte Manko der 9,3x64 ist ihr Geschossdurchmesser. In vielen afrikanischen Jagdländern ist für den Schuss auf Großwild ein Mindestkaliber von 9,5 mm (Dia .375) vorgeschrieben, wodurch die 9,3x64 trotz ihrer der .375 H&H ebenbürtigen Leistung illegal wird. Bevor eine Großwildbüchse in diesem Kaliber angeschafft wird, sollten also genau die jagdlichen Bestimmungen im Jagdland geprüft werden.

Bei den Fabrikpatronen sieht es heute schlecht aus. Obwohl die Patrone nach dem zweiten Weltkrieg recht beliebt war, beschränkt sich das Angebot heute auf die RWS und Brenneke Laborierungen. Lediglich A-Square hat die deutsche 9,3 noch im Programm, doch dürfte die Beschaffung der drei A-Square Laborierungen nicht einfach sein.

Auch die Hülsenbeschaffung ist bei diesem Kaliber ein Problem. Wird der benötigte Hülsenvorrat nicht durch das Verschießen von Fabrikpatronen gewonnen, so bleibt nur der Kauf von neuen Hülsen. Durch die unüblichen Hülsenmaße ist ein Umformen nicht möglich.

Bei der Ladungsermittlung hat der Wiederlader eine Menge Spielraum, denn die 9,3x64 ist recht flexibel. Durch die im Vergleich zu anderen Großwildpatronen kleine Hülse sind auch reduzierte Ladungen kein großes Problem. Es ist ohne weiteres möglich, die starke 9,3x64 in den Leistungsbereich einer 9,3x74 R herunterzuladen, was den Anwendungsbereich erheblich erweitert. Mit dem alten 12,5 Gramm Teilmantel-Flachkopf-Geschoss der 9,3x72, lässt sich sogar eine leichte Rehwildlaborierung bauen. Für heimische Wildarten ist die 9,3x64 unnötig stark und reduzierte Ladungen sind eine gute Möglichkeit, Wildbretzerstörung und Rückstoß herabzusetzen.

Bei den Treibladungsmitteln sind die mittelschnell abbrennenden Pulver und die langsameren Sorten einsetzbar. Werden die progressiven Sorten wie Kemira N 160 oder Rottweil R 904 verwandt, kommt es unter Umständen zu Pressladungen, was nicht weiter schlimm ist, aber entsprechende Vorkehrungen beim Befüllen der Hülse erforderlich macht. Die Werkzeugbeschaffung ist kein großes Problem. Die meisten Hersteller von Wiederladematrizen haben die starke Brenneke-Patrone im Programm. Obwohl Standardzündhütchen für die mittelschnellen Pulver ausreichen, haben sich starke Magnumzünder als vorteilhaft für die Präzision erwiesen.

# Ladedaten Kaliber 9,3x64 Brenneke

| Geschoss-hersteller | Geschoss-typ | Geschoss-gewicht Grains | Pulver-hersteller | Pulvertyp | Pulver-ladung Grains | Hülsen-fabrikat | Zünd-hütchen | Gesamt-länge (mm) | $V_0$ m/sek |
|---|---|---|---|---|---|---|---|---|---|
| RWS | TMF | 193 | Rottweil | R 901 | 58,0 | RWS | CCI 250 | 76,4 | 765 |
| Norma | PPC | 231 | Kemira | N 140 | 70,5 | RWS | RWS 5333 | 80,5 | 872 |
| Norma | PPC | 231 | Rottweil | R 903 | 69,5 | RWS | CCI 200 | 80,5 | 830 |
| Reichen-berg | HDB | 240 | Rottweil | R 904 | 76,0 | RWS | CCI 200 | 81,5 | 868 |
| RWS | KS | 247 | Rottweil | R 907 | 71,0 | RWS | CCI 250 | 83,0 | 848 |
| Barnes | TSX | 250 | Kemira | N 140 | 64,5 | RWS | RWS 5333 | 82,5 | 810 |
| Swift | A-Frame | 250 | Rottweil | R 903 | 72,0 | RWS | CCI 250 | 82,3 | 820 |
| Nosler | Accu Bod | 250 | Kemira | N 140 | 65,0 | RWS | RWS 5333 | 82,5 | 815 |
| RWS | TMR | 255 | Rottweil | R 903 | 72,5 | RWS | CCI 250 | 82,0 | 818 |
| RWS | HMKH | 258 | Rottweil | R 907 | 69,5 | RWS | CCI 200 | 85,0 | 805 |
| Lapua | Forex | 270 | Kemira | N 140 | 65,0 | RWS | CCI 250 | 85,4 | 753 |
| RWS | TMR | 285 | IMR | 4064 | 66,5 | RWS | RWS 5333 | 84,5 | 809 |
| Woodleigh | TMR | 285 | Rottweil | R 904 | 73,0 | RWS | RWS 5333 | 84,0 | 782 |
| Woodleigh | Vollmantel | 285 | Rottweil | R 904 | 73,0 | RWS | CCI 250 | 84,0 | 779 |
| Barnes | TSX | 285 | Kemira | N 140 | 66,0 | RWS | CCI 250 | 84,6 | 765 |
| Lapua | Mega | 285 | IMR | 4895 | 65,0 | RWS | CCI 250 | 85,4 | 770 |
| RWS | Vollmantel | 285 | Rottweil | R 904 | 75,0 | RWS | CCI BR2 | 84,5 | 778 |
| Lapua | Mega | 285 | Kemira | N 150 | 67,5 | RWS | CCI BR2 | 85,4 | 775 |
| Woodleigh | TMR | 285 | IMR | 4350 | 75,5 | RWS | RWS 5333 | 84,0 | 780 |
| Nosler | Partition | 285 | Rottweil | R 904 | 72,7 | RWS | RWS 5333 | 84,5 | 785 |
| Brenneke | TUG | 293 | Rottweil | R 904 | 74,2 | RWS | RWS 5333 | 85,5 | 780 |
| Breneke | TUG | 293 | Kemira | N 160 | 73,0 | RWS | Fed 215 | 85,5 | 762 |
| Swift | A-Frame | 300 | Rottweil | R 904 | 74,5 | RWS | RWS 5333 | 84,2 | 770 |
| Swift | A-Frame | 300 | Kemira | N 160 | 73,0 | RWS | CCI 250 | 84,2 | 763 |

Zur Ermittlung der Ladedaten wurde eine Repetierbüchse mit 65 cm Lauflänge benutzt.

# 9,3x66 Sako

Die 9,3x66 Sako entstand zwar erst im Jahre 1989, hat aber schon eine bewegte Vergangenheit hinter sich, zumindest was den Namen anbelangt. Konstrukteur der starken 9,3-mm-Patrone ist Erkki Kauppi, der beim finnischen Munitionshersteller Sako als Produktmanager arbeitet. Nach einer Nachsuche auf einen starken Elchbullen, der trotz bestem Treffer mit der .30-06 noch eine gehörige Fluchtstrecke hinlegte, machte Erkki Kauppi sich Gedanken über eine neue Elchpatrone. Die neue Patrone sollte sich problemlos in das normale Sako 75 System unterbringen lassen und die 9,3x62, die Sako ja im Programm hat, an Leistung noch übertreffen. Mit der deutschen 9,3x64 Brenneke gibt es zwar eine solche Patrone im Prinzip schon, aber die hat den Nachteil des größeren Bodendurchmessers, der bei Zylinderverschlüssen erhebliche Modifikationen erforderlich macht. So entstand die 9,3x66 EK, die eine Verlängerung der 9,3x62 Hülse ist, damit den gängigen Bodendurchmesser von 12,1 mm aufweist, und ohne weiteres in Sako 75 Büchsen aus der laufenden Produktion unterzubringen war. Der Schulterwinkel beträgt 34,55 Grad und der maximale Gasdruck ist auf 4150 bar festgelegt. Ein 18,5 g schweres Geschoss wird auf eine Mündungsgeschwindigkeit von 780 m/sek. beschleunigt, was eine Energie von 5628 Joule ergibt. Das reicht zwar nicht ganz, um an der Leistung der 9,3x64 Brenneke zu kratzen, ist aber über 15 % mehr als eine 9,3x62, und liegt in etwa auf der Höhe der .375 Holland&Holland Magnum.

In Anbetracht der Tatsache, dass die Patrone ohne großen Aufwand in Serienbüchsen verwandt werden kann, also eine gute Konstruktion. Das erkannte auch Sako und übernahm im Jahre 2002 die Patrone als 9,3x66 Sako ins Fertigungsprogramm. Für Europa soweit in Ordnung, aber in den USA verkaufen sich Patronen mit metrischer Kaliberbezeichnung anscheinend nicht so gut. Das lässt sich aber einfach ändern und so wird die 9,3x66 Sako in den Staaten als .370 Sako Magnum vermarktet. Das brachte dann sogar Federal dazu, die Patrone ins Programm zu nehmen.

Der zweite Vorteil der Patrone ist, dass sich eine 9,3x62 leicht auf 9,3x66 umändern lässt. So kann ein 9,3x62-Lauf mit ausgebranntem Übergangskegel ohne großen Aufwand auf 9,3x66 geändert werden.

Die 9,3x66 Sako ist eine starke Hoch- und Großwildpatrone im Leistungsbereich der .375 Holland&Holland Magnum und deckt den gleichen Anwendungsbereich ab. In den afrikanischen Staaten, wo nicht ein gesetzliches Minimalkaliber von .375 vorgeschrieben ist, kann sie auch auf Büffel oder Elefant eingesetzt werden.

Bei den Fabrikpatronen ist die Auswahl zwar auf Sako und Federal begrenzt, aber allein Sako hat bereits vier Laborierungen im Programm. Die Geschossauswahl im Kaliberdurchmesser .366 ist zwar nicht so umfangreich wie bei den .375ern, aber es gibt eine gute Auswahl von hochwertigen Spezialgeschossen.

Je nach Geschossgewicht kommen die mittelschnellen bis langsam abbrennenden Pulver in Betracht, wobei sich bei den Ladeversuchen besonders Kemira N 550 als präzise und leistungsstark herausstellte. Dieses Pulver wird von Sako auch bei den

Fabrikpatronen eingesetzt. N 550 ist ein hoch energetisches NC-Treibladungsmittel, dem bei der Herstellung Nitroglycerin beigemischt wird. Auch IMR 4350, und Alliant Reloader 19 lassen sich gut einsetzen, doch N 550 bringt die höhere Leistung bei gleichem Gasdruck. Die Werkzeugbeschaffung ist kein großes Problem bei RCBS ist der Matrizensatz bereits als Standardkaliber gelistet. Zur Anzündung sollten Magnumzündhütchen verwendet werden. Die relativ hohe Pulversäule braucht zum gleichmäßigen Durchzünden ein kräftiges Zündhütchen.

Ein schneller Schuss vom Pirschstock. Das sollte zu Hause reichlich geübt werden.

# Ladedaten Kaliber 9,3x66 Sako

| Geschoss-hersteller | Geschoss-typ | Geschoss-gewicht Grains | Pulver-hersteller | Pulvertyp | Pulver-ladung Grains | Hülsen-fabrikat | Zünd-hütchen | Gesamt-länge (mm) | $V_0$ m/sek |
|---|---|---|---|---|---|---|---|---|---|
| Norma | Oryx | 231 | Kemira | N 140 | 66,5 | Sako | CCI 250 | 85,0 | 851 |
| Barnes | TSX | 250 | Kemira | N 550 | 73,2 | Sako | CCI 250 | 85,0 | 836 |
| Swift | A-Frame | 250 | Kemira | N 550 | 74,0 | Sako | RWS 5355 | 85,0 | 840 |
| Degol | Starkmantel | 263 | Kemira | N 140 | 61,5 | Sako | CCI 250 | 85,0 | 770 |
| Lapua | Naturalis | 270 | Kemira | N 550 | 72,5 | Sako | CCI 250 | 85,0 | 795 |
| Woodleigh | TMR | 285 | Alliant | RL 19 | 67,3 | Sako | RWS 5355 | 85,0 | 712 |
| Woodleigh | Vollmantel | 285 | Kemira | N 550 | 71,0 | Sako | RWS 5355 | 85,0 | 778 |
| Barnes | TSX | 285 | IMR | 4350 | 63,0 | Sako | RWS 5355 | 85,0 | 734 |
| Blaser | CDP | 285 | Kemira | N 560 | 70,0 | Sako | RWS 5355 | 85,0 | 720 |
| Nosler | Partition | 285 | Alliant | RL 19 | 68,0 | Sako | RWS 5355 | 85,0 | 702 |
| RWS | Uni | 293 | Kemira | N 550 | 67,5 | Sako | CCI 250 | 85,0 | 730 |
| Swift | A-Frame | 300 | Kemira | N 150 | 52,5 | Sako | CCI 250 | 85,0 | 668 |
| Woodleigh | TMR | 320 | Kemira | N 550 | 65,2 | Sako | RWS 5355 | 85,0 | 730 |
| Woodleigh | Vollmantel | 320 | Kemira | N 150 | 58,5 | Sako | RWS 5355 | 85,0 | 700 |

Zur Ermittlung der Ladedaten wurde eine Repetierbüchse mit 65 cm Lauflänge benutzt

# Dia. 375

Beim .375er Geschossdurchmesser fangen die eigentlichen Großwildkaliber an – zumindest, wenn wir die moderneren Patronen nehmen. In vielen afrikanischen Jagdländern ist zudem ein Mindestkaliber von .375 bei der Bejagung der „Big Five" vorgeschrieben. Dazu kommt, dass die neueren .375er Patronen eine gute Rasanz haben und sich so auch auf größere Schussentfernungen einsetzen lassen. Hier sind sie den dickeren Kalibern, die zwar eine bessere Stoppwirkung haben, klar überlegen. Auch ihr Rückstoß ist, zumindest wenn die „normalen" .375er Patronen wie die .375 Holland&Holland gewählt werden und nicht etwa heiße Patronen wie die .378 Weatherby, noch gut beherrschbar und erlaubt den Bau von nicht zu schweren Waffen. Dadurch gelten die .375er Kaliber gemeinhin als „Universalpatronen" für schweres Hochwild und Großwild. Mit ihnen lässt sich vom Bär bis zum Elefanten alles erlegen.

Zwar liegt ihre Stoppkraft für Dickhäuter an der unteren Grenze, aber dafür sind sie auch gut bei der Plains-Game-Jagd einsetzbar und haben sich im dichten Busch ebenso bewährt, wie bei der Elchjagd im hohen Norden. Selbst in heimischen Revieren lässt sich ein .375 bei der Jagd auf Rot- oder Schwarzwild noch sinnvoll einsetzen.

Die Patronenpalette mit diesem Geschossdurchmesser ist entsprechend groß, und es lässt sich für jeden Einsatzzweck eine geeignete Patrone finden. Ebenso verhält es sich bei den Geschossen. Alle großen Anbieter – und dazu noch eine Menge von Kleinherstellern – haben Geschosse im .375er Durchmesser im Programm, und der Wiederlader hat eine gute Auswahl auch an Spezialgeschossen. Die Geschossgewichte reichen von 200 bis 350 Grains.

375H&H – 375FL – 375RUM – 375Dakota – 9,5x66 – 375 Weatherby – 450-400 liegend

## Geschosspalette:

| Hersteller | Geschosstyp | Geschoss-gewicht g /Grains | Eignung | Patronen |
|---|---|---|---|---|
| Speer | Semispitz | 15,2 / 235 | reduzierte Ladungen | Standardpatronen |
| Speer | TMS | 17,5 / 270 | reduzierte Ladungen | Standardpatronen |
| Speer | Grand Slam | 18,5 / 285 | schweres Wild | alle Patronen |
| Speer | Grand Slam | 19,4 / 300 | schweres Wild | Hochleistungspatronen |
| Speer | Vollmantel | 19,4 / 300 | Dickhäuter | alle Patronen |
| Sierra | Hohlspitz | 13,0 / 200 | reduzierte Ladungen | Standardpatronen |
| Sierra | TMS | 16,2 / 250 | starkes Hochwild, weite Schüsse | alle Patronen |
| Sierra | Game King | 19,4 / 300 | schweres Wild | alle Patronen |
| Hornady | TM-Flachkopf | 14,3 / 220 | reduzierte Ladungen | Standardpatronen |
| Hornady | TMS | 17,5 / 270 | reduzierte Ladungen | Standardpatronen |
| Hornady | TMR | 17,5 / 270 | reduzierte Ladungen | Standardpatronen |
| Hornady | TMR | 19,4 / 300 | schweres Wild | alle Patronen |
| Hornady | TMS-Boattail | 19,4 / 300 | schweres Wild, weite Schüsse | alle Patronen |
| Hornady | Vollmantel | 19,4 / 300 | Dickhäuter | alle Patronen |
| A-Square | Lion Load | 19,4 / 300 | Raubkatzen | alle Patronen |
| A-Square | Dead Tough | 19,4 / 300 | schweres Wild | Hochleistungspatronen |
| A-Square | Monol. Solid | 19,4 / 300 | Dickhäuter | alle Patronen |
| Nosler | Partition | 16,8 / 260 | starkes Wild, weite Schüsse | alle Patronen |
| Nosler | Partition | 19,4 / 300 | schweres Wild | Hochleistungspatronen |
| Nosler | AccuBond | 16,8 / 260 | starkes Wild, weite Schüsse | Hochleistungspatronen |
| Nosler | Accu Bond | 19,4 / 300 | schweres Wild | Hochleistungspatronen |
| Nosler | Solid | 16,8 / 260 | Dickhäuter | alle Patronen |
| Nosler | Solid | 19,4 / 300 | Dickhäuter | alle Patronen |
| Swift | A-Frame | 16,2 / 250 | schweres Wild | Hochleistungspatronen |
| Swift | A-Frame | 17,5 / 270 | schweres Wild | Hochleistungspatronen |
| Swift | A-Frame | 19,4 / 300 | schweres Wild | Hochleistungspatronen |
| Impala | Impala | 13,0 / 200 | mittelschweres Wild, weite Schüsse | Hochleistungspatronen |
| Woodleigh | Prot. Point | 15,2 / 235 | mittelschweres Wild, weite Schüsse | Hochleistungspatronen |
| Woodleigh | Semi Point | 15,2 / 235 | mittelschweres Wild, weite Schüsse | Hochleistungspatronen |
| Woodleigh | TMR | 17,5 / 270 | starkes Wild | alle Patronen |
| Woodleigh | Prot. Point | 17,5 / 270 | starkes Wild | alle Patronen |
| Woodleigh | Semi Point | 17,5 / 270 | starkes Wild | alle Patronen |
| Woodleigh | TMR | 19,4 / 300 | schweres Wild | alle Patronen |
| Woodleigh | Semi Point | 19,4 / 300 | schweres Wild | Hochleistungspatronen |
| Woodleigh | Prot. Point | 19,4 / 300 | schweres Wild | Hochleistungspatronen |

| Hersteller | Geschosstyp | Geschoss-gewicht g /Grains | Eignung | Patronen |
|---|---|---|---|---|
| Woodleigh | Vollmantel | 19,4 / 300 | Dickhäuter | Hochleistungspatronen |
| Woodleigh | TMR | 22,7 / 350 | schweres Wild | alle Patronen |
| Woodleigh | Vollmantel | 22,7 / 350 | Dickhäuter | alle Patronen |
| Winchester | Silvertip | 19,4 / 300 | schweres Wild | Standard-patronen |
| Winchester | Vollmantel | 19,4 / 300 | Dickhäuter | alle Patronen |
| Winchester | Fail Safe | 17,5 / 270 | schweres Wild | Hochleistungspatronen |
| Winchester | Fail Safe | 19,4 / 300 | schweres Wild | Hochleistungspatronen |
| Barnes | X-Bullet | 13,6 / 210 | starkes Wild, weite Schüsse | alle Patronen |
| Barnes | X-Bullet | 15,2 / 235 | starkes Wild, weite Schüsse | alle Patronen |
| Barnes | X-Bullet | 16,2 / 250 | schweres Wild, weite Schüsse | Hochleistungspatronen |
| Barnes | X-Bullet | 17,5 / 270 | schweres Wild, weite Schüsse | Hochleistungspatronen |
| Barnes | X-Bullet | 19,4 / 300 | schweres Wild | Hochleistungspatronen |
| Barnes | TM-Flachkopf | 14,3 / 220 | reduzierte Ladungen | Standardpatronen |
| Barnes | TM-Flachkopf | 16,5 / 255 | reduzierte Ladungen | Standardpatronen |
| Barnes | Solid | 15,2 / 235 | Dickhäuter | alle Patronen |
| Barnes | Solid | 16,2 / 250 | Dickhäuter | alle Patronen |
| Barnes | Solid | 17,5 / 270 | Dickhäuter | alle Patronen |
| Barnes | Solid | 19,4 / 300 | Dickhäuter | alle Patronen |
| Barnes | Triple Shock | 17,5 / 270 | schweres Wild | Hochleistungspatronen |
| Barnes | Triple Shock | 19,4 / 300 | schweres Wild | Hochleistungspatronen |
| Hirtenberger | ABC | 17,65 / 272 | schweres Wild | alle Patronen |
| GPA | GPA | 13,2 / 212 | mittelstarkes WIld | Standardpatronen |
| GPA | GPA | 16,5 / 255 | schweres Wild | alle Patronen |
| PMP | Solid | 18,5 / 286 | Dickhäuter | alle Patronen |
| PMP | TMR | 19,4 / 300 | schweres Wild | Standardpatronen |
| Remington | TMR | 17,5 / 270 | reduzierte Ladungen | Standardpatronen |
| Sako | Powerhead | 17,5 / 270 | schweres Wild | Standardpatronen |
| RWS | Vollmantel | 19,4 / 300 | Dickhäuter | Standardpatronen |
| RWS | Kegelspitz | 19,4 / 300 | mittelstarkes Wild | Standardpatronen |
| RWS | Universal Classic | 19,4 / 300 | schweres Wild | alle Patronen |
| WR | Solid | 19,4 / 300 | Dickhäuter | alle Patronen |
| Norma | TXP | 19,4 / 300 | schweres Wild | Hochleistungspatronen |
| Norma | Oryx | 19,4 / 300 | schweres Wild | Hochleistungspatronen |
| Norma | Teilmantel | 19,4 / 300 | schweres Wild | Standardpatronen |
| Reichenberg | HDB | 12,0 / 185 | mittelstarkes Wild | alle Patronen / Weit-schüsse |

| Hersteller | Geschosstyp | Geschoss-gewicht g /Grains | Eignung | Patronen |
|---|---|---|---|---|
| Reichenberg | HDB | 13,0 / 200 | mittelstarkes Wild | alle Patronen / Weit-schüsse |
| Reichenberg | HDB | 15,8 / 245 | mittelstarkes Wild | alle Patronen |
| Reichenberg | HDB | 17,5 / 270 | schweres Wild | Hochleistungspatronen |
| Reichenberg | HDB | 19,4 / 300 | schweres Wild | Hochleistungspatronen |
| Reichenberg | Super Penetrator | 19,4 / 300 | Dickhäuter | alle Patronen |
| Möller | KJG | 13,0 / 200 | leichtes WIld | alle Patronen |
| Federal | Trophy Bonded | 19,4 / 300 | schweres Wild | Hochleistungspatronen |
| Federal | Hi Shok | 19,4 / 300 | mittelstarkes Wild | Standardpatronen |
| Federal | Sledge-hammer | 19,4 / 300 | schweres Wild | Hochleistungspatronen |
| Brenneke | TOG | 17,5 / 270 | schweres Wild | alle Patronen |
| Degol | TMS | 17,5 / 270 | schweres Wild | alle Patronen |
| Degol | TMS | 19,4 / 300 | schweres Wild | alle Patronen |
| Degol | Vollmantel | 19,4 / 300 | Dickhäuter | alle Patronen |
| Degol | TMR | 21 / 325 | schweres Wild | Hochleistungspatronen |
| Degol | TMR | 22,7 / 350 | schweres Wild | Hochleistungspatronen |
| Degol | Protected Point | 22,7 / 350 | schweres Wild | Hochleistungspatronen |
| Degol | Vollmantel | 22,7 / 350 | Dickhäuter | alle Patronen |

# .375 Holland&Holland Magnum

Die .375 H&H ist eine der klassischen Großwildpatronen, und fast alle Hersteller von Repetierbüchsen bieten diese Kaliber an. Selbst Doppelbüchsen werden für die 9,5x72, wie sie metrisch heißen würde, gebaut. Die englische Waffenfirma Holland&Holland brachte die Patrone 1912 unter dem Namen .375 Belted Rimless Magnum Nitro Express als eine der ersten Gürtelpatronen auf den Markt. Der Erfolg war durchschlagend und die starke Patrone war schnell weltweit bekannt und beliebt. Die Außenballistik der starken Patrone ist mit der .30-06 zu vergleichen und aus guten Waffen ist die .375 H&H sehr präzise. Auch heute noch wird die .375 H&H als ideales Allroundkaliber für den Jagdreisenden gepriesen. Bei echtem Großwild hat diese Patrone aber auch viele Kritiker. Bei guten Schüssen auf breitstehende Dickhäuter wie Büffel, Nashorn oder Nilpferd ist die Wirkung sicher zufriedenstellend, aber bei der Jagd auf wehrhaftes Großwild kann der Jäger auch schnell in Situationen kommen, wo die schnelle .375er an ihre Grenzen stößt. Hier bietet ein .416er oder .458er Kaliber wesentlich mehr Stoppkraft durch das höhere Geschossgewicht und den größeren Kaliberdurchmesser. Die Auswahl an Fabrikpatronen ist zwar recht umfangreich, trotzdem wird die .375 H&H gern wiedergeladen, denn es gibt heute eine Menge Spezialgeschosse dieses Kaliberdurchmessers, die sich in keiner Fabrikpatrone finden. Der Wiederlader hat hier eine Menge Möglichkeiten, um die Patrone seinen Bedürfnissen anzupassen.

Die Hülsenbeschaffung ist bei diesem Kaliber kein Problem. Wird der benötigte Hülsenvorrat nicht durch das Verschießen von Fabrikpatronen gewonnen, so bieten viele Munitionsfirmen auch leere, ungezündete Hülsen für Wiederlader an.

Auch bei den Geschossen sieht es sehr gut aus, denn der Geschossdurchmesser von .375 ist recht beliebt und es besteht eine reiche Auswahl. Die Geschosspalette reicht von 200 bis 350 Grains und damit hat der Wiederlader eine Menge Möglichkeiten. Bei vielen der leichteren Geschossen ist aber zu bedenken, dass sie oft für wesentlich schwächere Patronen wie etwa .375 Winchester gedacht sind und meist über sehr dünne Mäntel verfügen. Beim Einsatz auf Wild ist daher mit geringer Tiefenwirkung zu rechnen. Diese Geschosse sind in der Geschosstabelle „für reduzierte Ladungen“ ausgewiesen.

Bei den Treibladungsmitteln sind die mittelschnell abbrennenden Pulver in Anbetracht der Hülsenform der .375 Holland&Holland Magnum die beste Wahl. Für wirklich progressive Sorten, ist der Pulverraum zu klein, um genügend Treibladungspulver unterzubringen. Besonders RWS R 907 und Kemira N 140 haben sich als sehr gut erwiesen, wenn Geschosse mit dem beliebten Geschossgewicht von 19,5 g verladen werden. Bei den leichteren Geschossen können auch schneller abbrennende Pulver wie IMR 4895 eingesetzt werden. Auch für leicht reduzierte Ladungen, etwa um die starke Patrone auf heimischen Drückjagden auf Rot- und Schwarzwild einzusetzen, haben sich die offensiveren Pulver gut bewährt.

Die Werkzeugbeschaffung ist kein großes Problem. Alle Hersteller von Wiederladematrizen haben die .375 H&H im Programm. Die Patrone gilt als Standardkaliber und die Preise sind entsprechend günstig. Obwohl Standardzündhütchen für die mittelschnellen Pulver ausreichen, haben sich starke Magnumzünder als vorteilhaft für die Präzision erwiesen.

# Ladedaten Kaliber .375 Holland&Holland Magnum

| Geschoss-hersteller | Geschoss-typ | Geschoss-gewicht Grains | Pulver-hersteller | Pulvertyp | Pulver-ladung Grains | Hülsen-fabrikat | Zünd-hütchen | Gesamt-länge (mm) | $V_0$ m/sek |
|---|---|---|---|---|---|---|---|---|---|
| Barnes | X-Bullet | 210 | IMR | 4064 | 71,0 | Remington | CCI 250 | 87 | 920 |
| Hornady | Flachkopf | 220 | IMR | 4895 | 74,2 | Remington | CCI 250 | 85,0 | 880 |
| Barnes | TSX | 235 | Kemira | N 140 | 71,8 | RWS | CCI 250 | 88,9 | 852 |
| Reichen-berg | HDB | 245 | Kemira | N 160 | 85,0 | RWS | CCI 250 | 89,5 | 835 |
| Swift | A-Frame | 250 | IMR | 4350 | 82,0 | Remington | CCI 250 | 92,0 | 840 |
| Nosler | Partition | 260 | Rottweil | R 904 | 78,5 | RWS | RWS 5333 | 91,5 | 820 |
| Nosler | Accu Bond | 260 | Kemira | N 160 | 80,2 | RWS | RWS 5333 | 91,5 | 832 |
| Hornady | TMS | 270 | IMR | 4350 | 79,8 | RWS | RWS 5333 | 92,8 | 808 |
| Woodleigh | Prot. Point | 270 | IMR | 4064 | 68,8 | Remington | CCI 250 | 93,0 | 802 |
| Degol | TMS | 270 | Rottweil | R 903 | 75,2 | RWS | CCI 250 | 92,5 | 815 |
| Barnes | BND Solid | 270 | IMR | 4895 | 74,3 | RWS | RWS 5333 | 91,5 | 810 |
| Speer | Grand Slam | 285 | Rottweil | R 904 | 79,5 | Winchester | CCI 250 | 91,2 | 802 |
| Sierra | Game King | 300 | IMR | 4064 | 69,0 | RWS | CCI BR2 | 91,5 | 757 |
| Swift | A-Frame | 300 | IMR | 4064 | 67,5 | RWS | CCI BR2 | 91,4 | 740 |
| RWS | Kegelspitz | 300 | Rottweil | R 907 | 72,0 | RWS | RWS 5333 | 89,0 | 778 |
| Nosler | Partition | 300 | Kemira | N 160 | 78,5 | RWS | RWS 5333 | 91,5 | 785 |
| RWS | Universal | 300 | Rottweil | R 907 | 73,2 | RWS | RWS 5333 | 91,4 | 782 |
| RWS | Vollmantel | 300 | Rottweil | R 903 | 67,8 | RWS | RWS 5333 | 88,8 | 748 |
| Romey | Silver Solid | 300 | IMR | 4064 | 66,0 | Winchester | CCI 250 | 91,0 | 740 |
| Woodleigh | TMR | 300 | Kemira | N 540 | 69,5 | RWS | CCI 250 | 92,8 | 780 |
| A-Square | Dead T. | 300 | IMR | 4831 | 79,0 | RWS | CCI 250 | 91,2 | 775 |
| Degol | TMR | 300 | Rottweil | R 907 | 72,0 | Winchester | CCI 250 | 92,8 | 770 |
| Barnes | TSX | 300 | Kemira | N 140 | 68,0 | RWS | RWS 5333 | 92,5 | 765 |
| Degol | TMR | 325 | Kemira | N 140 | 64,5 | RWS | CCI 250 | 92,8 | 720 |
| Degol | TNR | 350 | Kemira | N 540 | 63,0 | RWS | RWS 5333 | 90,5 | 705 |

Für die Ermittlung der Ladedaten wurde eine Repetierbüchse mit 65 cm Lauflänge benutzt.

# .375 Holland&Holland Magnum Flanged

Die Randversion der Holland&Holland Erfolgspatrone wurde zusammen mit der Gürtelpatrone im Jahre 1912 vorgestellt. Sie wies eine nur geringfügig geringere Leistung aus. Für die Gürtelausführung wurden 18,5 long tons als Höchstgasdruck angegeben, während die Randversion mit 17,5 long tons ausgewiesen wurde. Diese englische Angabe des Gasdrucks lässt sich mit dem Multiplikator 154,445 in die uns geläufigen bar umrechnen. Damit würde sich ein Verhältnis von 2850 zu 2700 bar ergeben. Auf den ersten Blick recht schlapp für die .375 H&H. Dazu muss man aber wissen, dass damals der Bodendruck gemessen wurde, während man heute den Gasdruck an der Seite der Patrone misst. Diese Werte liegen um mindestens 600-700 bar höher, womit sich der heute angegebene maximale Gebrauchsgasdruck von 3700 bar für die .375 H&H erklärt. Die mögliche Leistung der Randpatrone liegt damit nur wenig unter der Gürtelversion. In der Jagdpraxis wird sich dieser Unterschied kaum bemerkbar machen. Lange Zeit war es sehr ruhig um diese Patrone, doch in jüngerer Zeit gab es wieder Neuwaffen für das leistungsstarke Randkaliber, zum Beispiel von der Firma Heym. Fabrikmunition ist ziemlich selten. Die Fa. Romey fertigt vier Laborierungen der .375 H&H FL, die alle mit Geschossen des australischen Herstellers Woodleigh ausgestattet sind. Im klassischen Geschossgewicht .300 Grains wird eine Voll- und Teilmantellaborierung angeboten, die durch leichtere Teilmantelpatronen in den Gewichten 270 und 235 Grains ergänzt werden. Der Wiederlader hat hier in Anbetracht des üppigen Geschossangebotes eine Menge Möglichkeiten. Hülsen in diesem seltenen Randkaliber sind entsprechend teuer und auch nicht einfach zu beschaffen.

Bei den Treibladungsmitteln sind die mittelschnell bis langsam abbrennenden Pulver in Anbetracht der Hülsenform der .375 Holland&Holland Magnum die beste Wahl. Mit den progressiven Sorten wurden mit Ausnahme der 350 Grains Laborierung und Kemira N 160 keine gleichmäßigen Ergebnisse erzielt. Besonders RWS R 904 und die Kemira-Pulver N 540 und N 550 haben sich als sehr präzise erwiesen. Bei den leichteren Geschossen können auch schneller abbrennende Pulver wie IMR 4895 eingesetzt werden. Auch für leicht reduzierte Ladungen, etwa um die starke Patrone auf heimischen Drückjagden auf Rot- und Schwarzwild einzusetzen, haben sich die offensiveren Pulver gut bewährt.

Matrizensätze sind entsprechend teuer und es ist mit Lieferzeiten zu rechnen. Obwohl Standardzündhütchen für die mittelschnellen Pulver ausreichen, haben sich starke Magnumzünder als vorteilhaft für die Präzision erwiesen.

# Ladedaten Kaliber .375 Holland&Holland Magnum Flanged

| Geschoss-hersteller | Geschoss-typ | Geschoss-gewicht Grains | Pulver-hersteller | Pulvertyp | Pulver-ladung Grains | Hülsen-fabrikat | Zünd-hütchen | Gesamt-länge (mm) | $V_0$ m/sek |
|---|---|---|---|---|---|---|---|---|---|
| Hornady | Flachkopf | 220 | IMR | 4895 | 68,0 | Romey | CCI 250 | 93,0 | 802 |
| Speer | TM Semi | 235 | Rottweil | R 907 | 73,0 | Romey | CCI 250 | 93,2 | 810 |
| Nosler | Partition | 260 | Rottweil | R 904 | 75,5 | Romey | RWS 5333 | 93,5 | 776 |
| Woodleigh | Prot. Point | 270 | Kemira | N 560 | 78,0 | Romey | CCI 250 | 93,5 | 766 |
| Degol | TMS | 270 | Rottweil | R 904 | 73,2 | Romey | CCI 250 | 93,5 | 771 |
| Speer | Grand Slam | 285 | IMR | 4895 | 60,5 | Romey | CCI 250 | 93,0 | 731 |
| Sierra | Game King | 300 | Rottweil | R 904 | 66,5 | Romey | RWS 5333 | 93,0 | 702 |
| Swift | A-Frame | 300 | Kemira | N 540 | 59,0 | Romey | CCI BR2 | 93,0 | 694 |
| RWS | Universal | 300 | Kemira | N 150 | 60,0 | Romey | RWS 5333 | 93,0 | 696 |
| Degol | Vollmantel | 300 | Rottweil | R 904 | 66,0 | Romey | CCI BR 2 | 93,2 | 700 |
| Woodleigh | TMR | 300 | Rottweil | R 907 | 63,0 | RWS | CCI 250 | 93,0 | 705 |
| Barnes | X-Bullet | 300 | Kemira | N 550 | 68,4 | RWS | RWS 5333 | 93,0 | 708 |
| Degol | TMR | 325 | Kemira | N 550 | 63,0 | RWS | CCI 250 | 93,0 | 676 |
| Degol | TNR | 350 | Kemira | N 160 | 68,0 | RWS | RWS 5333 | 93,0 | 769 |

Zur Ermittlung der Ladedaten wurde eine Doppelbüchse mit 65 cm Lauflänge benutzt.

## 9,5x66 Super Express vom Hofe

Wie schon ausgeführt, kann die Großwildpatrone .375 Holland&Holland Magnum fast als Universalpatrone für den Afrikajäger bezeichnet werden. Ausreichend rasant, um auch größere Schussentfernungen zu meistern, bringt sie genügend Energie ins Ziel, um auch schweres Wild zur Strecke zu bringen. Ihre lange Hülse verlangt aber nach einem Magnumsystem und die so beliebten 98er Systeme müssen recht aufwendig umgebaut werden. In diesem Punkt ist die Brenneke Konstruktion 9,3x64 klar im Vorteil. Sie passt so wie sie ist ins Mausersystem. Auch bezüglich der Leistung braucht sie sich keinesfalls hinter der englischen Konkurrenz zu verstecken. Ihr einziger Nachteil liegt im Geschossdurchmesser. In den meisten afrikanischen Jagdländern ist als Mindestkaliber für die Big Five, eine Patrone mit einem Geschossdurchmesser von 9,5 Millimeter (Dia .375) vorgeschrieben. Damit ist die 9,3x64 illegal und darf nicht eingesetzt werden. Recht einfach wäre es gewesen, die 9,3x64er Hülse lediglich etwas aufzuweiten und mit .375er Geschossen zu laborieren.

Die hier vorgestellte Patrone hat aber eine andere Mutterhülse, denn sie hat schon eine lange Vorgeschichte und lag in etwas anderer Form bereits viele Jahre in der Schublade von Munitionsexperte Walter Gehmann. Er griff natürlich auf eine Hülse aus „eigenem Haus“ zurück, und wählte als Ausgangshülse die 7x66 SE v.Hofe, die auf .375 aufgeweitet wird. Ursprünglich war sogar eine 9,6x66 vom Hofe mit völlig neuer Hülse geplant, die aber über das bloße Reißbrett-Stadium niemals hinaus gelangte. Die neue Hülse hätte bei einem Bodendurchmesser von 15,75 Millimeter das enorme Hülsenvolumen von 7,55 ccm gehabt. Damit wäre die Leistung der .378 Weatherby, die ein Hülsenvolumen von 7,66 ccm aufweist, problemlos möglich gewesen. Gehmann verwirklichte diese Patrone nicht, da er wenig Sinn darin sah, eine Patrone mit praktisch identischer Leistung zu schaffen und gegen die auf dem Weltmarkt schon etablierte Konkurrenz der Weatherby anzutreten. Die zweite Patrone entstand im Jahre 1967 auf Basis der .404 Jeffery und bekam den klangvollen Namen 9,3x75 v. Hofe Maximum. Mit einem Hülsenvolumen von 6,93 ccm wurde ein 17 g schweres Geschoss auf eine Mündungsgeschwindigkeit von 950 m./sek. beschleunigt. Mit 7370 Joule war dies damals die mit Abstand stärkste 9,3 mm Patrone. Diese neue v. Hofe Patrone war nicht nur Theorie, sondern wurde erfolgreich in Uganda auf Elefant, Büffel und Flusspferd getestet. Kommerziell genutzt wurde aber auch diese interessante Entwicklung nicht, denn der Weltmarkt für Großwild-Munition versprach für eine neue Patrone dieser Leistungsklasse damals, Anfang der 70er Jahre, keine großen Verkaufserfolge.

Als dann die englische Firma Westley Richards nach einer Patrone für Mauser Systeme im Kaliberbereich .375 suchte, entschloss Walter Gehmann sich zu einem dritten Anlauf und wählte diesmal die 7x66 SE. v. H. als Grundhülse. Damit steht reichlich Pulverraum zur Verfügung, um die Leistung der .375 Holland&Holland sogar noch zu übertreffen. Die Fertigung der Patronen und die Entwicklung der endgültigen Laborierung ist bei Wolfgang Romey/Petershagen erfolgt, der auch die anderen vom Hofe Kaliber für Gehmann fertigt. In England kam diese Patrone gleichzeitig als .375 Westley Richards, ebenfalls von Romey gefertigt, auf den Markt. Die Fabrikpatronen sind auf eine V0 von etwa 820 m/sek. geladen. Damit ergibt sich bei einem .300 Grains schweren Geschoss eine Mündungsenergie von 6600 Joule. Somit liegt die neue Patrone um gut 800 Joule über den Werten der .375 Holland&Holland und kommt schon der .378 Weatherby sehr nahe. (Zum Vergleich: .375 H&H Winchester Silvertip 300 Gr. 772 m/sek.; 5781 Joule) Das Rückstoßverhalten ist etwa mit der .375 H&H zu vergleichen und wesentlich angenehmer als die .378 Weatherby.

Die Hülsenbeschaffung ist bei diesem Kaliber nicht ganz einfach. Wird der benötigte Hülsenvorrat nicht durch das Verschießen von Fabrikpatronen gewonnen, so bleibt nur die Möglichkeit, die Mutterhülse 7x66 SEvH zu verwenden, die aber auch nicht gerade häufig zu finden ist.

Bei den Treibladungsmitteln sind die mittelschnell bis langsam abbrennenden Pulver in Anbetracht der Hülsenform der 9,5x66 SEvH die beste Wahl. Für wirklich progressive Sorten ist der Pulverraum zu klein, um genügend Treibladungspulver unterzubringen. Besonders RWS R 904 und Kemira N 140 oder N 150 haben sich als sehr gut erwiesen, wenn Geschosse mit dem beliebten Geschossgewicht von 19,5 g verladen werden. Bei den leichteren Geschossen, können auch schneller abbrennende Pulver wie IMR 4895 eingesetzt werden. Auch für leicht reduzierte Ladungen, etwa, um die starke Patrone auf heimischen Drückjagden auf Rot- und Schwarzwild einzusetzen, haben sich die offensiveren Pulver gut bewährt.

Die Werkzeugbeschaffung ist heute kein großes Problem mehr. Wiederladematrizen sind bei den bekannten Firmen zu bekommen, allerdings recht teuer, da das Kaliber nicht gerade als Standardkaliber gilt. Obwohl Standardzündhütchen für die mittelschnellen Pulver eigentlich ausreichen, haben sich starke Magnumzünder auch hier als vorteilhaft für die Präzision erwiesen.

# Ladedaten Kaliber 9,5x66 SEvH

| Geschoss-hersteller | Geschoss-typ | Geschoss-gewicht Grains | Pulver-hersteller | Pulvertyp | Pulver-ladung Grains | Hülsen-fabrikat | Zünd-hütchen | Gesamt-länge (mm) | $V_0$ m/sek |
|---|---|---|---|---|---|---|---|---|---|
| Barnes | X-Bullet | 210 | Rottweil | R 903 | 85 | WR | CCI 250 | 85,5 | 900 |
| Hornady | Flachkopf | 220 | Rottweil | R 907 | 88 | WR | CCI 250 | 85,1 | 895 |
| Barnes | X-Bullet | 235 | Kemira | N 140 | 82 | WR | Rottweil 5333 | 85,5 | 865 |
| Swift | A-Frame | 250 | Kemira | N540 | 81 | WR | CCI 250 | 85,6 | 860 |
| Nosler | Partition | 260 | IMR | 4895 | 78 | WR | Rottweil 5333 | 84,5 | 852 |
| Hornady | TMS | 270 | Rottweil | R 904 | 90 | WR | CCI 250 | 84,5 | 850 |
| Woodleigh | Prot. Point | 270 | Kemira | N 550 | 86 | WR | Rottweil 5333 | 84,0 | 854 |
| Degol | TMS | 270 | Norma | 204 | 91 | WR | CCI 250 | 84,0 | 851 |
| Speer | Grand Slam | 285 | Kemira | N 550 | 82 | WR | CCI 250 | 84,5 | 838 |
| Sierra | Game King | 300 | Rottweil | R 907 | 78,5 | WR | CCI 250 | 85,1 | 807 |
| Swift | A-Frame | 300 | Rottweil | R 907 | 76,5 | WR | Rottweil 5333 | 84,0 | 790 |
| RWS | Kegelspitz | 300 | Kemira | N 540 | 74,2 | WR | CCI 250 | 83,8 | 800 |
| RWS | Universal | 300 | IMR | 4064 | 72,5 | WR | Rottweil 5333 | 84,5 | 785 |
| RWS | Vollmantel | 300 | Kemira | N 160 | 84,2 | WR | CCI 250 | 84,0 | 778 |
| Woodleigh | TMR | 300 | Rottweil | R 904 | 82,5 | WR | Rottweil 5333 | 83,5 | 805 |
| Degol | TMR | 300 | IMR | 4350 | 83,5 | WR | CCI 250 | 83,5 | 810 |
| Woodleigh | TMR | 300 | Norma | MRP | 89,0 | WR | CCI 250 | 83,5 | 820 |
| Barnes | X-Bullet | 300 | Norma | 204 | 81,3 | WR | CCI 250 | 84,0 | 785 |
| Degol | TMR | 325 | Kemira | N 540 | 71,5 | WR | CCI 250 | 83,5 | 760 |
| Degol | TNR | 350 | Rottweil | R 904 | 78,5 | WR | CCI 250 | 83,5 | 735 |

Zur Ermittlung der Ladedaten wurde eine Repetierbüchse mit 60 cm Lauflänge benutzt.

## .378 Weatherby Magnum

Roy Weatherby stellte die .378 Weatherby Magnum im Jahre 1953 als völlig neu konstruierte Patrone vor, nachdem ihn Versuche mit einer ausgeblasenen .375 Holland&Holland Magnum bezüglich der Leistung nicht befriedigten. Die Hülse lehnt sich in den Basismaßen zwar an die .416 Rigby an, hat aber die typische Doppelradialschulter der Weatherbyhülsen und den Gürtel über den Hülsenboden. Die durch den jetzt riesigen Pulverraum erzielbare Leistung ist beeindruckend. Weatherby beschleunigte ein 300 Grains-Geschoss auf 880 m/sek. und übertraf damit die .375 Holland&Holland Magnum um fast 100 m/sek. Eine solche Leistung ist natürlich nicht unproblematisch, und die .378 Weatherby Magnum gehört zu den rückstoßstärksten Patronen überhaupt und schießt sich wirklich unangenehm. Der kurze, ultraharte Rückstoß ist wesentlich heftiger, als bei den echten Großkalibern wie .500 NE oder .577 NE. Das zweite Problem der leistungsstarken Patrone waren die in den 50er Jahren zur Verfügung stehenden Jagdgeschosse. Für die hohe Zielgeschwindigkeit waren sie im Aufbau zu weich, und die Patrone musste viel Kritik wegen der zu geringen Tiefenwirkung einstecken. Durch die heute zu Verfügung stehenden harten Verbundkerngeschosse, und die monolitisch aufgebauten Konstruktionen ohne Bleikern, ist dieses Problem aber behoben. Außenballistisch ist die .378 eine Klasse für sich. Mit einem Jagdgeschoss mit günstigen ballistischen Koeffizienten, etwa dem 300 Grains Sierra Game King, ist die Patrone ideal für den wirklich weiten Schuss auf großes Wild. Die .378 Weatherby Magnum wird überwiegend in der Weatherby Repetierbüchse Mark V angeboten, aber auch andere Hersteller bauen die Patrone auf Wunsch ein. Es ist ein langes Magnumsystem erforderlich. Ratsam ist eine Mündungsbremse, auch wenn sich der Geschossknall dann in den schmerzhaften Bereich steigert und nicht ohne Gehörschutz geschossen werden sollte. Bei originalen Weatherby Büchsen ist die Mündungsbremse obligatorisch.

Fabrikmunition ist ziemlich selten. Patronen sind nur von Weatherby selbst und von A-Square erhältlich. A-Square Munition ist aber in Deuschland kaum zu bekommen. Der Wiederlader hat hier eine Menge Möglichkeiten. Die nutzbare Geschosspalette reicht von 200 bis 350 Grains. Es sollten aber nur die wirklich stabil aufgebauten Geschosskonstruktionen eingesetzt werden, wenn die volle Leistung gewünscht wird. Beim Einsatz auf Wild ist sonst mit völlig unzureichender Tiefenwirkung zu rechnen. Der Wiederlader kann aber leicht reduzierte Laborierungen anfertigen, die dann im Bereich der .375 Holland&Holland liegen. Für den Jagdeinsatz reicht das in der Regel aus, und diese Patronen schießen sich wesentlich angenehmer. Wegen der großen Gefahr von Nachbrennern und dem detonationsartigen Abbrand dürfen die in der Tabelle angegebenen reduzierten Ladungen auf keinen Fall unterschritten werden. Die .378 Weatherby ist hier sehr empfindlich.

Wegen der ausgefallenen Maße können nur Originalhülsen verwandt werden. Lediglich das Herunterkalibrieren der aus der .378 Weatherby entstandenen .460 Weatherby wäre möglich, aber diese Hülsen sind genauso selten zu bekommen.

Bei den Treibladungsmitteln sind für volle Leistung nur die langsam abbrennenden Pulver wie Rotweil R 905, Kemira N 165 oder Hodgdon 4831 einsetzbar. Für etwas reduzierte Ladungen eignen sich auch die mittelschnellen Sorten wie etwa Rottweil R 907. Besonders Augenmerk gilt den Zündhütchen. Für eine gleichmäßige Anzündung der großen Pulvermenge sind besonders starke Magnumzünder notwendig. Die besten Ergebnisse wurden mit dem Federal 215 und dem RWS 5333 erzielt. Matrizensätze sind von den großen Herstellern zu bekommen und gehören noch nicht einmal zu den Sonderkalibern.

# Ladedaten Kaliber .378 Weatherby Magnum

| Geschoss-hersteller | Geschoss-typ | Geschoss-gewicht Grains | Pulver-hersteller | Pulvertyp | Pulver-ladung Grains | Hülsen-fabrikat | Zünd-hütchen | Gesamt-länge (mm) | $V_0$ m/sek |
|---|---|---|---|---|---|---|---|---|---|
| Möller | KJG | 200 | Kemira | N 550 | 116,0 | Weatherby | Federal 215 | 93,0 | 1052 |
| Barnes | TSX | 235 | Alliant | RL 19 | 114,0 | Weatherby | Federal 215 | 93,0 | 1012 |
| Reichen-berg | HDB | 245 | Rottweil | R 905 | 118,0 | Weatherby | Federal 215 | 92,0 | 945 |
| Nosler | Partition | 260 | Kemira | N 165 | 117,0 | Weatherby | RWS 5333 | 92,0 | 930 |
| Woodleigh | Prot. Point | 270 | Rottweil | R 907 | 95,0 | Weatherby | Federal 215 | 91,6 | 820 |
| Reichen-berg | HDB | 270 | Rottweil | R 905 | 114,0 | Weatherby | Federal 215 | 91,8 | 895 |
| Barnes | TSX | 270 | Alliant | RL 19 | 108,0 | Weatherby | Federal 215 | 92,5 | 890 |
| Degol | TMS | 270 | Norma | MRP | 112,0 | Weatherby | Federal 215 | 92,0 | 902 |
| Barnes | Solid | 270 | Alliant | RL 22 | 112,0 | Weatherby | Federal 215 | 91,6 | 885 |
| Speer | Grand Slam | 285 | Kemira | N 165 | 114,0 | Weatherby | Federal 215 | 92,5 | 910 |
| Sierra | Game King | 300 | Rottweil | R 905 | 110,0 | Weatherby | RWS 5333 | 92,5 | 884 |
| Hornady | Vollmantel | 300 | Norma | MRP | 110,0 | Weatherby | Federal 215 | 90,5 | 876 |
| Woodleigh | TMR | 300 | Rottweil | R 904 | 93,0 | Weatherby | RWS 5333 | 90,0 | 778 |
| RWS | Kegelspitz | 300 | Rottweil | R 907 | 90,0 | Weatherby | RWS 5333 | 92,4 | 795 |
| Swift | A-Frame | 300 | Hodgen | 4831 | 109,0 | Weatherby | RWS 5333 | 92,7 | 890 |
| Nosler | Partition | 300 | IMR | 7828 | 111,0 | Weatherby | Federal 215 | 92,5 | 881 |
| RWS | Universal | 300 | Kemira | N 165 | 110,0 | Weatherby | RWS 5333 | 90,5 | 862 |
| Degol | Vollmantel | 300 | Rottweil | R 505 | 105,0 | Weatherby | Federal 215 | 89,5 | 845 |
| Woodleigh | TMR | 300 | Alliant | R 22 | 112,0 | Weatherby | Federal 215 | 90,0 | 872 |
| Barnes | TSX | 300 | IMR | 4831 | 111,0 | Weatherby | RWS 5333 | 92,5 | 889 |
| Barnes | BND Solid | 300 | Alliant | RL 22 | 109,0 | Weatherby | Federal 215 | 91,6 | 875 |
| Degol | TMR | 325 | Kemira | N 165 | 106,0 | Weatherby | Federal 215 | 92,0 | 815 |

Zur Ermittlung der Ladedaten wurde eine Weatherby Mark V mit 65 Zentimeter Lauflänge benutzt.

# .375 Remington Ultra Magnum

Die .375 RUM ist nach der .300 RUM und der .338 RUM die dritte Remington Ultra Magnum und kam im Jahre 2001 auf den Markt. Damit erschließt Remington mit der RUM-Patronenfamilie auch den Großwildbereich. Hauptkonkurrenten sind hier die klassische .375 Holland&Holland Magnum und die .378 Weatherby Magnum. Remington hat aber nicht versucht, Weatherbys Super-Magnum zu übertreffen, sondern siedelt die .375 RUM in der Leistung zwischen den beiden etablierten 375er-Kalibern an. Ein 300 Grains-Geschoss wird auf 840 m/sek. beschleunigt. Die .375 H&H liegt bei etwa 780 m/sek., die .378 Weatherby kommt auf satte 880 m/sek. Damit steht dem Jäger mit der .375 RUM, gegenüber der alten .375 H&H, eine etwas gestrecktere Flugbahn zur Verfügung, ohne aber den horrenden Rückstoß der Weatherby in Kauf nehmen zu müssen. Die neu konzipierte RUM schießt sich nicht spürbar unangenehmer als eine .375 H&H. Sie hat damit das Zeug, die für starkes Wild als sehr universell geltende Holland&Holland abzulösen. Als Ausgangshülse der RUM-Patronen dient die .404 Jeffery. Der Schulterwinkel ist auf 30 Grad festgelegt. Remington hat sich damit für eine Hülse ohne Gürtel entschieden, was von den meisten Ballistikexperten als vorteilhaft angesehen wird. Gürtellose Hülsen haben bei gleichen Außenabmessungen einen größeren Pulverraum und haben eine bessere Zentrierung im Patronenlager durch die Bildung des Verschlussabstandes auf der Schulter und nicht auf der Stirnseite des Gürtels. Mit einer Hülsenlänge von 72,39 mm reicht für die RUM-Patronenfamilie das lange Remington-System aus. Übergroße Magnumsysteme, wie sie etwa die .416 Rigby oder die Weatherby benötigt, sind nicht erforderlich, was den Bau von preiswerten Repetierern möglich macht. Sehr ähnlich ist übrigens die .375 Dakota, die ebenfalls die .404 Jeffery als Ausgangshülse benutzt.

Um die hohe Leistung der schnellen .375er zielballistisch umsetzen zu können, sind entsprechende Geschosse notwendig.

Mit den modernen Verbundkerngeschossen und den monolithisch aufgebauten Konstruktionen ohne Bleikern, ist dieses Problem aber behoben. Mit einem Jagdgeschoss mit günstigen ballistischen Koeffizienten, etwa dem 300 Grains Sierra Game King, ist die Patrone ideal für den weiten Schuss auf großes Wild. Der Einsatzbereich liegt bei der Jagd auf Elch, Wapiti, Eland, Sable und den wehrhaften Arten wie Braunbär, Löwe oder Büffel. Stehen Plains Game im Vordergrund, ist sie eine ideale Patrone für den Ein-Gewehr-Jäger in Afrika.

Fabrikmunition ist bei dieser noch jungen Patrone ziemlich selten. Patronen sind nur von Remington selbst in zwei Laborierungen erhältlich.

Der Wiederlader hat hier eine Menge Möglichkeiten, denn bei den Geschossen sieht es sehr gut aus. Der Geschossdurchmesser von .375 ist recht beliebt und es besteht eine reiche Auswahl. Auch die .375 RUM braucht hochwertige und stabile Geschosse, um die angestrebte Tiefenwirkung zu erreichen. Der Wiederlader kann auch hier leicht reduzierte Laborierungen anfertigen, die dann im Bereich der .375 Holland&Holland

liegen. Hülsen ließen sich zwar aus der .404 Jeffery umformen, aber die ist auch nicht gerade preiswert zu bekommen. Originalhülsen sind die bessere Wahl.

Bei den Treibladungsmitteln sind nur die langsam abbrennenden Pulver wie Hodgdon 4831, Hodgdon 1000 oder IMR 7818 einsetzbar. Die amerikanischen Sorten erbrachten hier eine besonders gute Präzision. Für eine gleichmäßige Anzündung der großen Pulvermenge sind besonders starke Magnumzünder notwendig. Die besten Ergebnisse wurden mit dem Federal 215 und dem RWS 5333 erzielt. Matrizensätze sind von den großen Herstellern zu bekommen und gehören schon zu den Normalkalibern.

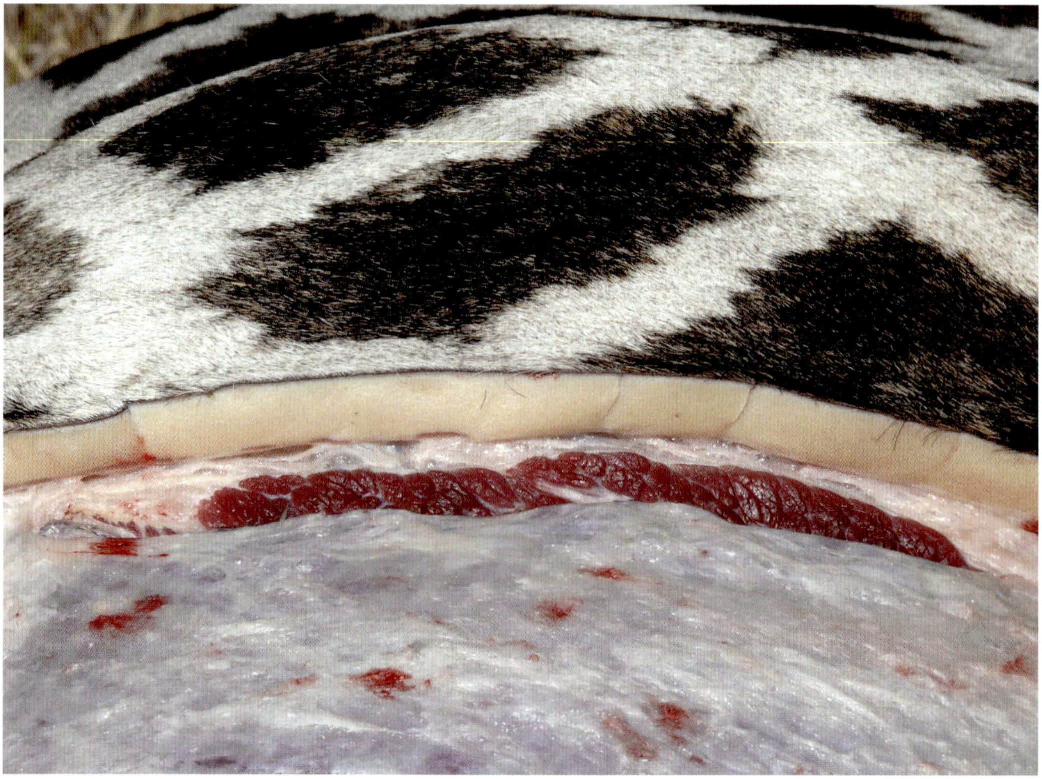

Die Decke einer Giraffe ist mehrere Zentimeter dick. Hier müssen stabile Geschosse eingesetzt werden.

# Ladedaten Kaliber .375 Remington Ultra Magnum

| Geschoss-hersteller | Geschoss-typ | Geschoss-gewicht Grains | Pulver-hersteller | Pulvertyp | Pulver-ladung Grains | Hülsen-fabrikat | Zünd-hütchen | Gesamt-länge (mm) | $V_0$ m/sek |
|---|---|---|---|---|---|---|---|---|---|
| Barnes | TSX | 235 | Kemira | N 560 | 102,0 | Remington | RWS 5333 | 91,4 | 896 |
| Reichen-berg | HDB | 245 | Hodgdon | 4350 | 96,0 | Remington | Federal 215 | 91,0 | 905 |
| Nosler | Partition | 260 | IMR | 7828 | 100,2 | Remington | RWS 5333 | 91,5 | 912 |
| Nosler | Accu Bond | 260 | Hodgdon | 4831 | 99,5 | Remington | CCI 250 | 91,5 | 915 |
| Woodleigh | Prot. Point | 270 | IMR | 4350 | 91,5 | Remington | Federal 215 | 91,3 | 871 |
| Barnes | TSX | 270 | IMR | 4831 | 100,2 | Remington | CCI 250 | 91,5 | 875 |
| Degol | TMS | 270 | Alliant | RL 22 | 99,0 | Remington | Federal 215 | 91,5 | 910 |
| Sierra | Game King | 300 | IMR | 7828 | 95,2 | Remington | RWS 5333 | 91,5 | 857 |
| Hornady | Vollmantel | 300 | IMR | 4350 | 93,2 | Remington | Federal 215 | 91,4 | 842 |
| Woodleigh | TMR | 300 | Alliant | RL 22 | 98,3 | Remington | RWS 5333 | 91,5 | 881 |
| RWS | Kegelspitz | 300 | Hodgdon | 4350 | 89,0 | Remington | RWS 5333 | 91,5 | 835 |
| Swift | A-Frame | 300 | IMR | 7818 | 96,0 | Remington | RWS 5333 | 91,5 | 844 |
| RWS | Universal | 300 | Hodgdon | 4831 | 95,0 | Remington | RWS 5333 | 90,5 | 830 |
| Degol | Vollmantel | 300 | Kemira | N 165 | 91,5 | Remington | Federal 215 | 91,0 | 822 |
| Barnes | BND Solid | 300 | Hodgdon | 4350 | 97,0 | Remington | CCI 250 | 91,0 | 825 |
| Woodleigh | TMR | 300 | Kemira | N 165 | 94,0 | Remington | Federal 215 | 91,0 | 836 |
| Barnes | X-Bullet | 300 | Alliant | RL 22 | 98,0 | Remington | RWS 5333 | 91,5 | 878 |
| Woodleigh | TMR | 350 | Alliant | RL 19 | 90,0 | Remington | Federal 215 | 91,0 | 770 |
| Woodleigh | TMR | 350 | Hodgdon | 1000 | 100,0 | Remington | Federal 215 | 91,0 | 780 |

Zur Ermittlung der Ladedaten wurde eine Remington 700 Africa Big Game Repetierbüsche mit 66 Zentimeter Lauflänge benutzt.

# .375 Dakota

Nach dem Vorbild berühmter Waffenfirmen, wie Holland&Holland oder Rigby, brachte der Firmeninhaber von Dakota Arms Dan Allen dann vor einigen Jahren auch eine eigene Patronenserie heraus, die von der 7 mm Dakota bis hin zur .450 Dakota reicht. Als Basishülse dient bei allen Patronen, mit Ausnahme der .450 Dakota, die Hülse der .404 Jeffery.

Als Basishülse die gürtellose .404 Jeffery zu wählen, ist sehr vorteilhaft, was Präzision und Zuverlässigkeit betrifft. Bekanntlich sind gürtellose Patronen hinsichtlich der Präzision im Vorteil, weil die Zentrierung des Geschosses zur Laufseelenachse hier günstiger ist. Auch sind gürtellose Patronen, bei der Verwendung in Repetierbüchsen gegenüber Gürtel-, Rand, oder Patronen mit eingezogenem Rand, bei der Zuführung und dem Ausziehen der abgefeuerten Hülse viel unproblematischer.

Die Basishülse .404 Jeffery ist „ausgeblasen“, das heißt, sie hat eine bis zur Schulter fast zylindrische Hülsenform, was eine Vergrößerung des Pulverraumes zur Folge hat. Durch den Schulterwinkel von 30 Grad und die günstige Hülsenform wird zudem ein optimaler Pulverabbrand erreicht. Die Eigenpräzision der .375 Dakota ist entsprechend hoch.

Leistungsmäßig liegt sie trotz kürzerer Hülse noch über .375 Holland&Holland Magnum. Ein 300 Grains Geschoss wird auf über 800 m/sek. gebracht, was eine Mündungsenergie von mehr als 6000 Joule ergibt. Die .375 Holland&Holland Magnum leistet hier etwa 30 m/sek. weniger. Der große Vorteil der .375 Dakota ist, dass sie problemlos in normal lange Büchsensysteme passt und kein teures Magnumsystem braucht. Das ermöglicht den Bau von preiswerten Repetierbüchsen.

Die .375 Dakota ist eine gute Universalpatrone für die Jagd auf wehrhaftes Wild in Afrika, schweres Schalenwild wie Elch, Eland oder Maral, auch auf große Distanzen, und für die starken Bären Nordamerikas. Sie entspricht dem Anwendungsbereich der .375 Holland&Holland Magnum.

Bei den Fabrikpatronen sieht es derzeit in Deutschland schlecht aus. Patronen gibt es nur von Dakota selbst. Dakota lässt die Patronenpalette in den USA bei Superior Ammunition fertigen, die ebenfalls in Sturgis, South Dakota ansässig ist und seit 1984 Munition in Kleinserien produziert. Nach Europa gelangen diese Patronen kaum, oder nur mit sehr großem Aufwand. Somit ist die .375 Dakota bei uns eine echte Wiederladeangelegenheit.

Die Hülsenbeschaffung ist bei diesem Kaliber sehr eingeschränkt. Wer seinen Hülsenvorrat nicht unbedingt durch das Verschießen der teuren Fabrikpatronen – wenn überhaupt erhältlich – anlegen will, kann auch .404 Jeffery Hülsen umformen, was aber schon etwas Sachkenntnis beim Feuerformen verlangt.

Bei den Geschossen sieht es dagegen sehr gut aus, denn es werden die üblichen .375er Geschosse verladen.

Die Geschosspalette reicht von 200 bis 350 Grains. Bei vielen Geschossen ist aber zu bedenken, dass sie oft für wesentlich schwächere Patronen gedacht sind und für die

.375 Dakota, wenn die volle Leistung gewünscht wird, nicht geeignet sind. Beim Einsatz auf Wild ist dann mit völlig unzureichender Tiefenwirkung zu rechnen. Bei den Treibladungsmitteln sind nur die langsam abbrennenden Pulver wie Hodgdon 4831, Hodgdon 1000 oder IMR 7818 einsetzbar. Für eine gleichmäßige Anzündung der großen Pulvermenge sind besonders starke Magnumzünder notwendig. Die besten Ergebnisse wurden mit dem Federal 215 und dem RWS 5333 erzielt. Matrizensätze sind von den großen Herstellern zu bekommen und gehören aber zu den teuren Sonderkalibern.

# Ladedaten Kaliber .375 Dakota

| Geschoss-hersteller | Geschoss-typ | Geschoss-gewicht Grains | Pulver-hersteller | Pulvertyp | Pulver-ladung Grains | Hülsen-fabrikat | Zünd-hütchen | Gesamt-länge (mm) | $V_0$ m/sek |
|---|---|---|---|---|---|---|---|---|---|
| Hornady | TMS | 225 | Alliant | RL 15 | 73,5 | Dakota | RWS 5333 | 83,2 | 925 |
| Reichen-berg | HDB | 245 | Kemira | N 150 | 75,0 | Dakota | Federal 215 | 83,5 | 870 |
| Nosler | Partition | 260 | Kemira | N 150 | 76,5 | Dakota | RWS 5333 | 84,0 | 860 |
| Nosler | Accu Bond | 260 | Alliant | RL 15 | 74,0 | Dakota | CCI 250 | 84,0 | 842 |
| Woodleigh | Prot. Point | 270 | IMR | 4350 | 78,0 | Dakota | Federal 215 | 83,8 | 834 |
| Degol | TMS | 270 | Hodgdon | Varget | 70,0 | Dakota | Federal 215 | 84,0 | 820 |
| Barnes | X-Bullet | 270 | Kemira | N 150 | 73,5 | Dakota | CCI 250 | 84,2 | 852 |
| Hornady | Rundkopf | 270 | Alliant | RL 15 | 73,0 | Dakota | CCI 250 | 84,2 | 845 |
| Sierra | Game King | 300 | IMR | 4350 | 80,3 | Dakota | RWS 5333 | 84,2 | 829 |
| Hornady | Vollmantel | 300 | IMR | 4831 | 81,7 | Dakota | Federal 215 | 84,0 | 822 |
| Woodleigh | TMR | 300 | Alliant | RL 19 | 82,8 | Dakota | RWS 5333 | 84,0 | 810 |
| Swift | A-Frame | 300 | Kemira | N 150 | 73,5 | Dakota | RWS 5333 | 84,2 | 815 |
| Degol | Vollmantel | 300 | Win. | 760 | 80,3 | Dakota | Federal 215 | 83,6 | 819 |
| Woodleigh | TMR | 300 | Kemira | N 150 | 73,0 | Dakota | Federal 215 | 84,0 | 810 |
| Barnes | X-Bullet | 300 | IMR | 4350 | 80,5 | Dakota | RWS 5333 | 84,0 | 829 |
| Woodleigh | TMR | 350 | Alliant | RL 19 | 74,5 | Dakota | Federal 215 | 84,0 | 715 |
| Woodleigh | TMR | 350 | Norma | MRP | 78,1 | Dakota | Federal 215 | 84,0 | 718 |

Zur Ermittlung der Ladedaten wurde eine Repetierbüchse, System Mauser 98 mit 66 Zentimeter Lauflänge benutzt.

# Dia. 410

Der .410er Geschossdurchmesser ist bei Langwaffenkalibern relativ selten und neben einigen alten Patronen ist hier nur die .450/400 NE interessant. Entsprechend klein ist auch die Auswahl an Geschossen. Es ist hier eigentlich nur das klassische Geschossgewicht von 400 grs. zu finden. Hornady hat das Kaliber .450/400 NE 3“ neu ins Programm aufgenommen, so dass es jetzt neben den bekannten Herstellern für exotische Geschosse wie Degol, Woodleigh und A-Square auch Geschosse von Hornady gibt. Der Geschossdurchmesser .410 ist aber im Bereich der Kurzwaffenmunition Mut vertreten, und hier gibt es eine Reihe leichter Geschosse für Kaliber wie .41 Magnum. Diese Geschoss lassen sich gut für Scheibenladungen verwenden. In der Geschosstabelle wurden nur die Jagdgeschosse berücksichtigt. Bei den Ladedaten für die .450/400 NE 3“ findet sich aber auch eine Scheibenladung mit einem Revolvergeschoss.

## Geschosspalette:

| Hersteller | Geschosstyp | Geschoss-gewicht g/Grains | Eignung | Patronen-empfehlung |
|---|---|---|---|---|
| A-Square | Monolithic | 26,0 / 400 | Dickhäuter | .450/400 NE 3“ |
| A-Square | Dead Tough | 26,0 / 400 | Großwild | .450/400 NE 3“ |
| A-Square | Lion Load | 26,0 / 400 | Großkatzen | .450/400 NE 3“ |
| Woodleigh | Vollmantel | 26,0 / 400 | Dickhäuter | .450/400 NE 3“ |
| Woodleigh | Teilmantel | 26,0 / 400 | Großwild | .450/400 NE 3“ |
| CBS Degol | Teilmantel RK | 26,0 / 400 | Großwild | .450/400 NE 3“ |
| CBS Degol | Teilmantel PP | 26;0 / 400 | Großwild | .450/400 NE 3“ |
| CBS Degol | Vollmantel | 26,0 / 400 | Großwild | .450/400 NE 3“ |
| Hornady | DGS | 26,0 / 400 | Dickhäuter | .450/400 NE 3“ |
| Hornady | DGX | 26,0 / 400 | Großwild | .450/400 NE 3“ |

# .450/400 Nitro Express 3

Die .450/400 N.E. 3 wurde im Jahre 1896 vom britischen Büchsenmacher Jeffery herausgebracht und ist auch als 400 Jeffery bekannt. Eine Schwarzpulverversion gab es nie, die .450/400 NE 3 wurde von Anfang an nur mit rauchlosem Pulver, damals Cordite, geladen.

Vorläufer der .450/400 N.E. 3 war die gleichkalibrige, und auch in der Leistung identische, .450/400 Magnum N.E. 3 ¼. Diese war allerdings eine Schwarzpulverpatrone und hatte eine sehr dünne Hülse und einen schwachen Rand. Jeffery kürzte die Hülse, gab ihr eine dickere Wandung, und verstärkte den Rand. Das war bei der mit Nitropulver geladenen neuen Patrone notwendig, um Funktionsstörungen beim Ausziehen zu vermeiden. Besonders die Ejektoren der Doppelbüchsen brauchen einen stabilen Rand. Bei den Schwarzpulverpatronen liederten die Hülsen nicht so stark im Patronenlager und ließen sich leichter ausziehen. Von der Leistung her entspricht die .450/400 N.E. 3 in etwa der randlosen Repetierbüchsenpatrone .404 Jeffery, benutzt aber einen anderen Geschossdurchmesser. Man kann sie als die Randversion der .404 Jeffery bezeichnen. Vornehmlich wurden Doppelbüchsen und Blockbüchsen für dieses Kaliber eingerichtet. Besonders in den Doppelbüchsen erreichte die .450/400 N.E. 3 eine große Popularität, denn sie ließ sich sehr angenehm verschießen und hatte eine sehr hohe Tiefenwirkung. Die alten englischen Doppelbüchsen haben ein recht hohes Gewicht und schießen sich butterweich. Der zweite Schuss kann sehr schnell abgegeben werden, denn die Waffe wird kaum aus der Ziellinie geworfen. Für die Jagd auf Großkatzen und Büffel gab es kaum eine beliebtere Patrone. Viele Doppelbüchsen in diesem Kaliber wurden nach Indien verkauft und dienten dort bei der Tigerjagd. Man kann ohne Übertreibung sagen, dass die .450/400 N.E. 3 „die Tigerpatrone" war. Meine eigene Jeffery Doppelbüchse in diesem Kaliber, die für die Laborierungsversuche benutzt wurde, gehörte nach der Aufschrift auf dem Waffenkoffer einst einem Major der West Indien Horse Kompanie. Auch heute noch ist eine Doppelbüchse im Kaliber .450/400 N.E. 3 eine gute Wahl für die Jagd auf Big Game.

Fabrikmunition wird heute wieder von A-Square, W. Romey, dem Labor für Ballistik und ganz aktuell auch von Hornady hergestellt. Hornady verwendet hier DGX (Teilmantel) und DGS (Vollmantel) Geschosse, die einen extrem stabilen Mantel haben und speziell für die Großwildjagd entwickelt wurden. A-Square lädt die bekannte Triade mit 400 Grains Geschossen, Romey 400 Grains Voll- und Teilmantelgeschosse von Woodleigh und das Labor für Ballistik Verbundkerngeschosse, die offenbar von Degol stammen und ebenfalls das klassische Gewicht von 400 Grains haben.

Der Wiederlader hat auch nicht viel mehr Möglichkeiten, denn der Geschossdurchmesser von Dia .409/.410 ist nicht sehr verbreitet. Zumindest nicht bei den Büchsenpatronen, denn das Revolverkaliber .41 Magnum verwendet einen identischen Geschossdurchmesser. Mit den leichten, dünnmanteligen Teilmantelgeschossen, lassen sich aber höchstens preiswerte Übungspatronen für das Schießkino laden. Auf die 25-Meter-Distanz geht das ganz gut und viele Waffen haben eine brauchbare Treffpunktlage. Zum realistischen Üben, fehlt aber der reale Rückstoß der starken Jagdlaborierung. Dafür werden aber die Läufe kaum heiß, und es lassen sich auch aus einer Doppelbüchse mehrere Schusspaare in Folge abgeben. Für die Jagdmunition sollten es aber die schweren 400 Grains Jagdgeschosse sein. Zumindest bei Doppelbüchsen ist ein anderes Geschossgewicht auch kaum sinnvoll, denn damit werden die Läufe kaum zusammenschießen. Die alte 405 Winchester hat den Geschossdurchmesser .411 und verwendet 300 Grains Geschosse, die von einigen Herstellern noch gefertigt werden. Versuche mit Hornady Geschossen verliefen aber nicht sehr erfolgreich.

Geeignete Pulver sind die langsam abbrennenden Sorten wie IMR 4831, Alliant RL 22 oder Kemira N 160. Die große Hülse muss gut befüllt werden und es sind nur progressive Pulver mit großem Füllvolumen brauchbar. Leichte Pressladungen sind kein Problem und gut für die Präzision. Es wurden ausschließlich Magnum-Zünder eingesetzt. Matrizensätze sind von fast allen Herstellern von Wiederladewerkzeugen erhältlich, aber entsprechend der heute geringen Verbreitung der Patrone sehr teuer. Bleibt zu hoffen, dass Hornady dies ändert und es bald günstigeres Ladewerkzeug geben wird. Wenn eine stabile Ladepresse vorhanden ist, bereitet das Laden der .450/400 N.E. 3 keine besonderen Probleme. Die modernen Hülsen, wie sie bei den heutigen Fabrikpatronen von Romey oder LFB verwendet werden, sind auch sehr stabil. Es war kein Problem die Hülsen mehr als 10x zu laden.

# Ladedaten Kaliber .450/400 N.E. 3

| Geschoss-hersteller | Geschoss-typ | Geschoss-gewicht Grains | Pulver-hersteller | Pulvertyp | Pulver-ladung Grains | Hülsen-fabrikat | Zünd-hütchen | Gesamtl-änge (mm) | $V_0$ m/sek |
|---|---|---|---|---|---|---|---|---|---|
| Woodleigh | TMR | 400 | Hodgdon | H 4831 | 86,0 | Romey | CCI 250 | 93,5 | 660 |
| Woodleigh | Vollmantel | 400 | Alliant | RL 22 | 87,0 | Romey | CCI 250 | 93,5 | 670 |
| Woodleigh | TMR | 400 | Kemira | N 160 | 82,0 | LFB | CCI 250 | 93,5 | 665 |
| Woodleigh | TMR | 400 | Rottweil | R 905 | 83,0 | LFB | CCI I50 | 93,5 | 668 |
| Degol | Starkmantel | 400 | Alliant | RL 22 | 85,2 | LFB | CCI 250 | 93,8 | 660 |
| Degol | Starkmantel | 400 | IMR | 4831 | 84,5 | Romey | CCI 250 | 93,8 | 662 |
| Degol | Starkmantel | 400 | Alliant | RL 15 | 68,0 | Romey | C0I 250 | 93,8 | 657 |
| A-Square | Dead Tough | 400 | IMR | 4831 | 85,0 | Romey | CCI 250 | 93,5 | 665 |
| A-Square | Dead Tough | 400 | Hodgdon | 4831 | 83,0 | Romey | CCI 250 | 93,5 | 659 |
| A-Square | Dead Tough | 400 | Kemira | N 160 | 83,0 | Romey | CCI 250 | 93,5 | 668 |
| Sierra | TMF | 220 | Hodgdon | Varget | 70,0 | Romey | CCI 250 | 88,7 | 680 |

Die letzte in der Tabelle angegebene Laborierung ist nur als Scheibenladung anzusehen. Als Testwaffe diente eine Doppelbüchse Jeffery mit 65 cm Lauflänge. Mit allen angegebenen Ladungen wurde eine gute Präzision erreicht. Die Geschwindigkeit wurde drei Meter vor der Laufmündung gemessen.

# Dia. 416

Der .416er Geschossdurchmesser wird auch gern als die 10-mm-Kaliber bezeichnet, umfasst aber nicht die gesamte Patronenpalette dieses interessanten Kaliberbereiches, denn in dieser Leistungsklasse gibt es noch Patronen, die einen geringfügig abweichenden Geschossdurchmesser haben, wie etwa 10,75x68 und .404 Jeffery (Dia 423) und .425 Westley Richards ( Dia .430). Wenden wir uns aber zunächst den echten .416er Patronen zu. Hier finden wir neben dem Klassiker .416 Rigby die Neuschöpfungen .416 Remington, .416 Weatherby Magnum sowie die Randpatrone .500/416 Krieghoff, die ebenfalls eine ganz neue Patrone ist. Die .416er Patronen sind als Allroundpatronen für den Großwildjäger anzusehen, der mit einem Gewehr reisen will. Sie sind stark genug, um die gefährlichen Großwildarten zu erlegen und haben gleichzeitig noch eine so gestreckte Flugbahn, dass eine Jagd auf Plainsgame bis gut 150 Meter möglich ist. Ihr Rückstoß ist zwar nicht von Pappe, doch ist es kein Problem, auf Waffen dieses Kaliberbereiches noch eine Zieloptik zu verwenden. Damit sind sie für eine Büffel- oder Elefantenjagd, bei der auch noch Großantilopnen wie Eland, Kudu, Oryx oder Sable gejagt werden sollen, optimal. Sicher macht eine .416 Rigby in ein Impala ein häßliches, großes Loch, doch das interessiert den Trophäenjäger meist wenig, zumal eine .300er Magnum auch nicht wirklich wildbretschonender ist, denn hier treten meist großflächige Hämatome auf, die zumindest ebenso entwertend wirken, wenn nicht sogar noch mehr.

Der zweite große Vorteil ist die relativ geringe Unempfindlichkeit gegenüber Flugbahnhindernissen dieser Kaliber. Ein 26g schweres Geschoss, das etwa 700 m/sek. fliegt,

10,75x68 – 404Jeff – 416Rem – 416Rigby – 416 Dakota – 416 Weatherby – 425WR

ist eben wesentlich schwerer aus der Bahn zu werfen als ein halb so schweres Projektil, das 200 m/sek. schneller unterwegs ist. Daher werden diese Patronen auch gern bei der Jagd auf gefährliches Wild in dichtem Busch, etwa der Bärenjagd, geführt. Für die Jagd auf Großwild sind entsprechend kompakte Geschosse notwendig und hier ist das Angebot bei den 416er Geschossen nicht schlecht. Meist werden Rundkopfgeschosse eingesetzt, besonders wenn das klassische Geschossgewicht von 400 Grains verladen wird. Bei den leichteren Geschossen, sind auch Spitz- oder Halbspitzgeschosse zu haben, um eine etwas flachere Flugbahn zu bekommen. Die Auswahl lässt dem Wiederlader eine Menge Spielraum um auch Patronen für spezielle Einsatzzwecke zu laborieren. Vom leichten 300 Grains Spitzgeschoss für leichtes Wild, bis hin zum schweren 450 Grains-Brocken für maximale Stoppkraft, steht alles zur Verfügung.

**Geschosspalette:**

| Hersteller | Geschosstyp | Geschoss-gewicht g/Grains | Eignung | Patronen-empfehlung |
|---|---|---|---|---|
| Barnes | X-Bullet | 19,5/300 | Großantilopen | alle .416er |
| Barnes | X-Bullet | 21/325 | Großantilopen | alle .416er |
| Barnes | X-Bullet | 22,5/350 | Großantilopen | alle .416er |
| Barnes | X-Bullet | 26/400 | Großwild | alle .416er |
| Barnes | Solid | 22,5/350 | Dickhäuter | alle .416er |
| Barnes | Solid | 26/400 | Dickhäuter | alle .416er |
| Barnes | Coated-X | 26/400 | Großwild | alle .416er |
| Barnes | Triple Shock | 22,5/350 | Großwild | alle .416er |
| Barnes | Triple Shock | 26/400 | Großwild | alle .416er |
| Federal | Trophy Bonded | 26/400 | Großwild | alle .416er |
| A-Square | Dead Tough | 26/400 | Großwild | alle .416er |
| A-Square | Monolithic | 26/400 | Dickhäuter | alle .416er |
| A-Square | Lion Load | 26/400 | Großkatzen | alle .416er |
| Delsing | TMR | 22/340 | Großantilopen | alle .416er |
| Swift | A-Frame | 22,5/350 | Großantilopen | alle .416er |
| Swift | A-Frame | 26/400 | Großwild | alle .416er |
| Degol | Hohlspitz | 19,5/300 | Großantilopen | alle .416er |
| Degol | Hohlspitz | 21/325 | Großantilopen | alle .416er |
| Degol | TMR | 21,4/330 | Großantilopen | alle .416er |
| Degol | TMR | 22,5/350 | Großantilopen | alle .416er |
| Degol | TMR | 24,3/375 | Großwild | alle .416er |
| Degol | TMR | 26,5/410 | Großwild | alle .416er |
| Degol | Lion Load | 26,5/410 | Großkatzen | alle .416er |
| Degol | TMR | 29/450 | Großwild | alle .416er |
| Reichenberg | HDB | 14,3 / 220 | Großantilopen | alle .416er |
| Reichenberg | HDB | 19,5 / 300 | Großwild | alle .416er |
| Reichenberg | HDB | 22,5 / 350 | Großwild | alle .416er |
| Reichenberg | Super Penetrator | 19,5 / 300 | Dickhäuter | alle .416er |

| Hersteller | Geschosstyp | Geschoss-gewicht g/Grains | Eignung | Patronen-empfehlung |
|---|---|---|---|---|
| Reichenberg | Super Penetrator | 22,5 / 350 | Dickhäuter | alle .416er |
| Reichenberg | Super Penetrator | 26,5 / 410 | Dickhäuter | alle .416er |
| Nosler | Partition | 26 / 400 | Großwild | alle .416er |
| Impala | Impala | 15,6 / 240 | Großantilopen | alle .416er |
| GPA | GPA | 24,3 / 375 | Großwild | alle .416er |
| GPA | GPA | 26 / 400 | Großwild | alle .416er |
| Woodleigh | Protected Point | 22 / 340 | Großantilopen | alle .416er |
| Woodleigh | Teilmantel | 26,5 / 410 | Großwild | alle .416er |
| Woodleigh | Vollmantel | 26,5 / 410 | Dickhäuter | alle .416er |
| Woodleigh | Teilmantel | 29,2 / 450 | Großwild | alle .416er |
| Hornady | Teilmantel | 26 / 400 | Großwild | alle .416er |
| Hornady | Vollmantel | 26 / 400 | Dickhäuter | alle .416er |
| Speer | Mag-Tip | 22,5 / 350 | Großantilopen | alle .416er |
| Speer | TM Grand Slam | 26 / 400 | Großwild | alle .416er |
| Speer | VM Grand Slam | 26 / 400 | Dickhäuter | alle .416er |
| Speer | Bear Claw | 26 / 400 | Großwild | alle .416er |

Hyäne. Eine Zufallsbegegnung am späten Abend. Dieses Exemplar wog 60 Kg.

# .416 Rigby

Der aus Irland stammende Waffenkonstrukteur John Rigby hatte sich schon mit der ersten Nitro-Express Großwildpatrone .450 NE einen Namen gemacht. Die .416 Rigby brachte er im Jahre 1911 auf den Markt, wahrscheinlich als Konkurrenz zu der im Vorjahr vorgestellten .404 Jeffrey. Rigby benutzt für seine Büchsen in diesem Kaliber das damals ebenfalls neue Mauser-Magnumsystem. Somit lagen auch waffenseitig beste Voraussetzungen für einen Erfolg des neuen Kalibers vor, zumal die Hülse der .416 Rigby auch aus heutiger Sicht als modern anzusehen ist. Im Vergleich zu den damaligen Expresspatronen hatte sie einen wenig konischen Hülsenverlauf und eine steile Schulter.

Lange Jahre war die .416 Rigby aufgrund ihrer Außenballistik und Präzision anderen Großwildpatronen in der Reichweite überlegen. Als Kynoch die Munitionsfertigung dann endgültig einstellte, war es lange Zeit sehr ruhig um Rigbys Erfolgspatrone. Das änderte sich erst wieder Anfang der 90er Jahre, als die .416 Rigby ein regelrechtes Comeback feierte und viele Waffenhersteller sie wieder ins Programm nahmen. Heute ist auch wieder Fabrikmunition von mehreren Herstellern zu erhalten, doch dem Wiederlader bietet dieses Kaliber eine Menge Möglichkeiten, die einen fast universellen Einsatz einer Repetierbüchse in diesem Kaliber ermöglichen.

Fabrikpatronen werden von Federal, Norma, A-Square, LFB und W. Romey hergestellt. Federal hat sogar gleich vier Laborierungen im Programm, sodass die Auswahl an Fabrikpatronen nicht schlecht ist. Leider beschränken sich alle Hersteller auf die Verwendung der schweren Geschosse. Es werden ausschließlich die schweren 26 oder 26,5 Gramm Geschosse verladen.

Die Hülsenbeschaffung ist kein Problem. Neben dem Verschießen von Originalpatronen sind auch Neuhülsen von Norma, Federal oder Bell zu bekommen. Beim Pulver sind in Anbetracht des großen Hülsenvolumens der .416 Rigby, vor allem die progressiven Sorten geeignet, um eine möglichst hohe Ladedichte zu erhalten. Vor Abbruchladungen muss dringend gewarnt werden. Die progressiven Pulversorten sind dafür ungeeignet, und es kommt zu unkontrollierten Gasdrucksprüngen.

Die .416 Rigby ist von der CIP auf 2850 bar begrenzt, was in Anbetracht der vielen alten Originalwaffen sicher auch seine Berechtigung hat. Der Wiederlader muss also mit der nötigen Vorsicht zu Werke gehen, um den maximal zulässigen Gasdruck nicht zu überschreiten. Für Experimente eignet sich diese Patrone wenig. Für die Anzündung der großen Pulvermenge sind unbedingt Magnumzündhütchen zu setzten. Die folgenden Pulversorten haben sich bei den Ladeversuchen als besonders geeignet erwiesen: Kemira N 160, Alliant RL 22, Norma MRP, Rottweil R 905 und Hodgdon 4831.

Bei den Geschossen steht dem Wiederlader mittlerweile eine ansehnliche Palette zur Verfügung. Immer mehr Geschosshersteller haben das .416er Kaliber mit den Jahren in ihr Fertigungsprogramm aufgenommen, und neben den verschiedensten Geschosskonstruktionen ist auch die Spanne bei den Geschossgewichten stetig größer geworden. Vom leichten 300 Grains Spitzgeschoss, das Impala gibt es sogar in 240 Grains, für leichtes Wild bis hin zum schweren 450-Grains-Brocken für maximale Stoppkraft steht alles zur Verfügung.

Matrizensätze sind von allen großen Herstellern von Wiederladewerkzeug erhältlich, und oft finden sich die Matrizen .416 Rigby sogar nicht mehr bei den teuren Spezialanfertigungen, sondern bei den günstigeren Standardpatronen. Für die Verarbeitung der großen Hülse ist eine stabile Ladepresse nötig. Die Geschosse der schweren Jagdladungen sollten unbedingt durch einen Rollcrimp gesichert werden.

# Ladedaten Kaliber .416 Rigby

| Geschoss-hersteller | Geschoss-typ | Geschoss-gewicht Grains | Pulver-hersteller | Pulvertyp | Pulver-ladung Grains | Hülsen-fabrikat | Zünd-hütchen | Gesamt länge (mm) | $V_0$ m/sek |
|---|---|---|---|---|---|---|---|---|---|
| Barnes | X-Bullet | 300 | Hodgdon | 4350 | 107,0 | Federal | CCI 250 | 94,5 | 812 |
| Barnes | X-Bullet | 300 | Rottweil | R 904 | 102,0 | Federal | RWS 5333 | 94,5 | 807 |
| Reichen-berg | HDB | 300 | Rottweil | R 904 | 104,0 | Federal | RWS 5333 | 94,0 | 812 |
| Barnes | TSX | 350 | Alliant | RL 19 | 98,0 | Federal | CCI 250 | 94,5 | 778 |
| Barnes | TSX | 350 | Rottweil | R 905 | 103,0 | Romey | RWS 5333 | 94,5 | 765 |
| Barnes | BND Solid | 350 | IMR | 4350 | 99,0 | Romey | RWS 5333 | 93,0 | 760 |
| Degol | Hohlspitz | 300 | Rottweil | R 904 | 103,0 | Romey | RWS 5333 | 93,3 | 807 |
| Speer | Mag Tip | 350 | IMR | 4831 | 100,0 | Romey | RWS 5333 | 93,5 | 782 |
| Hornady | TMR | 400 | Kemira | N 160 | 93,0 | Federal | CCI 250 | 93,5 | 730 |
| Nosler | Partition | 400 | IMR | 4350 | 90.0 | Romey | RWS 5333 | 93,5 | 724 |
| Hornady | VM | 400 | Rottweil | R 905 | 95,0 | Federal | RWS 5333 | 93,5 | 728 |
| Hornady | TMR | 400 | Hodgdon | 4831 | 102,0 | Federal | CCI 250 | 93,5 | 724 |
| Barnes | TSX | 400 | Kemira | N 560 | 102,0 | Romey | RWS 5333 | 94,5 | 729 |
| Swift | A-Frame | 400 | IMR | 4831 | 97,0 | Romey | Federal 215 | 93,5 | 728 |
| A-Square | Lion Load | 400 | IMR | 4831 | 95,5 | A-Square | CCI 250 | 93,6 | 725 |
| Woodleigh | TMR | 410 | Rottweil | R 904 | 91,5 | Federal | CCI 250 | 93,5 | 698 |
| Woodleigh | VM | 410 | Norma | MRP | 93,5 | Federal | CCI 250 | 93,5 | 700 |
| Woodleigh | TMR | 410 | IMR | 4350 | 93,0 | Romey | CCI 250 | 93,5 | 712 |
| Barnes | X-Bullet | 400 | Rottweil | R 905 | 93,5 | A-Square | CCI 250 | 94,5 | 675 |
| Degol | TMR | 450 | Hodgdon | 4831 | 97,0 | Federal | CCI 250 | 94,5 | 651 |

Als Testwaffe diente eine Repetierbüchse mit 98er System und 65 Zentimeter langem Lothar Walther Lauf.

# .416 Remington Magnum

Die .416 Remington Magnum wurde erst 1988 auf den Markt gebracht und ist somit noch ein relativ junges Kaliber. Ziel war, eine Patrone zu entwickeln, die die Leistung der legendären .416 Rigby mit einer Hülse erbringt, die in Normalsysteme passt. Remington nahm sich die Wildcat .416 Hoffmann als Vorbild und schuf aufbauend auf der 8 mm Remington Magnum Hülse aus eigenem Hause eine Patrone, die die ballistischen Daten der .416 Rigby dupliziert. Damit war der Grundstein für eine erfolgreiche Patrone geschaffen.

Bis auf einen kleinen Unterschied in der Schulter entspricht die .416 Remington Magnum fast genau der .416 Hoffmann. Die Übereinstimmung geht soweit, dass sich .416 Remington Magnum Patronen sogar problemlos aus einer für die .416 Hoffmann eingerichteten Büchse verschießen lassen. Umgekehrt ist dies jedoch nicht möglich. Natürlich produzierte Remington auch Munition für das neue Kaliber, doch die Versorgung damit ist in Deutschland etwas schleppend. Besonders die Remington-Vollmantellaborierung ist nicht immer lieferbar. Auch andere Hersteller nahmen die Patrone ins Programm und fertigen verschiedene Laborierungen.

Fabrikmunition ist damit zwar durchaus zu haben, doch von den Munitionsherstellern werden ausschließlich die schweren Geschosse verladen. Das Geschossangebot im Kaliber .416 ist aber mittlerweile ziemlich umfangreich und umfasst auch wesentlich leichtere Geschosse, mit denen sich der Anwendungsbereich der Patrone erweitern lässt. Durch die relativ kleine Hülse sind hier auch leicht reduzierte Ladungen nicht so problematisch wie bei den großen Expresspatronen.

Auch an Pulvern mangelt es nicht. Fast alle mittelschnell abbrennenden Sorten wie IMR 4064, Rottweil 907, Kemira N 140 oder Hodgdon 380 sind gut brauchbar. Die leichten Geschosse können sogar mit recht offensiv abbrennendem Pulver wie H 322 oder IMR 3031 laboriert werden. Eine Repetierbüchse im Kaliber .416 Remington ist zurzeit die günstigste Möglichkeit, eine Waffe in einem der universellen 10-mm-Kaliber zu erwerben. Viele große Hersteller von Repetierbüchsen haben dieses Kaliber mittlerweile in ihre Kaliberpalette aufgenommen. Als Zündhütchen sollten Large Rifle Magnum Zünder benutzt werden, um die doch recht große Pulvermenge gleichmäßig anzuzünden. Das Laden der .416 Remington Magnum bereitet keine besonderen Probleme. Bei Full House Jagdladungen sollten die Geschosse jedoch durch einen Rollcrimp gesichert werden. Alle Geschosse im Kaliber .416, mit Ausnahme der Barnes X-Bullets, verfügen über eine entsprechende Crimprille. Ist Crimpen nicht möglich, können die Geschosse mit Bitumen-Lack eingeklebt werden.

# Ladedaten Kaliber .416 Remington Magnum

| Geschoss-hersteller | Geschoss-typ | Geschoss-gewicht Grains | Pulver-hersteller | Pulvertyp | Pulver-ladung Grains | Hülsen-fabrikat | Zünd-hütchen | Gesamt-länge (mm) | $V_0$ m/sek |
|---|---|---|---|---|---|---|---|---|---|
| Reichen-berg | HDB | 300 | Rottweil | R 903 | 92.0 | Rem. | CCI 250 | 91,5 | 826 |
| Woodleigh | PP | 340 | Rottweil | R 907 | 83,5 | Rem. | CCI 250 | 91,5 | 780 |
| Speer | AGS | 400 | Alliant | R 15 | 71,,0 | WR | CCI 250 | 92,0 | 695 |
| Barnes | X-Bullet | 300 | Hodgdon | H 322 | 72,0 | A-Square | RWS5333 | 91,0 | 760 |
| Swift | A-Frame | 350 | Kemira | N 140 | 77,0 | Remington | CCI 250 | 91,0 | 756 |
| Barnes | TSX | 350 | Kemira | N 135 | 76,0 | Remington | CCI 250 | 91,5 | 780 |
| Barnes | BND Solid | 350 | Hodgdon | Varget | 85,3 | Remington | RWS 5333 | 91,0 | 740 |
| Barnes | X-Bullet | 400 | Rottweil | R 904 | 76,0 | Remington | CCI 250 | 91,5 | 702 |
| A-Square | Dead Tough | 400 | IMR | 4064 | 78,0 | A-Square | CCI 250 | 91,5 | 698 |
| Nosler | Partition | 400 | Hodgdon | Varget | 79,0 | Remington | CCI 250 | 91,5 | 735 |
| Barnes | TSX | 400 | IMR | 4320 | 75,0 | Remington | RWS 5333 | 91,5 | 712 |
| Hornady | Teilmantel | 400 | IMR | 4064 | 80,0 | Remington | RWS 5333 | 91,5 | 706 |
| Woodleigh | Vollmantel | 400 | Hodgdon | 4895 | 75,0 | WR | CCI 250 | 91,5 | 704 |
| Hornady | Vollmantel | 400 | Kedmira | N 150 | 80,8 | Remington | CCI 250 | 91,0 | 712 |
| Speer | Mag.Tip | 350 | Hercules | RL 15 | 78,0 | A-Square | CCI 250 | 91,0 | 740 |

Als Testwaffe diente eine vom Lohmarer Büchsenmacher Theo Jung gebaute Repetierbüchse aus der Jagen-Weltweit-Edition mit 65 Zentimeter langem Lauf.

## .416 Weatherby Magnum

Auch in der Klasse der 40er Kaliber hatte Ed Weatherby den Ehrgeiz, die stärkste Fabrikpatrone dieses Geschossdurchmessers zu schaffen. Die 1989 vorgestellte Patrone bringt ein 400-Grains-Geschoss auf 823 m/sek. und liefert damit eine Mündungsenergie von 8777 Joule. Das sind gut 100 m/sek. und 2000 Joule mehr als der Klassiker dieses Kalibers, die .416 Rigby. Eigentlich dreht sich Roy Weatherby mit der .416 Weatherby Magnum bei seinen Patronenentwicklungen im Kreis, denn 1953 nahm er die Hülse der .416 Rigby als Vorbild für die Entwicklung seiner .378 Weatherby Magnum. Er zog sie ein, verpasste ihr den bekannten Weatherby Doppel-Radius der Schulter und natürlich den Gürtel. 35 Jahre später weitete er genau diese Hülse wieder auf .416 auf und die .416 Weatherby war fertig. Dass die neue Patrone jetzt 100 m/sek. mehr bringt als die alte .416 Rigby ist sicher nicht auf die „Hülsenkosmetik“ zurückzuführen, sondern liegt am wesentlich höheren Gasdruck von 3800 bar. Die alte .416 Rigby kommt mit 2850 bar aus.

Die .416 Weatherby Magnum der .416 Rigby vorzuziehen, macht eigentlich nur Sinn, wenn weite Schüsse auf schweres Plains-Game, wie etwa Eland geplant sind. Auf die bei der echten Großwildjagd üblichen kurzen Distanzen lässt die Wirkung der .416 Rigby keine Wünsche offen und die .416 Weatherby hat keine Vorteile. Dafür allerdings den Nachteil des wesentlich härteren Rückstoßes.

Die Hülsenbeschaffung ist nur durch das Verschießen von Originalpatronen, oder durch den Kauf von neuen Originalhülsen möglich. Stehen .378 Weatherby Hülsen zur Verfügung, können natürlich auch die aufgeweitet werden. Beim Pulver sind in Anbetracht des großen Hülsenvolumens der .416 Weatherby Magnum nur die progressiven Sorten geeignet. Vor Abbruchladungen muss dringend gewarnt werden. Die progressiven Pulversorten sind dafür ungeeignet, und es kommt zu unkontrollierten Gasdrucksprüngen. Für Experimente eignet sich diese Patrone wenig. Für die Anzündung der großen Pulvermenge sind unbedingt Magnumzündhütchen zu setzten. Bei den Ladeversuchen haben sich besonders Kemira N 165, Hodgdon 3831 und Norma MRP als geeignet erwiesen, wenn schwere Geschosse verwendet werden. Bei den leichteren Geschossen zeigte Rottweil R 905 seine Stärken.

Die auch in den Fabrikpatronen eingesetzten 400-Grains-Geschosse sind das ideale Geschossgewicht für den Einsatzzweck der .416 Weatherby Magnum. In Anbetracht der hohen Mündungsgeschwindigkeit der .416 Weatherby Magnum, sollte aber auf einen entsprechend harten Geschossaufbau geachtet werden, um auch die angestrebte hohe Tiefenwirkung zu erreichen.

Matrizensätze sind von allen großen Herstellern von Wiederladewerkzeug erhältlich, zählen aber noch zu den teuren Spezialanfertigungen. Für die Verarbeitung der großen Hülse ist eine stabile Ladepresse nötig. Die Geschosse der schweren Jagdladungen sollten unbedingt durch einen Rollcrimp gesichert werden.

# Ladedaten Kaliber .416 Weatherby Magnum

| Geschoss-hersteller | Geschoss-typ | Geschoss-gewicht Grains | Pulver-hersteller | Pulvertyp | Pulver-ladung Grains | Hülsen-fabrikat | Zünd-hütchen | Gesamt-länge (mm) | $V_0$ m/sek |
|---|---|---|---|---|---|---|---|---|---|
| Barnes | TSX | 350 | Alliant | RL 22 | 118,5 | Weatherby | CCI 250 | 95,0 | 832 |
| Barnes | TSX | 350 | IMR | 7828 | 116,0 | Weatherby | Federal 215 | 95,0 | 852 |
| Speer | Mag Tip | 350 | Alliant | RL 22 | 119,0 | Weatherby | RWS 5333 | 95,0 | 842 |
| Barnes | BND Solid | 350 | Kemira | N 550 | 105,0 | Weatherby | Federal 215 | 95,0 | 845 |
| Hornady | TMR | 400 | Kemira | N 165 | 119,0 | Weatherby | CCI 250 | 95,0 | 812 |
| Swift | A-Frame | 400 | IMR | 7828 | 117,0 | Weatherby | Federal 215 | 95,0 | 810 |
| A-Square | Solid | 400 | Hodgdon | 4831 | 115,0 | Weatherby | CCI 250 | 95,0 | 807 |
| Barnes | TSX | 400 | Kemira | N 165 | 118,0 | Weatherby | CCI 250 | 95,0 | 817 |
| A-Square | Dead Tough | 400 | IMR | 7828 | 117,0 | Weatherby | CCI 250 | 95,0 | 816 |
| Barnes | BND Solid | 400 | Kemira | N 550 | 100,5 | Weatherby | Federal 215 | 94,0 | 823 |
| Nosler | Partition | 400 | Norma | MRP | 119,0 | Weatherby | Federal 215 | 95,0 | 814 |
| Woodleigh | TMR | 410 | Rottweil | R 905 | 110,0 | Weatherby | CCI 250 | 95,0 | 817 |
| Woodleigh | VM | 410 | Norma | MRP | 118,0 | Weatherby | CCI 250 | 95,0 | 814 |
| Woodleigh | TMR | 410 | Alliant | RL 19 | 113,0 | Weatherby | CCI 250 | 95,0 | 802 |
| Degol | TMR | 410 | Kemira | N 165 | 116,0 | Weatherby | RWS 5333 | 95,0 | 818 |
| Degol | TMR | 450 | Norma | MRP | 109,0 | Weatherby | CCI 250 | 95,0 | 774 |

Als Testwaffe diente eine Weatherby Repetierbüchse mit 65 Zentimeter langem Lauf.

# .500/416 N.E. 3 ¼

Die .500/.416 NE 3 ¼ ist keine alte englische Expresspatrone, sondern ein ganz neues Kaliber, das von der deutschen Waffenfirma, Krieghoff, Ulm auf den Markt gebracht wurde. Entwickelt hat die Patrone Wolfgang Romey.

Krieghoff wollte für die Doppelbüchse Classic Big Five eine Patrone, die die Leistung der legendären .416 Rigby aus einer Randhülse erbringt, womit sie sich für Kipplaufwaffen besser eignet als die randlose Rigby. Als Grundhülse diente die .500 N.E., die auf .416 eingezogen wurde. Damit ist genügend Pulverraum vorhanden und Hülsenprobleme gibt es auch keine. Ein 410-Grains-Geschoss wird auf 700 m/sek. beschleunigt, was eine Mündungsenergie von 6500 Joule ergibt. Die GEE liegt damit immerhin bei 148 Meter. Die Patrone hat sich schnell durchgesetzt und mittlerweile richten auch andere Firmen ihre Waffen, vornehmlich Doppelbüchsen, für die .500/416 N.E. 3 ¼ ein. Fabrikpatronen werden zurzeit nur von W. Romey hergestellt.

Die Hülsenbeschaffung ist kein Problem, aber nicht gerade billig. Die beste Lösung ist die Verwendung von Originalhülsen, aber es lassen sich natürlich auch .500 N.E. -Hülsen umformen. Das ist aber nicht unproblematisch und wer damit keine Erfahrung hat, produziert eine Menge Ausschuss. Wenn also nicht gerade ein Vorrat an .500 N.E.-Hülsen vorhanden ist, sind die Originalhülsen der bessere und einfachere Weg.

Die Geschossversorgung des neuen Kalibers ist kein Problem, denn im Kaliberdurchmesser .416 gibt es durch die populären Patronen .416 Rigby und .416 Remington Magnum mittlerweile eine reiche Auswahl.

Die Geschossgewichte reichen von 300 Grains bis 450 Grains, es ist aber zu bedenken, dass Doppelbüchsen empfindliche Gebilde und sehr munitionsabhängig sind. Das Geschossgewicht der Fabrikpatronen ist bei einer Waffe mit fest verlöteten Läufen sicher die beste Ausgangsbasis für Ladeversuche. Bei den leichten Geschossen ist es oft die zu geringe Geschosslänge, die Probleme bereitet. Eine interessante Lösung kommt hier von der Firma Degol, Belgien, die zwei .416er Geschosse fertigt, die trotz des geringen Geschossgewichtes von 300 und 325-Grains genauso lang sind wie ein 410 Grains Geschoss. Degol setzt in das Geschossheck einen Aluminiumkern ein und kommt so auf eine größere Gesamtlänge. Mit diesen Geschossen ist die Chance, eine Doppelbüchse auch mit leichten Geschossen zum Zusammenschießen zu bringen, wesentlich höher.

Die .500/416 N.E. 3 ¼ hat ein sehr großes Hülsenvolumen und benötigt daher progressiv abbrennende Pulver, um den Pulverraum auszufüllen. Als sehr gleichmäßig erwiesen sich IMR 7828, Hodgdon H 1000 und Kemira 165. Um die erhebliche Menge Pulver gleichmäßig anzuzünden, sind unbedingt Magnumzünder erforderlich. Bei den Ladeversuchen wurde das CCI 250 und das RWS 5333 benutzt. Die meisten Geschosse der Kalibergruppe .416 haben eine Crimprille, die auch benutzt werden kann. Der lange Hülsenhals der .500/416 N.E. 3 ¼ hält die Geschosse aber auch ohne Crimp sicher fest, wenn sie etwas tiefer als die Crimprille gesetzt werden. Die Ladeversuche zeigten, dass diese Methode die Präzision verbessert. Patronen mit Crimp hatten durchweg größere Streukreise.

# Ladedaten Kaliber .500/416

| Geschoss-hersteller | Geschoss-typ | Geschoss-gewicht Grains | Pulver-hersteller | Pulvertyp | Pulver-ladung Grains | Hülsen-fabrikat | Zünd-hütchen | Gesamt-länge (mm) | $V_0$ m/sek |
|---|---|---|---|---|---|---|---|---|---|
| Degol | Hohlspitz | 300 | IMR | 4831 | 103,,0 | WR | RWS 5333 | 96,5 | 806 |
| Barnes | X-Bullet | 350 | Kemira | N 165 | 105,0 | WR | CCI 250 | 97,5 | 762 |
| Speer | Mag Tip | 350 | Alliant | RL 22 | 99,0 | WR | RWS 5333 | 97,5 | 744 |
| Hornady | TMR | 400 | IMR | 7828 | 102,0 | WR | CCI 250 | 97,8 | 735 |
| Hornady | VM | 400 | Rottweil | 905 | 91,00 | WR | RWS 5333 | 97,7 | 710 |
| Hornady | TMR | 400 | Hodgdon | H 1000 | 106,0 | WR | CCI 250 | 97,8 | 722 |
| A-Square | Lion Load | 400 | IMR | 7828 | 103,0 | WR | CCI 250 | 97,5 | 738 |
| Woodleigh | TMR | 410 | Hodgdon | H1000 | 105,0 | WR | CCI 250 | 97,5 | 718 |
| Woodleigh | VM | 410 | Hodgdon | 4831 | 98,0 | WR | CCI 250 | 97,5 | 703 |
| Woodleigh | TMR | 410 | Kemira | N 165 | 101,0 | WR | CCI 250 | 97,5 | 712 |
| Woodleigh | TMR | 410 | IMR | 7828 | 100,0 | WR | CCI 250 | 97,5 | 719 |
| Degol | TMR | 450 | Hodgdon | H 1000 | 100,0 | WR | CCI 250 | 101,5 | 665 |

Für die Ermittlung der Ladedaten wurde eine Doppelbüchse der Firma Ziegenhahn & Sohn mit 65 Zentimeter langen Läufen eingesetzt.

# Dia. 423

Der .423er Geschossdurchmesser wird bei den Patronen 10,75x68 und 10,75x73 verwandt. Die 10,75x73 ist besser bekannt als .404 Jeffery. Es gab auch immer wieder Wildcats, die .423er Geschosse benutzten, doch eine große Rolle spielten diese Patronen nie. Lediglich die .425 Express ist etwas bekannter, und A-Square fertigt Patronen in diesem Kaliber.

Der Geschossdurchmesser ist geringfügig stärker als bei den .416er Patronen, doch auf die Leistung hat das keinen großen Einfluss. Das Geschossangebot ist allerdings deutlich geringer und der Wiederlader hat hier wesentlich weniger Möglichkeiten. Durch das alte deutsche Kaliber 10,75x68 sind noch einige Geschosstypen im Gewicht 350 Grains erhältlich, die sehr gut geeignet sind, schnellere Laborierungen für die .404 Jeffery herzustellen. Dadurch lässt sich der Anwendungsbereich dieses Kalibers erweitern.

**Geschosspalette:**

| Hersteller | Geschosstyp | Geschoss-gewicht g/Grains | Eignung | Patronen-empfehlung |
|---|---|---|---|---|
| Barnes | Solid | 22,5/350 | Dickhäuter | alle 404er |
| Barnes | Solid | 26/400 | Dickhäuter | alle 404er |
| Barnes | X-Bullet | 22,5/350 | Großwild | alle 404er |
| Barnes | X-Bullet | 26/400 | Großwild | alle 404er |
| Woodleigh | Teilmantel | 22,5/350 | Großwild | alle 404er |
| Woodleigh | Teilmantel | 26/400 | Großwild | alle 404er |
| Woodleigh | Vollmantel | 26/400 | Dickhäuter | alle 404er |
| Swift | A-Frame | 26/400 | Großwild | alle 404er |
| GPA | GPA | 22,5/350 | Großwild | alle 404er |
| A-Square | Dead Tough | 26/400 | Großwild | alle 404er |
| A-Square | Monolithic | 26/400 | Dickhäuter | alle 404er |
| A-Square | Lion Load | 26/400 | Großkatzen | alle 404er |
| Reichenberg | HDB Alu Spitz | 12,5 / 193 | Großantilopen | alle 404er |
| Reichenberg | HDB | 14,4 / 223 | Großwild | alle 404er |
| Reichenberg | HDB | 19,5 / 300 | Großwild | alle 404er |
| Reichenberg | Solid | 19,5 / 300 | Dickhäuter | alle 404er |
| CBS Degol | Starkmantel | 19,5/300 | Großwild | alle 404er |
| CBS Degol | Starkmantel | 22,4/347 | Großwild | alle 404er |
| CBS Degol | Teilmantel | 22,5/350 | Großwild | alle 404er |
| CBS Degol | Vollmantel | 22,4/347 | Dickhäuter | alle 404er |
| CBS Degol | Teilmantel | 26/400 | Großwild | alle 404er |
| CBS Degol | Vollmantel | 26/400 | Dickhäuter | alle 404er |
| CBS Degol | Starkmantel | 26/400 | Großwild | alle 404er |
| CBS Degol | Lion Load | 26/400 | Großkatzen | alle 404er |

# 10,75x68

Die 10,75x68 ist eine Mauser-Entwicklung und stammt aus den ersten Jahren des 19. Jahrhunderts. Sie war für das 98er-Mauser-System ausgelegt und hat daher eine relativ kurze Hülse von 68 Millimetern Länge. Besonders zwischen den Weltkriegen war dieses Kaliber in den deutschen Afrikakolonien eine beliebte Patrone, die wegen ihres vergleichbar geringen Rückstoßes und der wildbretschonenden Wirkung geschätzt wurde. Viele der heute von Sammlern gesuchten „Zivilmauser“ sind für die 10,75x68 eingerichtet. Bis zum Jahre 1991 wurden Patronen von RWS gefertigt, dann stellte man auch dort die Produktion ein, und heute sind in Deutschland Fabrikpatronen nur noch von Romey und LFB zu bekommen.

Die Hülsenbeschaffung ist bei diesem Kaliber ein Problem. Es können nur Originalhülsen benutzt werden. Wegen der ungewöhnlichen Maße ist eine Umformung aus einer anderen, gängigeren Hülse nicht möglich. Entsprechend der Seltenheit der Hülse, ist auch ihr Preis.

Bei den Geschossen sieht es heute etwas besser aus. Ursprünglich war die 10,75x68 mit einem 350-Grains-Geschoss verladen und dieses Geschossgewicht ist sehr effektiv. Damit lassen sich etwa 680 m/sek. erzielen, was über 5200 Joule Mündungsenergie entspricht. Ausgesuchte Handladungen erreichen sogar über 700 m/sek. In Anbetracht der doch recht kleinen Hülse eine gute Leistungsausbeute. Für Büffel oder Elefant ist die 10,75x68 zwar an der untersten Grenze, doch in der Hand eines guten Schützen ist sie eine sehr wirkungsvolle Patrone.

Bei den Treibladungsmitteln sind die mittelschnell abbrennenden Pulver in Anbetracht der Hülsenform der 10,75x68 die beste Wahl. Für progressivere Sorten ist der Pulverraum zu klein, um genügend Treibladungspulver unterzubringen. Besonders RWS R 903 und Kemira N 140 haben sich als sehr gut und präzise erwiesen, wenn 350 Grains-Geschosse verladen werden. Hohe Leistung bringt auch Rottweil R 907. Bei schwereren Geschossen muss offensiveres Pulver wie R 902 verwandt werden. Hier ist zu bedenken, dass das längere Geschoss den ohnehin schon kleinen Pulverraum noch mehr beschränkt. Progressivere Sorten erbringen dann keine Leistung mehr. Standard-Zündhütchen reichen zur Anzündung völlig aus. Die Werkzeugbeschaffung ist kein großes Problem, aber entsprechend teuer. Matrizensätze sind von RCBS, Redding oder Triebel zu bekommen.

# Ladedaten Kaliber 10,75x68

| Geschoss-hersteller | Geschoss-typ | Geschoss-gewicht Grains | Pulver-hersteller | Pulvertyp | Pulver-ladung Grains | Hülsen-fabrikat | Zünd-hütchen | Gesamt-länge (mm) | $V_0$ m/sek |
|---|---|---|---|---|---|---|---|---|---|
| Reichen-berg | HDB | 300 | Kemira | N 550 | 94,0 | Romey | RWS 5341 | 80,0 | 710 |
| Woodleigh | Teilmantel | 350 | Rottweil | R 903 | 65,2 | Romey | RWS 5341 | 81,0 | 668 |
| Degol | TMR | 350 | Kemira | N 140 | 65,0 | Romey | RWS 5341 | 80,8 | 682 |
| Barnes | X-Bullet | 350 | Rottweil | R 903 | 64,7 | Romey | RWS 5341 | 81,0 | 659 |
| Delsing | TMR | 350 | Norma | 203 | 65 | Romey | RWS 5341 | 80,8 | 663 |
| Woodleigh | TMR | 350 | Rottweil | R 907 | 73,8 | Romey | RWS 5241 | 81,0 | 694 |
| Degol | TMR | 350 | Kemira | N 150 | 68 | Romey | RWS 5341 | 80,8 | 701 |
| Woodleigh | VM | 350 | Rottweil | R 902 | 67,8 | Romey | RWS 5341 | 81,0 | 690 |
| A-Square | Dead Tough | 350 | Kemira | N 140 | 64,8 | Romey | RWS 5341 | 80,8 | 680 |
| Woodleigh | TMR | 400 | Rottweil | R 902 | 61 | Romey | RWS 5341 | 81,0 | 610 |
| Degol | TMR | 400 | IMR | 4320 | 60 | Romey | RWS 5341 | 81,0 | 630 |
| Barnes | X-Bullet | 400 | Reloader | AL 15 | 60 | Romey | RWS 5341 | 81,5 | 640 |
| Woodleigh | VM | 400 | Norma | 203 | 62 | Romey | RWS 5341 | 81,0 | 613 |

Zur Ermittlung der Ladedaten wurde eine Repetierbüchse mit 63 Zentimeter Lauflänge benutzt.

# .404 Jeffery

Die .404 Jeffery entstand als randloser Pendant zur .450/.400 Nitro Express 3“, die als Patrone für Kipplaufwaffen sehr populär war.

Als das 98er Mausersystem für den Bau von Jagdrepetierern zur Verfügung stand, mussten randlose Patronen konstruiert werden, deren Leistung in etwa denen der großen Nitro Express Patronen für Doppelbüchsen entsprach. Die .404 Jeffery lässt sich noch mit etwas Aufwand im 98er Normalsystem unterbringen, doch es wurden auch Waffen mit dem langen 98er System in diesem Kaliber gebaut. Bei uns wurde diese Patrone ab 1909 unter der Bezeichnung 10,75x73 hergestellt.

Obwohl es mit dem Aufkommen der leistungsfähigen und kürzeren Magnumpatronen etwas still um die .404 wurde, hat sie sich doch immer einen kleinen, aber treuen Anhängerkreis bewahrt und wurde hauptsächlich von Berufsjägern geführt. Sie liegt in der gleichen Leistungsklasse wie die legendäre .416 Rigby, oder die moderne .416 Remington Magnum. In letzter Zeit ist die Patrone aber wieder stark im Kommen, und Mauser hat auch die neue M 03 dafür eingerichtet.

Ich schieße dieses Kaliber seit vielen Jahren mit bestem Erfolg und habe in Afrika vom Büffel bis zum Elefanten damit alles Großwild erlegt. Mit guten Teilmantelgeschossen wie dem Woodleigh, ist die Tiefenwirkung beeindruckend. Gegenüber der legendären .416 Rigby habe ich nie einen Unterschied feststellen können.

Das Angebot an Fabrikpatronen ist nicht sehr groß und alle Hersteller beschränken sich auf schwere Geschosse.

Das Geschossangebot umfasst auch wesentlich leichtere Geschosse, mit denen sich der Anwendungsbereich der Patrone erweitern lässt. Mit einem leichten Geschoss kommt die .404 Jeffery leicht in die Klasse der .375 Holland&Holland und lässt sich damit gut für weitere Schüsse auf leichteres Wild einsetzen. Beim Pulver bevorzugt die .404 die mittelschnellen Sorten. RWS 903, 907, sowie Hodgdon 4350, IMR 4064 oder Hercules RL 15 sind bestens geeignet. Doch auch etwas offensivere Sorten wie R 902, können eingesetzt werden. Als Zündhütchen sollten für die etwas langsamer abbrennenden Sorten Magnum-Zünder eingesetzt werden. Die offensiveren Sorten, wie R 902, kommen aber auch mit Standardzündern aus.

Hülsen sind von den Herstellern der Fabrikmunition sowie von den Hülsenherstellern Bertram und Bells. Matrizensätze sind von RCBS, Triebel und Redding erhältlich. Wenn eine stabile Ladepresse vorhanden ist, bereitet das Laden der .404 keine besonderen Probleme. Bei Full House Jagdladungen sollten die Geschosse jedoch durch einen Rollcrimp gesichert werden. Bis auf das Barnes X-Bullet haben alle Geschosse eine Crimprille.

# Ladedaten Kaliber .404 Jeffery

| Geschoss-hersteller | Geschoss-typ | Geschoss-gewicht Grains | Pulver-hersteller | Pulvertyp | Pulver-ladung Grains | Hülsen-fabrikat | Zünd-hütchen | Gesamt-länge (mm) | $V_0$ m/sek |
|---|---|---|---|---|---|---|---|---|---|
| Reichen-berg | HDB | 300 | Kemira | N 550 | 84,0 | RWS | RWS 5341 | 86 | 765 |
| Woodleigh | Teilmantel | 350 | RWS | R 902 | 79,0 | RWS | RWS 5341 | 86 | 710 |
| Woodleigh | Vollmantel | 400 | RWS | R 907 | 81,5 | WR | Fed 215 | 88,5 | 720 |
| Barnes | X-Bullet | 350 | Kemira | N 140 | 79,0 | RWS | CCI 250 | 88,5 | 740 |
| A-Square | Dead Tough | 400 | Kemira | N 540 | 78,0 | A-Squa | Fed 215 | 88,5 | 715 |
| Woodleigh | Vollmantel | 400 | Hodgdon | H 4350 | 85,0 | WR | CC1 250 | 88,5 | 710 |
| Woodleigh | Teilmantel | 400 | IMR | 4064 | 76,0 | A-Squa | RWS 5333 | 88,5 | 702 |
| A-Square | Monlithic | 400 | Hercules | RL 15 | 74,0 | WR | Fed 215 | 88,5 | 685 |
| Barnes | TSX | 400 | Kemira | N 550 | 81,0 | WR | Fed 215 | 88,5 | 720 |
| A-Square | Lion Load | 400 | RWS | R 903 | 80,5 | RWS | CCI 250 | 88,5 | 710 |
| Barnes | BND Solid | 400 | Alliant | RL 15 | 75,2 | WR | Fed 215 | 88,5 | 712 |
| Barnes | Solid | 350 | Hodgdon | H 4350 | 88,0 | WR | CCI 250 | 86,5 | 735 |
| CBS | Teilmantel | 400 | RWS | R 907 | 81,0 | RWS | Fed. 215 | 88,8 | 710 |

Als Testwaffe diente eine Repetierbüchse mit 98er System und 65 Zentimeter langem Lothar Walther Lauf.

# Dia. 430

Der .430er Geschossdurchmesser ist zwar beliebt bei Kurzwaffenmunition, bei leistungsstarken Jagdpatronen aber eher selten zu finden. Bekanntester Vertreter ist hier die .444 Marlin. In der Geschosstabelle sind nur die jagdlich brauchbaren Geschosse aufgeführt. Zum Scheibenschießen lassen sich alle 430er Revolvergeschosse einsetzen.

45 Blaser – 450 Marlin – 444 Marlin

**Geschosspalette:**

| Hersteller | Geschosstyp | Geschossgewicht g /Grains | Eignung | Patronen-empfehlung |
|---|---|---|---|---|
| Hornady | TMF Interlock | 17,2 / 265 | mittleres und schweres Schalenwild | .444 Marlin |
| Hornady | XTP | 15,6 / 240 | mittleres Schalenwild | .444 Marlin |
| Hornady | Lever Evolution | 17,2 / 265 | mittleres und schweres Schalenwild | .444 Marlin |
| Hornady | XTP | 19,4 / 300 | mittleres Schalenwild | .444 Marlin |
| Remington | TMF | 15,6 / 240 | leichtes und mittleres Schalenwild | .444 Marlin |
| Reichenberg | HDB | 14,6 / 225 | mittleres und schweres Schalenwild | .444 Marlin |
| Sierra | TMF | 19,4 / 300 | mittleres Schalenwild | .444 Marlin |
| Speer | Gold Dot | 15,6 / 240 | leichtes und mittleres Schalenwild | .444 Marlin |
| Cast Performance | Blei-FK | 20,7 / 320 | mittleres und schweres Schalenwild | .444 Marlin |
| Degol | Starkmantel FK | 17,2 / 265 | mittleres und schweres Schalenwild | .444 Marlin |
| Nosler | Partition | 15,6 / 240 | mittleres Schalenwild | .444 Marlin |

# .444 Marlin

Als Winchester im Jahre 1958 den Unterhebelrepetierer Modell 71 im Kaliber .348 Winchester aus dem Programm nahm, entstand eine Bedarfslücke an großkalibrigen Lever-Action-Waffen. Der zweite große Hersteller von Unterhebelrepetierern, die Firma Marlin, reagierte darauf, und brachte im Jahre 1964 die Patrone.444 Marlin zusammen mit der neuen Büchse Modell 336 auf dem Markt, die sofort großen Anklang in den USA fanden. In den dichten Buschregionen Amerikas wird die .444 Marlin besonders als guter „Stopper" bei der Bärenjagd geschätzt. Auch für unsere Regionen lässt sich die Patrone speziell bei Saudrückjagden und Nachsuchen jagdlich gut einsetzen, vor allem, wenn sie durch die Hände eines versierten Wiederladers gegangen ist. Das Angebot an .444 Marlin-Waffen beschränkt sich zudem nicht nur auf Unterhebelrepetierer, sondern es werden mittlerweile auch Doppelbüchsen für die starke Randpatrone eingerichtet. Für die Entwicklung der Ladedaten stand nicht nur ein eine Marlin Lever Action, sondern auch eine Johannsen Doppelbüchse zur Verfügung.

Vom Prinzip her ist die .444 Marlin nichts anderes, als eine verlängerte Revolverpatrone .44 Magnum und verwendet auch den gleichen Geschossdurchmesser von Dia..430. Die Hülse wurde aber auf 56,5 Millimeter verlängert und damit ist die .444er eine wirklich imposante, zylindrische Randpatrone. Munition gibt es von vielen amerikanischen Herstellern, und die Geschossgewichte liegen zwischen 15,5 und 17,2 Gramm. Das schwere 17,2 Gramm Geschoss erreicht eine maximale Mündungsgeschwindigkeit von über 700 m/sek. und damit 4000 Joule. Für eine Doppelbüchse ist die .444 Marlin als Randpatrone eine gute Wahl, wenn auf hohe Stoppkraft im Nahbereich bei nicht zu großem Rückstoß Wert gelegt wird. Auch für den Auslandsjäger, für die Jagd auf dünnhäutiges Wild wie Bären oder Großkatzen, ist sie in einer führigen Doppelbüchse nahezu ideal und lässt sich dazu natürlich auch auf heimischen Saujagden hervorragend einsetzen.

Ihre volles Leistungspotential spielt die .444 Marlin erst aus, wenn Handlaborierungen verwendet werden. Die Fabrikpatronen sind meist etwas „verhalten" laboriert und auch die verwendeten Geschosse sind oft nicht für die Jagd auf schweres Wild geeignet. Besonders das sehr dünnmantelige 240 grs. Remington Teilmantelgeschoss, hat keine sehr große Tiefenwirkung, wie der Verfasser mehrmals feststellen musste. Wesentlich besser ist hier die Hornady Light Magnum mit dem 265 grs. Interlock-Geschoss. Sie hat eine erheblich höhere Mündungsgeschwindigkeit und sehr gute Tiefenwirkung. Das Interlock-Geschoss pilzt auf den doppelten Kaliberdurchmesser auf und hat kaum Masseverlust. Die Wirkung auf Sauen ist auf Drückjagdentfernung geradezu umwerfend.

Wiederladekomponenten sind kein großes Problem. Matrizensätze sind von allen großen Herstellern zu bekommen, und gehören preislich zur günstigen Standardgruppe. Hülsen lassen sich entweder durch das Verschießen von Fabrikmunition gewinnen, oder sind auch als Neuhülsen zu moderaten Preisen zu bekommen. Bei den Geschossen ist die Auswahl schon etwas eingeschränkter, wenn die Patrone zur Jagd benutzt werden soll. Der Scheibenschütze hat es hier wesentlich einfacher, denn es lässt sich im Grunde jedes .44er Revolvergeschoss mit Dia .429/.430 verwenden, und davon gibt es reichlich. Um ein Loch in eine Pappscheibe zu stanzen, tun es die preiswerten Revolvergeschosse allemal. Bleigeschosse sollten bei den doch recht hohen Mündungsgeschwindigkeiten der leichten Revolvergeschosse aus dem Büchsenlauf besser nicht verwandt werden. Die feinen Micro-Grove Züge der originalen Marlin-Waffen verbleien hiermit sehr schnell. Beste Erfahrungen wurden hinsichtlich der Präzision mit dem 240 grs. Teilmantelgeschoss von Nosler, und 250 grs. KS-TM Tournment Master von Sierra gemacht. Für die Jagd auf Schalenwild sollten aber schwerere und vor allem härtere Geschosse benutzt werden, denn die gegenüber einem Revolver wesentlich höhere Mündungsgeschwindigkeit der .444 Marlin lässt die dünnmanteligen Revolvergschosse besonders auf Drückjagdentfernung regelrecht zerplatzen. Ausschüsse sind hier nicht mehr zu erwarten. Interessant kann die Verwendung der leichten Revolvergeschosse aber für den Hundeführer sein, der eine Gefährdung seines Schweißhundes durch austretende Geschossreste verhindern will. Hier ist das leichte Revolvergeschoss, das seine ganze Energie im Wildkörper abgibt, durchaus brauchbar.

## Ladedaten Kaliber .444 Marlin

| Geschoß-hersteller | Geschoß-typ | Geschoß-gewicht Grains | Pulver-hersteller | Pulver-typ | Pulver-ladung Grains | Hülsen-fab-rikat | Zünd-hütchen | Gesamt-länge (mm) | V 0 m/sek |
|---|---|---|---|---|---|---|---|---|---|
| Hornady | XTP | 240 | Kemira | N 130 | 52,5 | Hornady | Cci 200 | 64,0 | 710 |
| Nosler | Partition FL | 250 | Rottweil | R 901 | 50,0 | Hornady | CCI 200 | 64,5 | 685 |
| Hornady | Interlock | 265 | PCL | 512 | 44,5 | Remington | CCI 200 | 65,0 | 730 |
| Hornady | Interlock | 265 | Kemira | N 130 | 50,8 | Hornady | CCI 200 | 65,0 | 685 |
| Hornady | Interlock | 265 | Hodgdon | H 335 | 57,5 | Remington | WLR | 64,0 | 692 |
| Hornady | Lever Rev. | 265 | IMR | 4189 | 54,0 | Hornady | WLR | 66,0 | 690 |
| Hornady | Lever Rev. | 265 | Alliant | RL 7 | 46,5 | Remington | CCI 200 | 65,0 | 695 |
| Delsing | TMR | 285 | Kemira | N 120 | 49,0 | Hornady | WLR | 65,0 | 710 |
| Hornady | XTP HP | 300 | Kemira | N 130 | 46,5 | Remington | CCI 200 | 65,0 | 620 |
| Hornady | XTP HP | 300 | IMR | 4198 | 39,5 | Remington | CCI 200 | 65,0 | 610 |

Als Testwaffe diente ein Marlin Unterhebelrepetierer mit 60 Zentimeter Lauflänge.

# .430er Geschosse für den Jagdgebrauch

Das eingangs schon erwähnte 265 grs. schwere Interlock-Geschoss von Hornady, mit dem auch die Light Magnum laboriert wird, ist speziell für die .444 Marlin entwickelt worden und genau auf den Geschwindigkeitsbereich abgestimmt. Speer hat ein 270 grs. Gold Dot Revolvergeschoss im Programm, das zwar schnell anspricht und den Querschnitt erheblich vergrößert, aber durch die Verbundbauweise nicht zu viel an Masse verliert und ebenfalls jagdlich einsetzbar ist. Interessant ist auch das 250 grs. Faustfeuerwaffengeschoss von Nosler, das als Partition-Geschoss mit Mittelsteg aufgebaut und für die Jagd mit Kurzwaffen gedacht ist. Auch dieses Geschoss hat eine hohe Tiefenwirkung und lässt sich in der .444 Marlin jagdlich einsetzen, auch wenn es nicht ganz so schwer ist. Ebenfalls einsetzbar wäre vom Aufbau her das schwere 300 grs. Hollowpoint von Nosler, das ebenfalls für die Jagd mit Kurzwaffen gedacht ist. Es ist aber sehr lang und nimmt so viel Platz im Pulverraum ein. Die erzielbare Leistung ist nicht sehr hoch. Vom belgischen Custom-Geschosshersteller Degol kommt ein 265 grs. Verbundkerngeschoss speziell für die .444 Marlin, das ebenfalls genau auf diese Patrone abgestimmt ist und dem Hornady-Geschoss zumindest ebenbürtig ist, aber auch erheblich mehr kostet. Das jagdlich optimale Geschossgewicht für die .444 Marlin liegt bei 265 – 270 grs. Diese Geschosse sind schwer genug und lassen in der Hülse ausreichend Platz für das Treibladungsmittel. Die neueste Entwicklung ist das Lever Evolution Geschoss von Hornady, das als Spitzgeschoss konstruiert ist, aber in Röhrenmagazinen verwendet werden kann. Es hat eine weiche Spitze aus Elastomer – hier also eher Gummi als Plastik. Hornady bezeichnet das Material als Flex Tip, da es sich bei Temperaturen von -40 bis über 130 Grad Celsius völlig flexibel verhält. Die Spitze lässt sich auf einer harten Unterlage platt drücken und kehrt sofort wieder in ihre Ursprungsform zurück, sobald der Druck nachlässt. Die Zündung einer vor dieser Spitze liegenden Patrone durch den Rückstoß ist völlig ausgeschlossen

Für die zylindrische Hülse wird ein dreiteiliger Matrizensatz benötigt und bei der Behandlung der sehr dünnwandigen Hülsen ist Vorsicht nötig, sonst kommt es zu Ausschuss. Die Hülsen deformieren am Hülsenmund extrem schnell. Ein kräftiger, aber gleichmäßiger Rollcrimp, ist unbedingt erforderlich. Nicht nur, um die Geschosse sicher in der Hülse zu halten, sondern auch um eine vollständige Verbrennung des Treibladungspulvers zu erreichen und die volle Leistung zu erzielen. Damit die Präzision nicht unter ungleichmäßiger Crimpung leidet, sollten alle Hülsen vor dem Laden auf gleiche Länge getrimmt werden. Dies erwies sich bei der Ermittlung der Ladedaten als sehr wichtig. Ist der Crimp nicht gleichmäßig, leidet die Präzision sehr stark. Als Treibladungspulver lassen sich die offensiven bis mittelschnellen Büchsenpulver verwenden. Bei den Ladungen der mittelschnellen Pulver handelt es sich durchweg um Pressladungen. Trotzdem wird der höchst zulässige Gasdruck von immerhin 3550 bar nicht erreicht. Durch die Relation von Hülsenvolumen zu Pulverdichte wird der P max nur zu etwa zwei Dritteln ausgeschöpft. Die „Maximalladungen“ kratzen also nicht etwa an der Gasdruckobergenze, sondern es geht schlichtweg nicht mehr Pulver in die Hülse. Standardzündhütchen reichen für die sichere Anzündung des Pulvers vollkommen aus.

# Dia. 435

Der .435er Geschossdurchmesser ist sehr selten und findet sich bei den echten Großwildpatronen lediglich bei der .425 Westley Richards.

**Geschosspalette:**

| Hersteller | Geschosstyp | Geschossgewicht g /Grains | Eignung | Patronen-empfehlung |
|---|---|---|---|---|
| A-Square | Monolithic | 26,5 / 410 | Dickhäuter | .425 WR |
| A-Square | Dead Tough | 26,5 / 410 | Großwild | .425 WR |
| A-Square | Lion Load | 26,5 / 410 | Großkatzen | .425 WR |
| Woodleigh | Vollmantel | 26,5 / 410 | Dickhäuter | .425 WR |
| Woodleigh | Teilmantel | 26,5 / 410 | Großwild | .425 WR |
| CBS Degol | Teilmantel | 26,5 / 410 | Großwild | .425 WR |
| CBS Degol | Kegelspitz | 22,5 / 350 | starkes Hochwild, leichtes Großwild | .425 WR |
| Barnes | Solid | 26,5 / 410 | Dickhäuter | .425 WR |
| Barnes | Teilmantel | 26,5 / 410 | Großwild | .425 WR |
| Romey | Solid | 26,5 / 410 | Dickhäuter | .425 WR |

# .425 Westley Richards

Die .425 Westley Richards wurde von der gleichnamigen englischen Waffenfirma Anfang des Jahrhunderts auf den Markt gebracht. Vornehmlich als randlose Patrone für Repetierbüchsen konzipiert, wurden aber auch Doppelbüchsen und Blockbüchsen für dieses Kaliber eingerichtet.

Die .425 Westley Richard ist eine der wenigen Patronen mit, im Verhältnis zum Hülsenkörper, kleineren Hülsenboden. Bekanntestes Beispiel für diese Hülsenform ist wohl die .500 Jeffery. Durch dies Bauweise ist es möglich, Mauser-Standardsysteme für den Bau von kostengünstigen Büchsen zu benutzen. Obwohl die .425 Westley Richards nur eine Hülsenlänge von 67,06 Millimeter hat, bringt sie eine respektable Leistung. Im Westley Richards Katalog von 1912 werden 2350 feet per second und 5022 ft.lbs. angegeben. Das entspricht umgerechnet etwa 710 m/sek. und 6800 Joule. Für diese kurze Patrone bei einem Gasdruck von 2757 bar nicht schlecht. Damit lässt sich die .425 WR durchaus mit der .404 Jeffery oder .416 Rigby vergleichen. Diese Messungen beruhen aber auf die früher üblichen Lauflängen von 70 oder gar 73 Zentimeter. Romey Fabrikpatronen erreichten aus einer neu gefertigten Waffe mit 65 Zentimeter langem Lauf eine VO von 695 m/sek.. In diesem Bereich sollten auch die Eigenlaborierungen angesiedelt werden, wobei bei alten Originalwaffen Vorsicht geboten ist. 20 m/sek. weniger sind im Jagdbetrieb kaum spürbar, senken aber den Gasdruck erheblich. Es werden zwar heute nur noch vereinzelt neue Waffen für diese Patrone eingerichtet, aber es sind noch eine Menge alter, gut erhaltener Waffen im Umlauf. Das Angebot an Fabrikpatronen ist sehr klein und es sind lediglich Patronen mit einem Geschossgewicht von 410 Grains zu bekommen.

Die .425 Westley Richards benötigt den sehr seltenen Geschossdurchmesser von .435 (11,05 mm), was das Geschossangebot sehr einschränkt. Geschosse werden nur von Barnes, A-Square und Woodleigh fabrikmäßig gefertigt. Außerdem gibt es noch das Silber Solid von Romey und auch die belgische Geschossschmiede Degol stellt .435er Geschosse her. Alle diese Geschosse haben das Standardgewicht von 410 Grains. Leichtere Geschosse wären nur von Degol oder einem anderen Kleinhersteller als Sonderanfertigung zu bekommen. Für den Autor stellte Degol ein 350 Grains leichtes KegelspitzGeschoss her, das nicht nur außerordentlich präzise ist, sondern sich auch für starkes europäisches Hochwild sehr gut eignet, was den Anwendungsbereich einer .425er Büchse erweitert.

Beim Pulver bevorzugt die .425 WR die eher offensiven bis mittelschnellen Sorten. Mit R 907 ließ sich die leistungsstärkste Jagdladung laborieren, die den Fabrikpatronen entspricht. Auch Kemira N 540 erwies sich als sehr gut. Trotz der kaum vorhandenen Schulter, waren auch Versuche mit progressiveren Sorten erfolgreich. Damit bleibt die Leistung zwar etwas unter dem Niveau der Fabriklaborierung, aber gerade diese Patronen waren sehr präzise und schossen sich angenehm weich. Die offensiveren Pulversorten würden zwar auch mit Standardzündhütchen auskommen, es wird aber empfohlen, Magnum-Zünder einzusetzen, da der Abbrand hier gleichmäßiger ausfällt und so gezündete Laborierungen präziser schießen. Hülsen sind nur von den Herstellern der Fabrikmunition A-Square und WR-Munition erhältlich, sowie von den Hülsenherstellern Horneber, Bertram und Bells.

Matrizensätze sind von RCBS, Triebel und Redding erhältlich. Leider auch entsprechend teuer. Wenn eine stabile Ladepresse vorhanden ist, bereitet das Laden der .425 WR keine besonderen Probleme. Ein Sichern der Geschosse durch einen Crimp ist unbedingt nötig.

Büffel, erlegt mit einem Schuss auf den Stich, Kaliber .404 Jeffery.

# Ladedaten Kaliber .425 Westley Richards

| Geschoss-hersteller | Geschoss-typ | Geschoss-gewicht Grains | Pulver-hersteller | Pulvertyp | Pulver-ladung Grains | Hülsen-fabrikat | Zünd-hütchen | Gesamt-länge (mm) | $V_0$ m/sek |
|---|---|---|---|---|---|---|---|---|---|
| Barnes | TM | 410 | Rottweil | R 907 | 73 | WR | RWS 5333 | 82,5 | 682 |
| Woodleigh | VM | 410 | Kemira | N 160 | 80 | WR | Fed. 215 | 82,2 | 645 |
| Woodleigh | TM | 410 | Rottweil | R 907 | 74 | WR | CCI 250 | 82,2 | 695 |
| Woodleigh | TM | 410 | IMR | 4350 | 74 | WR | CCI 250 | 82,2 | 662 |
| Romey | Solid | 410 | Kemira | N 150 | 69 | WR | CCI 250 | 82,8 | 654 |
| CBS | TM | 410 | Rottweil | R 907 | 74 | WR | RWS 5333 | 82,5 | 698 |
| Barnes | TM | 410 | Kemira | N 540 | 72 | WR | CCI 250 | 82,5 | 690 |
| Degol | KS | 350 | Kemira | N 540 | 82 | WR | CCI 250 | 82,0 | 752 |
| Woodleigh | VM | 410 | Kemira | N 540 | 71 | WR | CCI 250 | 82,2 | 680 |
| Woodleigh | TM | 410 | Kemira | N 150 | 70 | WR | Fed. 215 | 82,2 | 670 |

Als Testwaffe diente eine Repetierbüchse mit 98er System und 65 Zentimeter langem Lothar Walther Lauf.

# Dia. 458

Der .458er Geschossdurchmesser ist sehr populär und findet sich bei einer ganzen Reihe von Großwildpatronen. Entsprechend groß ist auch das Geschossangebot. Fast jeder Geschosshersteller hat 458er Geschosse im Programm. Die Geschossgewichte reichen von 300 bis 600 Grains und neben den klassischen Rundkopfgeschossen sind auch außenballistisch günstig geformte Spitz- oder Halbspitzgeschosse zu bekommen, die in den schnellen 458er Kalibern Vorteile haben und den Einsatz der Büchse auch auf größere Distanz erlauben.

458 Win – 458 Lott – 450 Rigby – 460 Weath – 500 Jeffery – 560A-Square – 505 Gibbs – 585 Nyaty

## Geschosspalette:

| Hersteller | Geschosstyp | Geschoss-gewicht g/Grains | Eignung | Patronen-empfehlung |
|---|---|---|---|---|
| Sierra | TM-Hohlspitz | 19,5/300 | Hochwild | alle .458er |
| Speer | TM-Flachkopf | 22,5/350 | Hochwild/ Großkatzen | alle .458er |
| Speer | TM-Flachkopf | 26/400 | Hochwild/ Großkatzen | alle .458er |
| Speer | TM G.-Slam | 32,4/500 | Großwild | alle .458er |
| Speer | VM-G.Slam | 32,4/500 | Dickhäuter | alle .458er |
| A-Square | Monolithic | 32,4/500 | Dickhäuter | alle .458er |
| A-Square | Dead Tough | 32,4/500 | Großwild | alle .458er |
| A-Square | Lion Load | 32,4/500 | Großkatzen | alle .458er |
| A-Square | Monolithic | 30/465 | Dickhäuter | alle .458er |
| A-Square | Dead Tough | 30/465 | Großwild | alle .458er |
| A-Square | Lion Load | 30/465 | Großkatzen | alle .458er |
| Woodleigh | Vollmantel | 32,4/500 | Dickhäuter | alle .458er |
| Woodleigh | Teilmantel | 32,4/500 | Großwild | alle .458er |
| Woodleigh | Teilmantel | 31,1/480 | Großwild | alle .458er |
| Woodleigh | Vollmantel | 31,1/480 | Dickhäuter | alle .458er |
| Woodleigh | Teilmantel | 22,5/350 | Hoch- und Großwild | alle .458er |
| Woodleigh | TM-Protected | 26/400 | Großwild | alle .458er |
| Woodleigh | Teilmantel | 35,7/550 | Großwild | nur große Hülsen |
| Woodleigh | Vollmantel | 35,7/550 | Dickhäuter | nur große Hülsen |
| CBS Degol | Teilmantel | 22,5/350 | Großwild | alle .458er |
| CBS Degol | Teilmantel | 26,0/400 | Großwild | alle .458er |
| CBS Degol | Teilmantel | 30,8/480 | Großwild | alle .458er |
| CBS Degol | Teilmantel | 33,5/520 | Großwild | nur große Hülsen |
| CBS-Degol | Teilmantel | 32,4/500 | Großwild | alle .458er |
| CBS Degol | Teilmantel | 39/600 | Großwild | nur große Hülsen |
| Degol | Vollmantel | 39/600 | Dickhäuter | nur große Hülsen |
| Barnes | Solid | 26/400 | Dickhäuter | alle .458er |
| Barnes | Solid | 29,2/450 | Dickhäuter | alle .458er |
| Barnes | Solid | 32,4/500 | Dickhäuter | alle .458er |
| Barnes | Solid | 39/600 | Dickhäuter | nur große Hülsen |
| Barnes | TM-Spitz | 19,5/300 | Hochwild | alle .458er |
| Barnes | TM-Flachkopf | 19,5/300 | Hochwild | reduzierte Ladung |
| Barnes | TM-Spitz | 26/400 | Großwild | alle .458er |
| Barnes | TM-Flachkopf | 26/400 | Großwild/Großkatzen | alle .458er |
| Barnes | Teilmantel | 39/600 | Großwild | nur große Hülsen |
| Barnes | X-Bullet | 19,5/300 | Hochwild | alle .458er |
| Barnes | X-Bullet | 22,5/350 | Hoch- und Großwild | alle .458er |
| Barnes | X-Bullet | 26/400 | Großwild | alle .458er |
| Barnes | X-Bullet | 29,2/450 | Großwild | alle .458er |

| Hersteller | Geschosstyp | Geschoss-gewicht g/Grains | Eignung | Patronen-empfehlung |
|---|---|---|---|---|
| Barnes | X-Bullet | 32,4/500 | Großwild | alle .458er |
| Barnes | Triple Shock | 19,5/300 | Hoch- und Großwild | alle .458er |
| Barnes | Triple Shock | 22,6/350 | Großwild | alle .458er |
| Barnes | Triple Shock | 29,2/450 | Großwild | alle .458er |
| Barnes | Triple Shock | 32,4/500 | Großwild | alle .458er |
| Swift | A-Frame | 26/400 | Großwild | alle .458er |
| Swift | A-Frame | 29,2/450 | Großwild | alle .458er |
| Swift | A-Frame | 32,4/500 | Großwild | alle .458er |
| Remington | TM-Hohlspitz | 19,4/300 | Hochwild | alle .458er |
| Nosler | Partition | 19,4/300 | Hochwild | alle .458er |
| Nosler | Partition | 32,4/500 | Großwild | alle .458er |
| Nosler | Solid | 32,4/500 | Dickhäuter | alle .458er |
| Winchester | Teilmantel | 32,4/500 | Großwild | alle .458er |
| Winchester | Power Point | 32,4/500 | Großwild | alle .458er |
| Impala | Impala | 16,2/250 | Hochwild | alle .458er |
| Impala | Impala | 19,4/300 | Hochwild | alle .458er |
| Delsing | TM-Flachkopf | 19,4/300 | Hochwild | alle .458er |
| Delsing | Teilmantel | 22,6/350 | Großwild | alle .458er |
| Delsing | Teilmantel | 26/400 | Großwild | alle .458er |
| GPA | GPA | 29,2/450 | Hochwild | alle .458er |
| Federal | Trophy Bond. | 26/400 | Großwild | alle .458er |
| Federal | Trophy Bond. | 32,4/500 | Großwild | alle .458er |
| Reichenberg | HDB | 16,8 / 260 | Weitschüsse Großantilopen | alle .458er |
| Reichenberg | HDB | 26/400 | Großwild | alle .458er |
| Reichenberg | HDB | 29,2/450 | Großwild | alle .458er |
| Reichenberg | Super Penetrator | 29,2/450 | Großwild | alle .458er |
| Reichenberg | Super Penetrator | 32,4/500 | Großwild | alle .458er |
| Swift | A-Frame | 29,2/450 | Großwild | alle .458er |
| Swift | A-Frame | 32,4/500 | Großwild | alle .458er |
| Hornady | TM-Hohlspitz | 19,4/300 | Hochwild | alle .458er |
| Hornady | Teilmantel | 22,5/350 | Hochwild/Großkatzen | alle .458er |
| Hornady | Teilmantel | 32,4/500 | Großwild | alle .458er |
| Hornady | Vollmantel | 32,4/500 | Dickhäuter | alle .458er |
| PMP | Solid | 30,8/475 | Dickhäuter | alle .458er |

# .458 Winchester Magnum

Die .458 Winchester Magnum kam 1956 zusammen mit dem Winchester Modell 70 „African“ auf den Markt und ist wohl eine der meist geführten Großwildpatronen weltweit.

Die .458 Winchester war die erste einer Reihe von so genannten „Short Magnums“ und brach in einen Leistungsbereich ein, der vorher von den englischen Expresspatronen beherrscht wurde. Die Hülsenlänge der neuen Patrone von nur 63 mm ermöglichte die Verwendung von Repetierbüchsensystemen mit Standardabmessungen. So war es jetzt möglich, preisgünstige Repetierer für eine leistungsstarke Großwildpatrone einzurichten.

Mit dem 500 Grains (32,4 g) Standardgeschossgewicht liefert die .458 Winchester Magnum etwa 6700 Joule Mündungsenergie. Die schweren Geschosse haben eine ausgezeichnete Wirkung auf Dickhäuter. Um diese Leistung mit der kurzen Hülse zu erreichen, ist jedoch ein Gasdruck von 3800 bar notwendig. Stabile Verschlüsse sind für diese Patrone unbedingt notwendig. Die Gürtelpatrone war zwar eigentlich für Repetierbüchsen gedacht, es wurden jedoch auch zahlreiche Doppelbüchsen in diesem Kaliber gebaut. Die Patrone entwickelt vor allem aus den gegenüber den Doppelbüchsen leichteren Repetierern einen kurzen und harten Rückstoß.

Vor einigen Jahren kam das Kaliber ins Gerede, da die Patronen einiger Hersteller sehr verhalten waren, um den Gasdruck auf niedrigem Niveau zu halten. Bei dem hohen Gasdruck kam es im heißen Afrika zu Zuverlässigkeitsproblemen, die Hülsen steckten im Lager fest. Das wollten die Munitionshersteller verhindern. Die Mündungsgeschwindigkeit dieser Munition lag aber weit unter dem angegebenen Wert. Diese Patronen hatten natürlich keine gute Wirkung mehr, besonders die Tiefenwirkung war mangelhaft. Viele .458 Winchester Waffen wurden in dieser Zeit auf die stärkeren, aber kalibergleichen Patronen .458 Lott oder .450 A-Square Short abgeändert.

Diese Probleme sind aber mittlerweile weitgehend behoben, wobei einige Hersteller wie etwa PMP, W. Romey und A-Square auch dazu übergingen, etwas leichtere Geschosse im 465 oder 480 Grains Bereich zu verwenden. Hier scheint der Gasdruckverlauf günstiger zu sein, und es lässt sich eine höhere Mündungsgeschwindigkeit und auch Mündungsenergie erzielen. Die Tiefenwirkung dieser etwas leichteren Geschosse ist wesentlich besser.

Der große Vorteil der .458 Winchester Magnum gegenüber den meisten alten Expresspatronen besteht aber im unfangreichen Angebot an Fabrikpatronen. Es werden auch Laborierungen mit leichteren Geschossen von 350 oder 400 Grains angeboten, die den Einsatzbereich eines Repetierers in diesem Kaliber stark erweitern.

Überschwere Geschosse sind bei dem geringen Hülsenvolumen der .458 Winchester Magnum wenig sinnvoll. Bei voller Leistung sind harte Spezialgeschosse notwendig. Einige der leichten Geschosse dieses Geschossdurchmessers sind für ältere 45er Patronen wie die .45/70 Government gedacht und haben dünne Mäntel. Diese Geschosse sind nur bei reduzierten Ladungen einsetzbar.

Reduzierte Ladungen sind bei der .458 Winchester Magnum durch den verhältnismäßig kleinen Pulverraum wesentlich einfacher herzustellen als bei den noch aus der Schwarzpulver- oder Corditzeit stammenden Expresspatronen mit ihrem für die modernen Nitropulver unnötig großem Pulverraum. Geeignete Pulver sind die mittelschnellen Sorten wie Kemira N 140, Rottweil R 903 oder IMR 3031. Es wurden ausschließlich Magnum-Zünder eingesetzt.

Matrizensätze sind von allen Herstellern von Wiederladewerkzeugen erhältlich und werden meist als Standardkaliber sogar preiswert angeboten. Wenn eine stabile Ladepresse vorhanden ist, bereitet das Laden der .458 Winchester Magnum keine besonderen Probleme. Ein Sichern der Geschosse durch einen Crimp ist unbedingt nötig.

# Ladedaten Kaliber .458 Winchester Magnum

| Geschoss-hersteller | Geschoss-typ | Geschoss-gewicht Grains | Pulver-hersteller | Pulvertyp | Pulver-ladung Grains | Hülsen-fabrikat | Zünd-hütchen | Gesamt-länge (mm) | $V_0$ m/sek |
|---|---|---|---|---|---|---|---|---|---|
| Hornady | Hohlspitz | 300 | Rottweil | R 901 | 71,0 | Winchester | CCI 250 | 75,5 | 731 |
| Woodleigh | TMR | 350 | Rottweil | R 902 | 76,5 | Winchester | RWS 5333 | 75,7 | 722 |
| Speer | TM-Flach-kopf | 350 | Kemira | N 130 | 73,5 | Winchester | CCI 250 | 78,9 | 748 |
| Hornady | TMR | 350 | Hodgdon | H 322 | 77,5 | Remington | CCI 250 | 78,5 | 755 |
| Hornady | TMR | 350 | IMR | 4198 | 70,0 | Remington | CCI 250 | 78,6 | 725 |
| CBS | TMR | 350 | Rottweil | R 902 | 71,0 | Remington | CCI 250 | 75,7 | 725 |
| Reichen-berg | HDB | 400 | Kemira | N 130 | 70,0 | Remington | CCI 250 | 78,0 | 752 |
| Barnes | TSX | 450 | Hodgdon | 4198 | 56,0 | Remington | CCI 250 | 83,5 | 670 |
| Barnes | BND Solid | 450 | Hodgdon | H 335 | 78,0 | Remington | CCI 250 | 80,5 | 665 |
| Degol | TMR | 480 | Rottweil | R 903 | 77,0 | Remington | CCI 250 | 84,3 | 654 |
| Woodleigh | TMR | 480 | Kemira | N 140 | 75,5 | Winchester | CCI 250 | 84,2 | 650 |
| Woodleigh | VMR | 480 | Rottweil | R 907 | 78,0 | Winchester | Fed. 215 | 84,2 | 659 |
| Barnes | TSX | 500 | Rottweil | R 903 | 76,0 | Remington | CCI 250 | 84,5 | 638 |
| Hornady | TMR | 500 | Rottweil | R 903 | 76,0 | Remington | RWS 5333 | 84,4 | 635 |
| Swift | A-Frame | 500 | Alliant | RL 12 | 78,0 | Winchester | CCI 250 | 84,5 | 632 |
| Barnes | BND Solid | 500 | Hodgdon | H 335 | 71,0 | Winchester | CCI 250 | 84,1 | 625 |
| A-Square | Dead T. | 500 | Hodgdon | 4895 | 71,0 | W. Romey | Fed 215 | 84,5 | 630 |
| Hornady | VMR | 500 | Kemira | N 140 | 74,0 | W. Romey | Fed 215 | 84,1 | 629 |
| Hornady | TM | 500 | IMR | 3031 | 70,5 | Winchester | RWS 5333 | 84,1 | 628 |

Zur Ermittlung der Ladedaten wurde eine Winchester Mod. 70 mit 56cm Lauflänge benutzt.

# .458 Lott

Die .458 Lott ist zwar nicht sehr bekannt bei uns, aber keineswegs eine neue Patrone. Dem amerikanischen Waffenschriftsteller Jack Lott gefiel bereits im Jahre 1970 die Leistung der .458 Winchester nicht, und er verlängerte die Hülse soweit, dass sie gerade noch in Standardsysteme wie das Winchester 70 oder 98er System passt. Dazu bediente er sich der .375 Holland&Holland Hülse, die er auf .458 Winchester aufweitete. So entsteht eine .458er Patrone mit 71 Millimeter Hülsenlänge gegenüber den 63,5 Millimetern der .458 Winchester. Durch den dadurch gewonnenen Pulverraum ist natürlich eine höhere Leistung möglich. Dazu kommt noch der Vorteil, aus einem auf die .458 Lott aufgeriebenen Patronenlager, im Notfall auch die kürzeren .458 Winchester verschießen zu können.

Die .458 Lott erbringt eine Mündungsenergie von fast 8000 Joule und liegt damit zwischen der .458 Winchester und der .460 Weatherby. Sie ist ein guter Kompromiss für Jäger, denen die kurze Winchester zu wenig Power und die überstarke Weatherby zu viel Rückstoß hat. Die Änderung einer Repetierbüchse im Kaliber .458 Winchester zur .458 Lott, ist bei den meisten Modellen kein großes Problem und verursacht auch keine hohen Kosten.

Das Angebot an Fabrikpatronen ist sehr klein.

Durch den im Vergleich zur Winchester-Patrone größeren Pulverraum ist es möglich, auch die schweren Geschosse zu verwenden, doch in ihrem Element ist die Lott mit Geschossgewichten zwischen 400 und 500 Grains. Werden leichte Geschosse auf die dann mögliche hohe Mündungsgeschwindigkeit geladen, ist darauf zu achten, entsprechend stabile Konstruktionen wie das Barnes X-Bullet, oder die Verbundkerngeschosse von Degol zu wählen, da die einfachen Teilmantelgeschosse zu weich sind und keine Tiefenwirkung mehr haben. Eine echte Weitschusspatrone lässt sich aber auf diesem Weg aus der Lott nicht machen.

Beim Pulver bevorzugt die .458 Lott die mittelschnellen Sorten. Für die wirklich langsamen Pulver ist das Hülsenvolumen zu gering und die schulterlose Hülsenform nicht besonders gut geeignet. Bei leichteren Geschossen lassen sich zwar auch offensivere Pulver verwenden, doch ist hier stets auf eine ausreichende Ladedichte zu achten. Hodgdon 4895 und IMR 3031 sind sehr universell einsetzbar. Sehr gute Präzision wurde auch mit Rottweil R 907 und Kemira 540 erreicht. Es wurden ausschließlich Magnum-Zünder eingesetzt.

Hülsen sind nur vom Hersteller der Fabrikmunition und in Deutschland von Horneber erhältlich. Es besteht aber auch die Möglichkeit, Hülsen aus der .375 Holland&Holland Magnum umzuformen.

Matrizensätze sind von RCBS, Triebel und Redding erhältlich. Wenn bereits ein Matritzensatz für die .458 Winchester vorhanden ist, kann dieser ohne weiteres benutzt werden und ein Neukauf ist nicht nötig. Mit einer stabile Ladepresse, bereitet das Laden der .458 Lott keine besonderen Probleme. Ein Sichern der Geschosse durch einen Crimp ist unbedingt nötig.

# Ladedaten Kaliber .458 Lott

| Geschoss-hersteller | Geschoss-typ | Geschoss-gewicht Grains | Pulver-hersteller | Pulvertyp | Pulver-ladung Grains | Hülsen-fabrikat | Zünd-hütchen | Gesamt-länge (mm) | $V_0$ m/sek |
|---|---|---|---|---|---|---|---|---|---|
| Barnes | X-Bullet | 300 | Hodgdon | 335 | 84,0 | A-Square | CCI 250 | 91,5 | 810 |
| Barnes | X-Bullet | 400 | IMR | 3031 | 86,0 | A-Square | CCI 250 | 91,5 | 754 |
| Woodleigh | TM | 350 | Rottweil | R 902 | 92,0 | A-Square | CCI 250 | 91,6 | 785 |
| Reichen-berg | HDB | 400 | Kemira | N 540 | 95,0 | A-Square | CCI 250 | 91,0 | 760 |
| Barnes | TSX | 450 | Hodgdon | H 4895 | 64,4 | A-Square | CCI 250 | 91,7 | 670 |
| Woodleigh | VM | 480 | Rottweil | R 907 | 86,0 | A-Square | CCI 250 | 91,7 | 730 |
| A-Square | Dead T | 465 | Hodgdon | 4895 | 84,0 | A-Square | CCI 250 | 91,0 | 735 |
| Speer | TM-FK | 400 | Kemira | N 540 | 94,0 | A-Square | Fed 215 | 91,0 | 780 |
| Swift | A-Frame | 450 | IMR | 3031 | 79,0 | A-Square | CCI 250 | 91,5 | 725 |
| Barnes | Solid | 500 | IMR | 4320 | 76,0 | A-Square | CCI 250 | 90,5 | 685 |
| CBS | TM | 350 | Alliant | RL 12 | 92,0 | A-Square | Fed 215 | 91,0 | 786 |
| A-Square | Monolithic | 465 | IMR | 4064 | 83,5 | A-Square | CCI 250 | 91,0 | 730 |
| A-Square | Lion | 465 | Hodgdon | 4895 | 85,0 | A-Square | CCI 250 | 91,0 | 735 |
| Hornady | TM | 500 | IMR | 4064 | 73,0 | A-Square | Fed 215 | 90,0 | 700 |
| Barnes | BND Solid | 500 | Hodgdon | H 335 | 77,2 | A-Square | CCI 250 | 91,0 | 688 |
| A-Square | Dead T. | 500 | Hercules | RL 12 | 87,5 | A-Square | CCI 250 | 90,0 | 702 |
| CBS | TM | 500 | Hodgdon | 4895 | 76,0 | A-Square | CCI 250 | 90,5 | 705 |
| Barnes | TM | 600 | IMR | 4064 | 68,0 | A-Square | Fed 215 | 90,7 | 590 |

Als Testwaffe diente eine umgebaute Winchester 70 mit 65 cm Lauflänge.

# .450 No 2 N.E.

Die .450 No 2 ist eine imposante Erscheinung und mit einer Hülsenlänge von 82,5 Millimeter eine der längsten Jagdpatronen überhaupt. Die .450 No 2 ist die kleinere Schwester der .475 No 2 und wurde im Jahr 1903 vorgestellt. Sie kann als Weiterentwicklung der 1898 von Rigby entwickelten .450 N.E. bezeichnet werden, die als Schwarzpulverpatrone nach der Umstellung auf Nitropulver einige Probleme bereitete. Der dünne Rand der Patrone verursachte bei den höheren Gasdrücken des Nitropulvers oft Auszieherprobleme. Eley entwickelte daher die .450 No 2 als reine Nitropulverpatrone mit entsprechend stabiler Hülse und moderner Form. Die .450 No 2 hat daher einen wesentlich ausgeprägteren Flaschenhals als alle anderen N.E.-Patronen. Die moderne .450 No 2 erbringt aber keine höhere Leistung als die ältere .450 N.E. 3 ¼, doch das ist kein Nachteil, denn mit einer Mündungsenergie von gut 6500 Joule lässt sich alles Wild der Erde waidgerecht erlegen.

Bei den Fabriklaborierungen sieht es nicht gerade üppig aus, außer von A-Square, LFB und W. Romey sind in Deutschland keine Patronen zu bekommen. A-Square verlädt das Monolithic Solid, das Lion Load und das Dead Tough Soft Point, alle mit Geschossgewichten von 465 Grains, während Romey zwei Laborierungen mit dem 480 Grains Voll- und Teilmantelgeschoss von Wodleigh, sowie eine Patrone mit dem 480 Grains schwerem Silber Solid anbietet. LFB verlädt das Degol-Verbundkerngeschoss.

Wiederladematrizen sind von RCBS, Redding und Triebel zu bekommen. In Anbetracht der relativen Seltenheit der .450 No 2 N.E. gehören diese Matrizen natürlich zur teuersten Preisgruppe und es ist auch mit entsprechenden Lieferzeiten zu rechnen.

Bei der Hülsenbeschaffung ist der Wiederlader auf das Verschießen von Fabrikpatronen oder Neuhülsen der Fabrikate Horneber, Bertrams oder Bell angewiesen.

Dafür gibt es keine Geschossprobleme, die .450 No 2 kann mit herkömmlichen .458er Geschossen versorgt werden, die durch die weit verbreitete .458 Winchester Magnum in großer Auswahl zur Verfügung stehen. Die Ladeversuche haben jedoch gezeigt, dass es sehr problematisch ist, leichte Geschosse auf eine hohe Geschossgeschwindigkeit zu bringen. Werden progressiv abbrennende Pulver verladen, brennen diese nicht vollständig und sauber ab, weil das leichte Geschoss nicht für die notwendige „Verdämmung“ sorgt und bei schneller brennenden Pulvern ist die Ladedichte in der großen Hülse so gering, dass es zu unkontrollierten Drucksprüngen kommt. Auf diesem Wege lässt sich kaum eine brauchbare Präzision erreichen.

Wer hier zum Erfolg kommen will, kann natürlich versuchen, mit Füllmitteln zu arbeiten, um den Pulverraum zu verkleinern, doch einen wirklich gleichmäßigen Abbrand erzielt man damit nur selten. Es ist wesentlich einfacher, sich auf Geschossgewichte zwischen 450 und 530 Grains zu beschränken, zumal die meisten Doppelbüchsen nur in diesem Gewichtsbereich zusammenschießen. Wird eine Büchse mit Blockverschluss benutzt, besteht natürlich ein weitaus größerer Spielraum beim Geschossgewicht.

Als Treibladungsmittel sind nur die progressiven Pulversorten zu empfehlen, um eine möglichst hohe Ladedichte zu erzielen. Die Auswahl ist hier nicht groß und einige

Sorten, die auf den ersten Blick als brauchbar eingestuft wurden, zeigten sich hinterher als wenig geeignet, wie etwa Hodgdon 870 oder Norma MRP. Besonders das, für die .50 Browning gedachte Kugelpulver Hodgdon 870, verhielt sich völlig unberechenbar und zeigte große Schwankungen bei der Geschossgeschwindigkeit. Von Experimenten mit dieser Pulversorte kann nur abgeraten werden. Die besten Ergebnisse wurden mit Hodgdon 4831 erzielt, das sich als sehr gleichmäßig erwies und bei den V 0-Messungen die geringste Standardabweichung zeigte. Die .450 NE No 2 ist sehr problematisch bezüglich der Pulverauswahl.

Um die erhebliche Menge Pulver gleichmäßig anzuzünden, sind Magnumzünder erforderlich. Bei den Ladeversuchen wurde das CCI 250 benutzt. Die Geschosse müssen mit einem Rollcrimp gesichert werden. Als Testwaffe wurde eine Blockbüchse mit 65 Zentimeter Lauflänge eingesetzt. Die .450 No 2 N.E. ist eine sehr präzise Patrone, wenn die richtige Ladung erst einmal gefunden ist.

# Ladedaten Kaliber .450 NE No 2

| Geschoss-hersteller | Geschoss-typ | Geschoss-gewicht Grains | Pulver-hersteller | Pulvertyp | Pulver-ladung Grains | Hülsen-fabrikat | Zünd-hütchen | Gesamt-länge (mm) | $V_0$ m/sek |
|---|---|---|---|---|---|---|---|---|---|
| Degol | TMR | 450 | IMR | 4831 | 112 | Romey | CCI 250 | 106 | 668 |
| Swift | A-Frame | 450 | IMR | 4831 | 109 | Romey | CCI 250 | 108 | 665 |
| Barnes | Solid | 450 | RL | 22 | 114 | Romey | CCI 250 | 106 | 663 |
| A-Square | Dead-Tough | 465 | IMR | 4831 | 108 | A-Square | CCI 250 | 107 | 648 |
| A-Square | Monolithic | 465 | Hodgdon | H-4831 | 115 | A-Square | CCI 250 | 107 | 649 |
| A-Square | Dead-Tough | 465 | Kemira | 165 | 114 | Romey | CCI 250 | 107 | 652 |
| PMP | Solid | 475 | RL | 22 | 107 | A-Square | CCI 250 | 106,5 | 619 |
| Woodleigh | TMR | 480 | Hodgdon | H-4831 | 114 | A-Square | CCI 250 | 106 | 610 |
| Woodleigh | VM | 480 | Hogden | H-4831 | 112 | A-Square | CCI 250 | 106 | 612 |
| Woodleigh | TMR | 480 | RL | 22 | 113 | Romey | CCI 250 | 106 | 610 |
| Degol | TMR | 500 | Hodgdon | 1000 | 112 | Romey | CCI 250 | 107,5 | 612 |
| Hornady | TMR | 500 | IMR | 4831 | 105 | Romey | CCI 250 | 108 | 590 |
| Hornady | VM | 500 | IMR | 4831 | 103 | Romey | CCI 250 | 108 | 584 |

Zur Ermittlung der Ladedaten wurde eine Blockbüchse mit 65 cm Lauflänge benutzt.

# .450 Nitro Express 3 ¼

Mit der .450 N.E. 3 ¼ begann die Ära der legendären englischen Nitro Express Patronen. Die für „rauchloses“ Pulver ausgelegte Patrone, basiert auf einer alten Schwarzpulverpatrone, und wurde im Jahre 1898 von John Rigby auf Nitropulver umgestellt.

Die .450 N.E. 3 ¼ war eine hervorragende Patrone für die Großwildjagd in den britischen Kolonien und wurde von den Londoner Büchsenmachern begeistert aufgenommen. Zahlreiche Doppelbüchsen und Blockbüchsen wurden für dieses Kaliber eingerichtet und mit bestem Erfolg geführt. Mit Sicherheit hätte sie einen noch größeren Erfolg gefeiert, wenn nicht 1905 alle 45er Jagdpatronen in Indien und dem Sudan von der britischen Regierung verboten worden wären. Durch die Kalibergleichheit mit dem englischen Militärkaliber .577/450 Martini-Henry wurde befürchtet, dass die Rebellen die Geschosse der Jagdpatronen zum Wiederladen der Militärmunition benutzen könnten. Durch diesen Bann in den klassischen Großwildjagdgebieten verlor die .450 N.E. 3 ¼ sehr schnell an Bedeutung. Alle daraufhin entwickelten Patronen wie die .500/465, .470 N.E., .475 N.E. oder .476 N.E. haben fast eine identische Leistung und kopieren die .450 N.E. 3 ¼ mehr oder minder genau. Nur beim Geschossdurchmesser wurde das verbotene 45er Kaliber vermieden. Das klassische Geschossgewicht lag bei 465 – 500 Grains, und bei einer Mündungsgeschwindigkeit von etwa 640 m/sek. wurden gut 6300 Joule Mündungsenergie erreicht. Auch heute noch ist eine Doppelbüchse im Kaliber .450 N.E. 3 ¼ eine gute Wahl für die Jagd auf Big Game.

Fabrikmunition wird heute wieder von A-Square und W. Romey hergestellt. A-Square lädt 465 Grains Geschosse und Romey 480 Grains Geschosse. Der Wiederlader hat durch den heute sehr populären Geschossdurchmesser von Dia .458 noch weitaus mehr Möglichkeiten.

Es stehen Geschossgewichte von 300 bis 600 Grains zur Verfügung. Überschwere Geschosse sind aber wenig sinnvoll, da dann die Mündungsgeschwindigkeit sehr gering wird. Viele der leichten Geschosse dieses Geschossdurchmessers sind für ältere 45er Patronen wie die .45/70 Government gedacht und haben dünne Mäntel. Diese Geschosse sind nur bei reduzierten Ladungen einsetzbar und sollten nicht auf Großwild verwendet werden. Geeignete Pulver sind die langsam abbrennenden Sorten wie IMR 4350, Hogdgen 4831 oder Kemira N 160. Die große Hülse muss gut befüllt werden und es sind nur progressive Pulver mit großem Füllvolumen brauchbar. Es wurden ausschließlich Magnum-Zünder eingesetzt.

Matrizensätze sind von fast allen Herstellern von Wiederladewerkzeugen erhältlich, aber entsprechend der heute geringen Verbreitung der Patrone sehr teuer. Wenn eine stabile Ladepresse vorhanden ist, bereitet das Laden der .450 N.E. 3 ¼ keine besonderen Probleme. Die modernen Hülsen, wie sie bei den heutigen Fabrikpatronen von A-Square oder Romey verwendet werden, sind auch sehr stabil und haben nicht mehr einen so dünnen und empfindlichen Hülsenhals, wie die alten Kynoch Patronen. Wird Munition für eine der alten englischen Doppelbüchsen geladen, muss unbedingt vorher der genaue Laufdurchmesser ermittelt werden. Das ist gerade bei der .450 N.E. 3 ¼ sehr wichtig, da bekannt ist, dass sich einige Büchsenmacher früher nicht immer an die genauen Maße gehalten haben und es daher Probleme mit modernen .458er Geschossen geben kann.

# Ladedaten Kaliber .450 N.E. 3 ¼

| Geschoss-hersteller | Geschoss-typ | Geschoss-gewicht Grains | Pulver-hersteller | Pulvertyp | Pulver-ladung Grains | Hülsen-fabrikat | Zünd-hütchen | Gesamt-länge (mm) | $V_0$ m/sek |
|---|---|---|---|---|---|---|---|---|---|
| Speer | TM-Flach-kopf | 350 | Rottweil | 904 | 101,0 | Romey | CCI 250 | 100,0 | 681 |
| A-Square | Dead Tough | 465 | Alliant | RL 19 | 95,0 | Romey | CCI 250 | 99,8 | 642 |
| PMP | Solid | 475 | Hodgdon | 4831 | 92,0 | Romey | CCI 250 | 98,0 | 631 |
| Degol | TM | 480 | Hodgdon | 4831 | 98,5 | Romey | CCI 250 | 100,0 | 635 |
| Woodleigh | TM | 480 | IMR | 4350 | 93,5 | Romey | CCI 250 | 100,0 | 640 |
| Woodleigh | VM | 480 | IMR | 4350 | 93,0 | Romey | CCI 250 | 100,0 | 638 |
| Hornady | TM | 500 | Kemira | N 160 | 97,0 | Romey | CCI 250 | 100,0 | 640 |
| Swift | A-Frame | 500 | Rottweil | R 905 | 96,5 | Romey | CCI 250 | 101,0 | 637 |
| Barnes | Solid | 500 | Alliant | RL 19 | 92,5 | Romey | CCI 250 | 99,5 | 621 |
| Degol | TM | 500 | IMR | 4350 | 91,5 | Romey | CCI 250 | 100,0 | 625 |
| Hornady | VM | 500 | Kemira | N 160 | 96,0 | Romey | CCI 250 | 100,0 | 635 |
| Hornady | TM | 500 | Rottweil | R 905 | 97,0 | Romey | CCI 250 | 100,0 | 638 |

Als Testwaffe diente eine Blockbüchse mit 65 cm Lauflänge.

# .460 Short A-Square

Die .460 Short A-Square ist keine alte englische Expresspatrone mit klangvollem Namen, sondern eine Neuentwicklung, an der eindrucksvoll der technische Fortschritt in der Munitionsentwicklung dokumentiert wird. Mit einer relativ kurzen Hülse erbringt die .460 Short A-Square nicht nur eine erstaunliche Leistung, sondern ist dabei auch noch außerordentlich präzise.

Die .460 Short A-Square stammt aus dem Jahre 1976 und wurde entwickelt, um eine Patrone zu schaffen, die bei gleicher Länge, wie die .458 Winchester Magnum, wesentlich mehr Leistung bietet. Der Umbau von .458 Winchester Magnum Büchsen ist so kein Problem und auch die Magazinlänge kann beibehalten werden. Als Mutterhülse dient die .460 Weatherby Magnum, die entsprechend gekürzt wurde. Die .460 Short A-Square beschleunigt ein 500 Grains-Geschoss auf eine Mündungsgeschwindigkeit von 740 m/sek. und erbringt damit eine Mündungsenergie von 8800 Joule. Damit übertrifft sie die .458 Winchester Magnum deutlich und liegt auch noch um gut 800 Joule über der .458 Lott. Power genug für jedes Wild, das auf dieser Erde seine Fährte zieht.

Einen besonderen Ruf geht der .460 Short A-Square bezüglich der Eigenpräzision voraus. Man nennt sie auch „Die 6 mm PPC der Großkaliber" und das bestätigte sich auch bei der Entwicklung der Ladedaten.

Das Angebot an Fabrikpatronen ist sehr klein und es sind lediglich A-Square Patronen mit einem Geschossgewicht von 500 Grains zu bekommen.

Durch die weit verbreitete .458 Winchester stehen hier Geschossgewichte von 300 bis 600 Grains zur Verfügung. Geschosse über 500 Grains sind für die kleine Hülse aber zu lang und können nicht auf entsprechende Leistung gebracht werden, da sie zu tief gesetzt werden müssen und den Pulverraum reduzieren.

Beim Pulver bevorzugt die .460 Short A-Square die mittelschnellen Sorten. Für die progressiven Pulver ist das Hülsenvolumen zu gering. Die offensiven Pulver lassen sich gut für reduzierte Ladungen mit den leichten Geschossen von 300 - 350 Grains einsetzen. Mit R 907 und Kemira N 540 ließen sich leistungsstarke und sehr präzise Jagdladungen laborieren. Hodgdon 4895 ist sehr universell einsetzbar. Es wurden ausschließlich Magnum-Zünder eingesetzt. Versuche mit Standardzündhütchen zeigten auch bei den offensiven Pulvern eine deutlich schlechtere Präzision.

Hülsen sind nur vom Hersteller der Fabrikmunition A-Square erhältlich. Es besteht zwar die Möglichkeit, Hülsen aus der Ursprungshülse .460 Weatherby umzuformen, aber da diese Patrone auch nicht sehr verbreitet ist, lohnt sich dieser Aufwand kaum.

Matrizensätze sind von RCBS, Triebel und Redding erhältlich. Leider auch entsprechend teuer. Wenn eine stabile Ladepresse vorhanden ist, bereitet das Laden der .460 Short A-Square keine besonderen Probleme. Ein Sichern der Geschosse durch einen Crimp ist unbedingt nötig.

# Ladedaten Kaliber .460 Short A-Square

| Geschoss-hersteller | Geschoss-typ | Geschoss-gewicht Grains | Pulver-hersteller | Pulvertyp | Pulver-ladung Grains | Hülsen-fabrikat | Zünd-hütchen | Gesamt-länge (mm) | $V_0$ m/sek |
|---|---|---|---|---|---|---|---|---|---|
| Barnes | X-Bullet | 400 | Kemira | N 135 | 88,5 | A-Square | CCI 250 | 82,7 | 770 |
| Woodleigh | TM | 350 | Rottweil | R 902 | 91,0 | A-Square | CCI 250 | 83,0 | 840 |
| Woodleigh | VM | 480 | Kemira | N 540 | 83,0 | A-Square | CCI 250 | 83,3 | 745 |
| Hornady | TM | 350 | Rottweil | R 902 | 91,5 | A-Square | CCI 250 | 83,0 | 836 |
| Speer | TM-FK | 400 | Kemira | N 135 | 89,0 | A-Square | Fed 215 | 83,2 | 770 |
| CBS | TM | 350 | Rottweil | R 902 | 92,0 | A-Square | Fed 215 | 82,8 | 840 |
| Barnes | X-Bullet | 500 | IMR | 4064 | 93,5 | A-Square | CCI 250 | 83,3 | 730 |
| A—Square | Lion | 500 | Hodgdon | 4895 | 93,0 | A-Square | CCI 250 | 83,3 | 738 |
| Hornady | TM | 500 | Hodgdon | 4895 | 92,5 | A-Square | Fed 215 | 83,1 | 740 |
| A-Square | Dead T. | 500 | Hercules | RL 12 | 95,0 | A-Square | CCI 250 | 83,3 | 742 |
| Hornady | VM | 500 | Hercules | RL 15 | 97,0 | A-Square | CCI 250 | 83,3 | 732 |
| Hornady | TM | 300 | Kemira | N 120 | 70,0 | A-Square | Fed 215 | 82,5 | 770 |
| Speer | TM-FK | 400 | Kemira | N 135 | 89,0 | A-Square | CCI 250 | 83,0 | 775 |

Zur Ermittlung der Ladedaten wurde eine Repetierbüchse der Fa. Pfeiffer mit 65 cm Lauflänge benutzt.

# .45 Blaser

Nach der .30 R Blaser die zweite Patrone des Waffenherstellers aus Isny. Maßgeschneidert für die Blaser R 93, ist die relativ neue Patrone eine Drückjagdpatrone mit hoher Stoppkraft auf Kurzdistanz, und für die Jagd im Busch.

Schöpfer der .45 Blaser ist Wolfgang Romey, der in den letzten Jahren einige neue Patronen für verschiedene europäische Waffen- und Munitionshersteller entwickelt hat. Wie die Kaliberbezeichnung .45 schon aussagt, ist der Geschossdurchmesser für eine europäische Patrone reichlich bemessen. Die .45 Blaser verwendet Geschosse im Kaliberdurchmesser .458. Normalerweise setzt man solche dicken Brummer nur auf Großwild wie Büffel oder Elefanten ein.

Die Geschossauswahl ist in diesem Kaliber recht groß, und an geeigneten Geschossen herrscht kein Mangel.

Die .45 Blaser ist aber nicht für die üblichen Schwergewichte von 480 oder 500 Grains ausgelegt, sondern für 350 Grains schwere Geschosse gedacht. Sollen schwerere Geschosse verwendet werden, muss zunächst überprüft werden, ob der Übergangskegel des Laufes lang genug geschnitten ist. Sonst muss das Geschoss zu tief in die Hülse gesetzt werden und der ohnehin nicht gerade üppige Pulverraum, wird so stark beschnitten, dass keine ausreichende Leistung mehr erreicht werden kann. Wurde der Übergangskegel der .458 Winchester benutzt, sind auch schwerere Geschosse möglich. Das Geschossangebot im populären .45er Kaliber ist reichlich. Fabrikpatronen dagegen eher rar. Lediglich die von Wolfgang Romey geladene Version, mit 350 Grains Woodleigh-Geschoss, steht zur Verfügung. Die Fabrikpatrone ist zudem recht verhalten laboriert und nützt das Potential der .45 Blaser nicht voll aus.

Hintergedanke war zum einen, den Rückstoß in der doch recht leichten R 93 nicht zu groß werden zu lassen und zum anderen, ist die volle Leistung für Sauen auf Drückjagddistanz auch gar nicht nötig. Die Romey-Laborierung reicht hier völlig aus, wie die Praxis zeigte. Bei der Laborierungsentwicklung war das Ziel, eine auf Drückjagddistanz wirkungsvolle, und angenehm zu schießende Patrone zu schaffen. Das 350 Grains schwere Geschoss wird aus dem 57 cm langen Lauf einer R 93 auf 620 m/sek. beschleunigt. Das ergibt eine Mündungsenergie von 4429 Joule. Die V 50 beträgt 536 m/sek. (3248 Joule) und die V 100 liegt bei 473 m/sek. (2537 Joule) .

Der Wiederlader hat jedoch die Möglichkeit, die Patrone auch auf wesentlich höhere Leistung zu laborieren, ohne den zulässigen Höchstgasdruck zu übersteigen.

Die Patrone ist auch längst nicht mehr ausschließlich auf die Blaser R 93 beschränkt. Es wurden mittlerweile auch schon andere Repetierer dafür eingerichtet, und selbst eine Selbstladebüchse, eine umgebaute Browning BAR, gibt es schon.

Bei der Hülsengestaltung geht es exotisch zu. Eine .458er Patrone mit normaler Hülsenform war für die Blaser R 93 nicht gerade optimal, denn dann wären umfangreiche Änderungen am Stoßboden erforderlich, was bei einer Waffe, deren großer Vorteil der schnelle Laufwechsel ist, kaum ratsam wäre. Um beim Kaliberwechsel lediglich den Lauf und das Magazin auswechseln zu müssen, wurde bei der .45 Blaser eine Hülsenform mit hinterschnittenem Rand eingesetzt.

Als Ursprungshülse wählte Wolfgang Romey die .425 Westley Richards, die auf 55 Millimeter gekürzt und dann auf .458 aufgeweitet wurde. Damit die R 93 drei Patronen fasst, wurde der Hülsendurchmesser noch etwas schlanker gestaltet. Das Ergebnis sieht zwar aus wie ein Lippenstift, doch die Vorteile liegen auf der Hand: Die Patrone ist kurz genug für das R 93 Magazin, und der eingezogene Patronenboden kommt mit dem Standardverschluss aus. Einem preisgünstigen Kaliberwechsel steht damit nichts mehr im Wege. Der Wiederlader ist auf die Hülsen von Fabrikpatronen angewiesen, oder muss Neuhülsen aus der Produktion von Horneber kaufen.

Geeignete Pulver sind die offensiven und mittelschnellen Sorten wie Kemira N 130, Rottweil R 901 oder Hodgdon 322. Es wurden ausschließlich Standard-Zünder eingesetzt. Matrizensätze sind von vielen Herstellern von Wiederladewerkzeugen erhältlich und gehören sogar schon zur preiswerten Standardklasse. Ein Sichern der Geschosse durch einen Crimp ist unbedingt nötig. Bevor schwere Geschosse verladen werden, ist unbedingt sicherzustellen, dass der Übergangskegel der Waffe lang genug ist.

Zebras sind hart im Schuss und benötigen eine Patrone mit guter Tiefenwirkung.

# Ladedaten Kaliber .45 Blaser

| Geschoss-hersteller | Geschoss-typ | Geschoss-gewicht Grains | Pulver-hersteller | Pulvertyp | Pulver-ladung Grains | Hülsen-fabrikat | Zünd-hütchen | Gesamt-länge (mm) | $V_0$ m/sek |
|---|---|---|---|---|---|---|---|---|---|
| Hornady | Hohlspitz | 300 | Kemira | N 120 | 54,0 | Blaser | RWS 5341 | 66,0 | 710 |
| Barnes | X-Bullet | 300 | Norma | 200 | 58,0 | Blaser | RWS 5341 | 67,0 | 722 |
| Woodleigh | TM | 350 | Kemira | N 130 | 56,0 | Blaser | CCI BR 2 | 66,0 | 660 |
| Speer | TM-Flach-kopf | 350 | Kemira | N 133 | 55,0 | Blaser | RWS 5341 | 66,0 | 625 |
| Hornady | TM | 350 | Rottweil | R 901 | 57,0 | Blaser | CCI BR 2 | 66,0 | 643 |
| CBS | TM | 350 | Hodgdon | H 322 | 57,0 | Blaser | RWS 5341 | 66,0 | 661 |
| Barnes | X-Bullet | 350 | Kemira | N 130 | 57,0 | Blaser | RWS 5341 | 68,0 | 652 |
| Delsing | TMR | 350 | Rottweil | R 901 | 57,0 | Blaser | RWS 5341 | 66,0 | 639 |
| Federal | Trophy Bon-ded | 400 | IMR | 3031 | 56,5 | Blaser | CCI BR 2 | 68,0 | 620 |
| Barnes | X-Bullet | 400 | IMR | 3031 | 55,0 | Blaser | RWS 5241 | 68,0 | 605 |
| Degol | TM | 480 | Rottweil | R 901 | 47,5 | Blaser | RWS 5341 | 70,0 | 542 |
| Woodleigh | TM | 480 | Kemira | N 130 | 47,5 | Blaser | RWS 5341 | 70,0 | 548 |

Als Testwaffe diente eine Blaser R 93 mit 57 cm Lauflänge.

# .450 Marlin

Die .450 Marlin ist eine Entwicklung des Munitionsherstellers Hornady und war als leistungsstarke Patrone mit hoher Stoppkraft auf Kurzdistanz und für die Jagd im Busch gedacht. Sie liegt im gleichen Aufgabenbereich wie die .45 Blaser.

Im Prinzip ist die neue .450 Marlin nichts anderes als eine .45-70 Government mit Gürtel und ohne Rand. Gedacht war sie zunächst für die Marlin Unterhebelrepetierer. Die gab – und gibt es immer noch – auch im Kaliber .45-70 Government. Wozu also eine neue Patrone? Die Antwort liegt in der Gasdruckbeschränkung der uralten .45-70 Government, für die es noch zahlreiche alte Büchsen, teilweise noch aus der Schwarzpulverzeit gibt. Der gesetzliche Höchstgasdruck der .45-70 Government liegt daher bei nur 2000 bar.

Es wäre kein Problem, aus der Hülse mit mehr Gasdruck eine deutlich höhere Leistung herauszuholen und amerikanische Wiederlader, welche die alte Patrone aus modernen Waffen, wie den neuen Marlin Unterhebelrepetierern oder der Ruger Blockbüchse, verschießen, machen das auch mit bestem Erfolg. Auch für die großen Munitionsfirmen, die die .45-70 im Programm haben, wäre es kein Problem, eine High Speed oder +P Ausführung der .45-70 für die modernen Büchsen auf den Markt zu bringen. Hier traut sich aber wohl niemand heran, denn wenn doch mal jemand versehentlich eine gasdruckstarke Magnumversion der .45-70 in eine alte Büchse, wie etwa einer Springfield Trap-Door oder einer alten Winchester, schiebt und das historische Stück dann in teuren Waffenschrott verwandelt, können die Schadensersatzprozesse in den USA ruinös sein.

Die .450 Marlin ist also eigentlich ein Kind der Produkthaftung. Sie kann eigentlich nicht mehr als eine .45-70 Government, aber durch die Gürtelhülse kann man sie nicht in das Patronenlager einer .45-70 schieben.

Die Gürtelhülse hat keinerlei technische Vorteile, sie ist nur ein Sicherheitsaspekt, um zu verhindern, dass die Patrone in ein Patronenlager .45-70 passt. Gab es zunächst nur die Unterhebelrepetierer von Marlin, so zogen andere Hersteller bald nach und selbst Steyr Mannlicher aus Österreich richtete eine Repetierbüchse dafür ein.

Vergleichbar ist die .450 Marlin in der Leistung etwa mit der .45 Blaser oder der .444 Marlin. Sie leistet eine Mündungsenergie von über 4500 Joule und ist damit eine Jagdpatrone für mittleres und schweres Schalenwild. Die Mündungsenergie liegt im Bereich unserer 9,3x62, nur dass hier ein dickes, langsameres Geschoss verwendet wird. Das bringt in der Stoppwirkung auf kurze Distanzen Vorteile, hat aber natürlich bei weiteren Schüssen entsprechende Nachteile. Für Drückjagden auf Sauen, oder aber der Jagd auf Bären im dichten Busch, ist die dicke .45er sicher ein zuverlässiger Begleiter, zumal der Rückstoß relativ zahm ausfällt und daher eine schnelle Schussfolge möglich ist. Hier hat ein Unterhebelrepetierer, gegenüber einer Büchse mit Kammerverschluss, natürlich Vorteile.

Die .450 Marlin verwendet Geschosse im Kaliberdurchmesser .458.

Die .45 Marlin ist wie die .45 Blaser nicht für die üblichen Schwergewichte von 480 oder 500 Grains ausgelegt, sondern für 300-400 Grains schwere Geschosse gedacht.

Nur in diesem Bereich kann ein ausreichend hohe Geschwindigkeit erreicht werden, um ein sicheres Ansprechen der Geschosse zu erzielen. Bei der Geschossauswahl ist der Waffentyp zu beachten. In Unterhebelrepetierern mit Röhrenmagazin, dürfen nur Flachkopfgeschosse verwendet werden, sonst kann es durch den Rückstoß zu einer Zündung der Patronen im Magazinrohr kommen, denn die Patronen liegen ja hintereinander mit der Geschossspitze auf dem Zündhütchen der Patrone davor. Ausnahme ist das neue Lever-Evolution-Geschoss von Hornady, das speziell für Unterhebelrepetierer gedacht ist und über eine ganz weiche Kunststoff-Geschossspitze verfügt, die eine Zündung durch den Rückstoß unmöglich macht. Dieser Geschosstyp ist entwickelt worden, um auch in Waffen mit Röhrenmagazin außenballistsich günstige Spitzgeschosse verschießen zu können. In Kammerverschlussbüchsen wie der Steyr Mannlicher Big Bore, die ein herkömmliches Kastenmagazin haben, können alle Arten von Geschossen in der .450 Marlin benutzt werden.

Das Geschossangebot im populären .45er Kaliber ist reichlich. Fabrikpatronen dagegen eher rar. Lediglich die von Hornady geladenen Sorten mit 325 und 350 Grains Geschossgewicht stehen zur Verfügung.

Bei der Hülsenbeschaffung ist der Wiederlader auf die Hülsen von Fabrikpatronen angewiesen, oder muss Neuhülsen aus der Produktion von Hornady kaufen. Die sind jedoch erschwinglich, so dass es sich kaum lohnt, über Umformarbeiten nachzudenken.

Geeignete Pulver sind die offensiven und mittelschnellen Sorten wie Kemira N 130, Rottweil R 901 oder Hodgdon 322. Es wurden ausschließlich Standard-Zünder eingesetzt. Matrizensätze sind von vielen Herstellern von Wiederladewerkzeugen erhältlich und gehören sogar schon zur preiswerten Standardklasse.

# Ladedaten Kaliber .450 Marlin

| Geschoss-hersteller | Geschoss-typ | Geschoss-gewicht Grains | Pulver-hersteller | Pulvertyp | Pulver-ladung Grains | Hülsen-fabrikat | Zünd-hütchen | Gesamt-länge (mm) | $V_0$ m/sek |
|---|---|---|---|---|---|---|---|---|---|
| Barnes | FSX-FN | 250 | Hodgdon | 4198 | 51,0 | Hornady | CCI 200 | 64,5 | 685 |
| Hornady | Hohlspitz | 300 | Kemira | N 120 | 53,0 | Hornady | RWS 5341 | 64,5 | 640 |
| Nosler | Partition | 300 | Hodgdon | H 322 | 55,4 | Hornady | CCI 200 | 64,5 | 651 |
| Nosler | Partition | 300 | IMR | 3031 | 59,5 | Hornady | RWS 5341 | 64,5 | 602 |
| Hornady | Hohlspitz | 300 | Kemira | N 130 | 56,5 | Hornady | CCI 200 | 64,5 | 652 |
| Remington | TM-FP | 300 | IMR | 4198 | 44,2 | Hornady | CCI 200 | 64,5 | 610 |
| Sierra | TM-Hohl-spitz | 300 | Hodgdon | 4198 | 48,0 | Hornady | CCI 200 | 64,5 | 550 |
| Woodleigh | TM | 350 | Kemira | N 133 | 58,0 | Hornady | Federal 210 | 64,5 | 610 |
| Speer | TM-Flach-kopf | 350 | Norma | 200 | 55,5 | Hornady | RWS 5341 | 64,5 | 660 |
| Hornady | TM | 350 | Hodgdon | 4198 | 43,2 | Hornady | CCI 200 | 64,5 | 620 |
| Degol | TM | 350 | IMR | 3031 | 55,2 | Hornady | CCI 200 | 64,5 | 612 |
| Hornady | TM-Flach-kopf | 350 | Kemira | N 120 | 46,5 | Hornady | CCI 200 | 64,5 | 580 |
| Hornady | TM-Flach-kopf | 350 | Kemira | N 130 | 53,0 | Hornady | CCI 200 | 64,5 | 607 |
| Barnes | X-Bullet | 350 | Kemira | N 133 | 57,5 | Hornady | Federal 210 | 64,5 | 610 |
| Delsing | TMR | 350 | Hodgdon | H 322 | 52,5 | Hornady | RWS 5341 | 64,5 | 615 |
| Speer | TM-Flach-kopf | 400 | Hodgdon | H 322 | 51,0 | Hornady | CCI 200 | 64,5 | 603 |
| Barnes | X-Bullet | 400 | Hodgdon | H 335 | 52,5 | Hornady | Federal 210 | 64,5 | 570 |
| Remington | Flachkopf | 405 | Hodgdon | H 322 | 52,0 | Hornady | RWS 5341 | 64,5 | 566 |

Als Testwaffe diente eine Marlin Guide Gun mit 47 cm Lauflänge

# .450 Rigby

Die englische Traditionsfirma John Rigby & Co. war nicht nur für ihre exzellenten Waffen bekannt, sondern verfügt auch über eine ganze Kaliberpalette mit eigenem Namen. Die schon legendäre .416 Rigby dürfte der bekannteste Vertreter sein. Die Rigby-Kaliber haben alle eine langjährige Vergangenheit und stammen noch aus der Zeit der großen Safaris. Die .450 Rigby ist aber eine Neuentwicklung.

Urheber dieser Neuschöpfung ist Paul Roberts, letzter Inhaber der Firma Rigby vor dem Verkauf an ein amerikanisches Konsortium. Der begeisterte Großwildjäger musste anlässlich einer Elefantenjagd feststellen, dass ein annehmender und wütender Elefantenbulle eine ganze Menge verträgt. Seite an Seite mit dem Berufsjäger bedurfte es fast zwei volle Magazininhalte der .416 Rigby Büchsen, um den Elefanten aufzuhalten. Kaum zu Hause, dachte Paul Roberts über ein wirkungsvolleres Kaliber nach, und beauftragte schließlich den deutschen Munitionsfachmann Wolfgang Romey mit der Entwicklung einer leistungsstarken Patrone für Repetierbüchsen. Vorgabe war ein Geschossdurchmesser von .458 und damit ein höheres Geschossgewicht als bei der .416 Rigby.

Wolfgang Romey wählte als Mutterhülse die .416 Rigby, die aufgrund ihrer Konstruktion zurzeit, wo als Treibladungspulver noch Kordite diente, über reichlich Pulverraum verfügt. Die neue .450 Rigby entstand durch Aufweiten der .416 Rigby, wobei die Schulter einen Winkel von 30 Grad erhielt. Das Ergebnis ist eine leistungsstarke Patrone, und das Umrüsten einer vorhandenen .416 Rigby Büchse ist durch einfachen Laufwechsel möglich. Der Gasdruck wurde auf 3800 Bar (gemessen nach Piezo) festgesetzt und Romey laboriert die .450 Rigby mit 480 Grains schweren Voll- und Teilmantelgeschossen des australischen Herstellers Woodleigh. Die .450 Rigby beschleunigt ein 480 Grains schweres Geschoss auf 720 m/sek. und erreicht damit eine Mündungsenergie von 8063 Joule.

Damit übertrifft sie die Ursprungspatrone .416 Rigby um mehr als 1000 Joule. Die Stoppwirkung dürfte aufgrund des größeren Geschossdurchmessers erheblich besser sein. Dabei lässt sich die .450 Rigby noch angenehm verschießen. Die Rückstoßkräfte unterscheiden sich nicht wesentlich von der .416 Rigby.

Die .450 Rigby ist nicht nur eine weitere Patrone in der Reihe der Rigby-Patronen, sondern eine interessante Alternative, wenn ein Kaliber mit hoher Stoppwirkung für Repetierbüchsen gesucht wird. Es gibt natürlich noch eine Reihe bedeutend stärkerer Patronen – um das festzustellen, reicht ein Blick in den A-Square Katalog – doch die .450 Rigby schießt sich noch erträglich und macht das Schießen mit einer Waffe in diesem Kaliber nicht zum schweißtreibenden Abenteuer. Die .450 Rigby füllt genau die Lücke, die zwischen der .416 Rigby und leistungsgleichen Kalibern und den „Overkillpatronen“ mit horrendem Rückstoß klaffte.

Der Wiederlader hat durch den heute sehr populären Geschossdurchmesser von Dia .458 eine Menge Möglichkeiten. Viele der leichten Geschosse dieses Geschossdurchmessers sind für ältere 45er Patronen wie die .45/70 Government gedacht und haben dünne Mäntel. Diese Geschosse sind nur bei reduzierten Ladungen einsetzbar und sollten nicht auf Großwild verwendet werden. Geeignete Pulver sind die langsam abbrennenden Sorten wie Hogdgen 4831 oder Kemira N 165. Die große Hülse muss gut befüllt werden und es sind nur progressive Pulver mit großem Füllvolumen brauchbar. Es wurden ausschließlich Magnum-Zünder eingesetzt. Matrizensätze sind von fast allen Herstellern von Wiederladewerkzeugen erhältlich, aber entsprechend teuer. Wenn eine stabile Ladepresse vorhanden ist, bereitet das Laden der .450 Rigby keine besonderen Probleme. Hülsen sind vom Hersteller Horneber im Handel. Es ist aber auch kein großes Problem .416 Rigby Hülsen aufzuweiten. Hier ist eine 20er Packung Neuhülsen bedeutend preiswerter. Nur der Bodenstempel ist dann nicht korrekt. Für die Ermittlung der Ladedaten wurden die Hülsen von WR-Munition Fabrikpatronen benutzt. Die Geschosse sollten mit einem Crimp gesichert oder eingeklebt werden, wenn das Geschoss keine Crimprille hat.

# Ladedaten Kaliber .450 Rigby

| Geschoss-hersteller | Geschoss-typ | Geschoss-gewicht Grains | Pulver-hersteller | Pulvertyp | Pulver-ladung Grains | Hülsen-fabrikat | Zünd-hütchen | Gesamt-länge (mm) | $V_0$ m/sek |
|---|---|---|---|---|---|---|---|---|---|
| Speer | TM-Flach-kopf | 350 | Kemira | N 150 | 105 | WR | CCI 250 | 95,3 | 807 |
| A-Square | Dead Tough | 465 | Kemira | N 560 | 108,5 | WR | CCI 250 | 95,3 | 721 |
| PMP | Solid | 475 | Hodgdon | 4831 | 108,5 | WR | CCI 250 | 95,3 | 703 |
| Degol | TM | 480 | Rottweil | R 905 | 104,5 | WR | CCI 250 | 95,3 | 705 |
| Woodleigh | TM | 480 | Kemira | N 165 | 109 | WR | CCI 250 | 95,5 | 712 |
| Woodleigh | VM | 480 | Kemira | N 160 | 104 | WR | CCI 250 | 95,5 | 710 |
| Hornady | TM | 500 | Kemira | N 165 | 107 | WR | CCI 250 | 95,3 | 680 |
| Swift | A-Frame | 500 | Rottweil | R 905 | 103 | WR | CCI 250 | 95,3 | 682 |
| Barnes | Solid | 500 | Norma | MRP | 104 | WR | CCI 250 | 95,5 | 670 |
| Degol | TM | 500 | Kemira | N 165 | 106,5 | WR | CCI 250 | 95,3 | 678 |
| Hornady | VM | 500 | Hodgdon | 4831 | 106 | WR | CCI 250 | 95,3 | 672 |
| Hornady | TM | 500 | Rottweil | R 905 | 103 | WR | CCI 250 | 95,3 | 684 |

Als Testwaffe diente eine Repetierbüchse mit 65 cm Lauflänge.

# .450 Dakota

Die in Sturgis, South Dakota beheimatete Firma Dakota Arms, wurde 1986 von Don Allen gegründet und ist bekannt für ihre praxisgerechten Custom- und Semi-Custom Repetierbüchsen. Nach dem Vorbild berühmter Waffenfirmen, wie Holland&Holland oder Rigby, brachte Dakota dann vor einigen Jahren auch eine eigene Patronenserie heraus, die von der 7 mm Dakota bis hin zur .450 Dakota reicht.

Als Basishülse dient bei allen Patronen, mit Ausnahme der .450 Dakota, die Hülse der .404 Jeffery. Für die .450 Dakota wählte Don Allen, der leider im Mai 2003 verstarb, die Hülse der .416 Rigby. Die neue Patrone wurde offiziell im Jahre 1993 vorgestellt und erwarb sich unter Großwildjägern einen guten Ruf. Bei Rigby hatten man einige Zeit später die gleiche Idee und weitete die Hülse der .416 Rigby ebenfalls auf 450 auf. Die in Zusammenarbeit mit Wolfgang Romey entwickelte .450 Rigby ist mit der .450 Dakota nahezu identisch. Die Unterschiede sind minimal. Während Don Allen einen Schulterwinkel von 26 Grad wählte, hat die englische Konkurrenz eine 30-Grad-Schulter. So lässt sich auch eine .450 Dakota aus einer Büchse .450 Rigby abfeuern, umgekehrt geht das nicht.

In der Leistung sind beide Patronen praktisch identsich. Dakota gibt eine Mündungsgeschwindigkeit von 746 m/sek. für das 500 Grains Geschoss an, was eine Mündungsenergie von satten 9016 Joule entspricht. Doch diese Leistung ist etwas hoch gegriffen und wird auch von den Fabrikpatronen nicht erreicht. Knapp über 700 m/sek. und gute 8000 Joule sind hier realistisch und auch völlig ausreichend. In diesem Leistungsbereich liegt auch die .450 Rigby.

Damit übertrifft die .450 Dakota die Ursprungspatrone .416 Rigby um mehr als 1000 Joule. Die Stoppwirkung dürfte aufgrund des größeren Geschossdurchmessers erheblich besser sein und auch die Penetration ist höher als beim .416er Kaliber. Dabei lässt sich die .450 Dakota noch angenehm verschießen. Die Rückstoßkräfte unterscheiden sich nicht wesentlich von der .416 Rigby, wenn die Waffe über einen anatomisch richtig ausgeführten Schaft verfügt..

Die .450 Dakota ist eine interessante Alternative, wenn ein Kaliber mit hoher Stoppwirkung für Repetierbüchsen gesucht wird. Zumal von Dakota selbst dafür auch hochwertige Waffen angeboten werden. Die .450 Dakota füllt genau die Lücke, die zwischen der .416 Rigby und leistungsgleichen Kalibern und den „Overkillpatronen“ mit horrendem Rückstoß klaffte.

Dakota bietet zur Zeit neun Laborierungen mit Geschossgewichten zwischen 400 und 600 Grains an. Damit lässt sich die Patrone sehr universell einsetzen und reicht von starken Plains Game bis zum Elefanten. Sie ist und bleibt jedoch hauptsächlich eine Patrone für die Jagd auf wehrhaftes Großwild. Fabrikmunition ist in Deutschland nur sehr schwer zu bekommen, was die Patrone zu einer Wiederladeangelegenheit macht.

Der Wiederlader hat durch den heute sehr populären Geschossdurchmesser von Dia .458 sogar noch weitaus mehr Möglichkeiten. Es stehen Geschossgewichte von 300 bis 600 Grains zur Verfügung. Viele der leichten Geschosse dieses Geschossdurchmessers sind für ältere 45er Patronen wie die .45/70 Government gedacht und haben dünne Mäntel. Diese Geschosse sind nur bei reduzierten Ladungen einsetzbar und sollten nicht auf Großwild verwendet werden. Geeignete Pulver sind die langsam abbrennenden Sorten wie Hogdgen 4831 oder Kemira N 165. Die große Hülse muss gut befüllt werden und es sind nur progressive Pulver mit großem Füllvolumen brauchbar. Es wurden ausschließlich Magnum-Zünder eingesetzt.

Matrizensätze sind von fast allen Herstellern von Wiederladewerkzeugen erhältlich, aber entsprechend teuer. So kostet der für die Ladearbeiten eingesetzte RCBS Matrizensatz 339,- €. Wenn eine stabile Ladepresse vorhanden ist, bereitet das Laden der .450 Dakota keine besonderen Probleme. Dakota stattet die Büchsen mit einer Dralllänge von 1:14 aus. Das ist für die schweren Geschosse ausgelegt. Diese schossen auch bedeutend präziser als 300- oder 350-Grains-Geschosse. Die beste Präzision wurde mit den 500 Grains Geschossen erzielt.

Hülsen von Dakota sind bei Raimer Johannsen, Neumünster zu bekommen. Es ist aber auch kein großes Problem .416 Rigby Hülsen aufzuweiten. Für die Ermittlung der Ladedaten wurden originale Dakota-Hülsen benutzt.

# Ladedaten Kaliber .450 Dakota

| Geschoss-hersteller | Geschoss-typ | Geschoss-gewicht Grains | Pulver-hersteller | Pulvertyp | Pulver-ladung Grains | Hülsen-fabrikat | Zünd-hütchen | Gesamt-länge (mm) | $V_0$ m/sek |
|---|---|---|---|---|---|---|---|---|---|
| Speer | TM-Flach-kopf | 350 | Kemira | N 150 | 106 | Dakota | CCI 250 | 94,0 | 825 |
| Barnes | X-Bullet | 400 | Kemira | N 160 | 112 | Dakota | RWS 5333 | 94,5 | 748 |
| Degol | TM | 400 | Hodgdon | 4350 | 114 | Dakota | RWS 5333 | 94,5 | 752 |
| Degol | TM | 480 | Rottweil | R 905 | 106 | Dakota | CCI 250 | 94,8 | 715 |
| Woodleigh | TM | 480 | Kemira | N 165 | 111 | Dakota | CCI 250 | 94,8 | 718 |
| Woodleigh | VM | 480 | IMR | 4831 | 110 | Dakota | CCI 250 | 94,8 | 712 |
| Hornady | TM | 500 | Kemira | N 165 | 109 | Dakota | Federal 215 | 94,8 | 702 |
| Swift | A-Frame | 500 | Rottweil | R 905 | 105 | Dakota | Federal 215 | 95,0 | 699 |
| Barnes | Solid | 500 | Norma | MRP | 108 | Dakota | CCI 250 | 94,8 | 690 |
| Degol | TM | 500 | Kemira | N 165 | 111 | Dakota | CCI 250 | 95,0 | 685 |
| Nosler | Partition | 500 | Hodgdon | 4350 | 110 | Dakota | Federal 215 | 95,0 | 690 |
| Hornady | TM | 500 | IMR | 4831 | 109 | Dakota | CCI 250 | 95,0 | 705 |
| Woodleigh | VM | 550 | IMR | 4831 | 101 | Dakota | RWS 5333 | 94,8 | 672 |
| Degol | VM | 600 | Kemira | N 165 | 99 | Dakota | CCI 250 | 94,8 | 643 |

Zur Ermittlung der Ladedaten wurde eine Repetierbüchse mit 65 cm Lauflänge benutzt.

# .460 Weatherby Magnum

Die .460 Weatherby Magnum ist eine Patrone der Superlative und übertrifft die Leistung der .458 Winchester Magnum bei gleichem Geschoss um gut 150 m/sek. Dementsprechend sind die Nebenwirkungen beim Schuss, und viele Wiederlader nutzen die Möglichkeit leicht reduzierter Ladungen. Auch mit etwas weniger Power ist immer noch mehr als genug Leistung vorhanden.

Die .460 Weatherby Magnum war die Antwort Roy Weatherby`s auf die .458 Winchester Magnum, die im Jahre 1956 vorgestellt und in kürzester Zeit zur „Afrikapatrone“ schlechthin wurde. Als Grundlage diente die Hülse der drei Jahre zuvor auf den Markt gebrachten .378 Weatherby Magnum, die ihrerseits von der .416 Rigby abstammt. Pulverraum war somit reichlich vorhanden und bei ihrer Einführung im Jahre 1958 war die .460 Weatherby Magnum die stärkste, serienmäßig gefertigte Büchsenpatrone. Die Meinung in der Jägerschaft war allerdings geteilt. Berichteten die Befürworter von Wunderdingen bezüglich der Durchschlagskraft und enormer Wirkung auf Elefanten, so sprachen die Gegner von einer Overkillpatrone mit horrendem Rückstoß. Der Rückstoß ist tatsächlich enorm, und wer eine Büchse dieses Kalibers in jagdlichen Situationen beherrschen will, muss schon sehr schussfest sein. Dafür ist die Präzision hervorragend und wer in der Lage ist, eine .460 Weatherby Magnum sauber zu schießen, verfügt über eine echte Lebensversicherung. Mit einer Mündungsbremse, auch die originale Weatherby Büchse ist damit ausgestattet, lässt sich die Waffe wesentlich besser kontrollieren.

Das Angebot an Fabrikpatronen ist sehr klein und es sind lediglich Weatherby-Patronen, geladen von Norma und Munition von A-Square mit einem Geschossgewicht von 500 Grains zu bekommen.

Bei der hohen Leistung sind harte Spezialgeschosse sehr sinnvoll. Den Versuch, aus der .460 Weatherby unter Verwendung leichter Geschosse im 300 bis 350 Grains Bereich eine flach schießende Weitschusspatrone zu machen, kann der Wiederlader sich allerdings sparen. Die leichten Geschosse dieses Geschossdurchmessers haben einen derart schlechten ballistischen Koeffizienten, dass sie dem schweren Standardgeschoss in jeder Beziehung unterlegen sind.

Beim Pulver bevorzugt die .460 Weatherby Magnum die mittelschnellen, bis leicht progressiven Sorten. Besonders die Rottweil-Pulver 907 und 904 zeigten sehr gleichmäßige Leistung und mit R 904 lässt sich die Werksladung innerhalb des zulässigen Druckbereiches kopieren. Von reduzierten Ladungen bei den progressiven Pulversorten ist dringend abzuraten, da die dann zu geringe Ladedichte zu nicht vorhersehbaren Drucksprüngen führen kann. Um eine Patrone im Leistungsbereich der .458 Winchester zu erhalten, sollten die offensiveren Sorten benutzt werden. Bei den leichten Geschossen von 300-350 Grains zeigte sich Rottweil R 902 als sehr geeignet. Es wurden ausschließlich Magnum-Zünder eingesetzt.

Hülsen sind nur von den Herstellern der Fabrikmunition A-Square und Norma erhältlich. Matrizensätze sind von RCBS, Triebel und Redding erhältlich. Leider auch entsprechend teuer. Wenn eine stabile Ladepresse vorhanden ist, bereitet das Laden der .460 Weatherby Magnum keine besonderen Probleme. Ein Sichern der Geschosse durch einen Crimp ist unbedingt nötig.

Als Testwaffe diente eine originale Weatherby-Büchse. Mit allen angegebenen Ladungen wurde eine gute Präzision erreicht.

Dieser 700 kg Eland Bulle wurde mit einer .318 Westley Richards erlegt.

# Ladedaten Kaliber .460 Weatherby Magnum

| Geschoss-hersteller | Geschoss-typ | Geschoss-gewicht Grains | Pulver-hersteller | Pulvertyp | Pulver-ladung Grains | Hülsenfab-rikat | Zünd-hütchen | Gesamt-länge (mm) | $V_0$ m/sek |
|---|---|---|---|---|---|---|---|---|---|
| Barnes | X-Bullet | 400 | Kemira | N 140 | 114,0 | Weatherby | CCI 250 | 95,2 | 852 |
| Woodleigh | TM | 350 | Rottweil | R 907 | 106,0 | Weatherby | RWS 5333 | 86,8 | 850 |
| Woodleigh | VM | 480 | Kemira | N 150 | 109,0 | Weatherby | CCI 250 | 95,2 | 780 |
| Hornady | TM | 350 | Rottweil | R 903 | 108,0 | Weatherby | CCI 250 | 86,8 | 770 |
| Speer | TM-FK | 400 | Kemira | N 140 | 113,0 | Weatherby | Fed 215 | 92,3 | 832 |
| Reichen-berg | HDB | 450 | Rottweil | R 904 | 120,0 | Weatherby | Fed 215 | 91,5 | 810 |
| Barnes | TSX | 450 | Kemira | N 150 | 100,2 | Weatherby | CCI 250 | 97,0 | 755 |
| Barnes | BND Solid | 450 | Alliant | RL 15 | 101,5 | Weatherby | CCI 250 | 97,0 | 743 |
| CBS | TM | 350 | Rottweil | R 907 | 106,0 | Weatherby | CCI 250 | 88,0 | 852 |
| Barnes | X-Bullet | 500 | Rottweil | R 904 | 118,0 | Weatherby | CCI 250 | 97,0 | 770 |
| A-Square | Lion | 500 | IMR | 4064 | 93,0 | Weatherby | Fed 215 | 95,5 | 740 |
| Hornady | TM | 500 | Rottweil | R 907 | 103,0 | Weatherby | RWS 5333 | 95,1 | 740 |
| Hornady | TM | 500 | Kemira | N160 | 118,5 | Weatherby | CCI 250 | 95,1 | 765 |
| Swift | A-Frame | 500 | Kemira | N 150 | 105,0 | Weatherby | CCI 250 | 94,5 | 756 |
| Barnes | TSX | 500 | Hodgdon | H 414 | 109,0 | Weatherby | CCI 250 | 97,0 | 751 |
| Barnes | D Solid | 500 | IMR | 4320 | 98,3 | Weatherby | CCI 250 | 97,0 | 745 |
| A-Square | Dead T. | 500 | Hodgdon | 4895 | 88,0 | Weatherby | Fed 215 | 95,2 | 742 |
| Hornady | VM | 500 | Rottweil | R 904 | 119,5 | Weatherby | Fed 215 | 95,2 | 780 |
| Woodleigh | VM | 550 | Alliant | R 22 | 118,0 | Weatherby | CCI 250 | 95,5 | 695 |
| Hornady | TM | 500 | Kemira | N 150 | 107,0 | Weatherby | RWS 5333 | 96,9 | 740 |

Als Testwaffe diente eine originale Weatherby-Büchse.

# Dia. 468

Der .468er Geschossdurchmesser ist sehr selten und findet sich bei den echten Großwildpatronen lediglich bei der .500/465 NE. Das Geschossgewicht beschränkt sich auf 480 Grains.

**Geschosspalette:**

| Hersteller | Geschosstyp | Geschoss-gewicht g/Grains | Eignung | Patronen-empfehlung |
|---|---|---|---|---|
| Barnes | Original Kupfer TM | 31/ 480 | Großwild | 500/465 NE |
| Woodleigh | Teilmantel | 31/480 | Großwild | 500/465 NE |
| Woodleigh | Vollmantel | 31/480 | Dickhäuter | 500/465 NE |
| Barnes | Teilmantel | 31/480 | Großwild | 500/465 NE |
| Barnes | Solid | 31/480 | Dickhäuter | 500/465 NE |
| A-Square | Dead Tough | 31/480 | Großwild | 500/465 NE |
| A-Square | Monolithic | 31/480 | Dickhäuter | 500/465 NE |
| A-Square | Lion Load | 31/480 | Raubkatzen | 500/465 NE |
| CBS Degol | Teilmantel | 31/480 | Großwild | 500/465 NE |
| CBS Degol | Vollmantel | 31/480 | Dickhäuter | 500/465 NE |

# .500/465 Nitro Express

Die .500/465 NE wurde im Jahre 1907 von der britischen Waffenfirma Holland&Holland auf den Markt gebracht. Sie war eine direkte Reaktion auf das 1906 von der britischen Regierung verhängte Verbot des Kalibers .450 in Indien und dem Sudan. .450er Jagdgeschosse ließen sich auch in der damaligen Militärpatrone verwenden, und so fielen alle Jagdpatronen mit .450er Geschossdurchmesser unter den Bann. Angestrebt war die Leistung der beliebten .450 N.E. 3 ¼ zu erreichen, was auch problemlos gelang. Eine wirklich große Verbreitung fand die .500/465 NE allerdings nicht, dazu liegt ihr Leistungsbereich zu nah bei der beliebten .470 N.E.. Es wurden jedoch viele gute Waffen, meist Doppelbüchsen, nicht nur in England, sondern auch in Belgien gefertigt, die heute noch in sehr gutem Zustand sind. Das klassische Geschossgewicht für die .500/465 N.E. ist 480 Grains. Die damaligen Patronen von Kynoch erzielten eine Mündungsgeschwindigkeit von 2150 fps, also etwa 655 m/sek.. Die Mündungsenergie liegt bei gut 6400 Joule. Damit lässt sich die .500/465 N.E. auf alles Wild der Erde einsetzen. Eine neue Waffe wird sich in diesem Kaliber wohl kaum jemand bauen lassen, hier ist die 470 N.E., die eine fast identische Leistung aufweist, sicher die bessere Wahl, doch eine gut erhaltene Doppelbüchse in diesem Kaliber ist auch heute noch eine gute Lebensversicherung bei der Großwildjagd. Zu ihrer Zeit war die .500/465 N.E. sehr beliebt als Back-Up-Rifle bei professionellen Jagdführern.

Die Auswahl an Fabrikmunition ist heute sehr gering. A-Square hat das Kaliber mit drei Geschossen im Programm, wobei es zurzeit fast aussichtslos ist, A-Square Patronen in Deutschland zu bekommen, und Wolfgang Romey fertigt die .500/465 N.E. mit dem 480 Grains Vollmantel- und Teilmantel-Geschoss von Woodleigh. Von LFB gibt es Teil- und Vollmantelpatronen mit 480 grs. Dogol-Geschossen

Die Hülsenbeschaffung ist bei diesem Kaliber gleichfalls ein Problem. Neben dem Verschießen von Originalpatronen können noch vorgeformte Hülsen von Bertram gekauft werden.

Die .500/465 N.E. verlangt nach Geschossen mit einem Durchmesser von 468 – und da ist die Auswahl auch nicht gerade berauschend. Neben den schwierig zu beschaffenen A-Square Geschossen, und den beiden 480 Grains Woodleigh-Geschossen, beschränkt sich das Angebot auf ein Barnes TMR, ebenfalls 480 Grains schwer und dem Verbundkern- und Vollmantelgeschossen von Degol. Damit hat der Wiederlader nicht sehr viele Möglichkeiten. Zumindest lässt sich aber die Fabrikpatrone problemlos kopieren.

Bei den Treibladungsmitteln sind bei der großen Hülse trotz der kaum vorhandenen Schulter, die langsam abbrennenden Pulver die beste Wahl. Für die schneller abrennenden Sorten ist der Pulverraum zu groß und es müsste mit Füllmittel gearbeitet werden.

Hodgdon 4831 hat sich als sehr präzise erwiesen und brachte auch die beste Leistung mit den 480 Grains Geschossen. Doch auch Rottweil R 905 und Kemira N 160 lässt sich gut verwenden. Zur Anzündung der über 100 Grains liegenden Pulvermenge sind unbedingt Magnum Zündhütchen erforderlich. Die Werkzeugbeschaffung ist kein großes Problem, aber entsprechend teuer. Matrizensätze sind von RCBS, Redding oder Triebel zu bekommen.

# Ladedaten Kaliber .500/465 NE

| Geschoss-hersteller | Geschoss-typ | Geschoss-gewicht Grains | Pulver-hersteller | Pulvertyp | Pulver-ladung Grains | Hülsen-fabrikat | Zünd-hütchen | Gesamt-länge (mm) | $V_0$ m/sek |
|---|---|---|---|---|---|---|---|---|---|
| Woodleigh | TMR | 480 | Hodgdon | 4831 | 105 | Romey | RWS 5333 | 98,8 | 640 |
| Degol | TMR | 480 | Alliant | Re 22 | 105 | Romey | RWS 5333 | 98,6 | 644 |
| Barnes | TMR | 480 | IMR | 4831 | 104 | Romey | Fed. 215 | 98,8 | 643 |
| Woodleigh | VM | 480 | Hodgdon | 4831 | 104 | Romey | CCI 250 | 98,8 | 642 |
| Degol | TMR | 480 | Rottweil | R 905 | 102 | Romey | RWS 5333 | 98,6 | 645 |
| Woodleigh | VM | 480 | Rottweil | R 905 | 101 | Romey | RWS 5333 | 98,8 | 640 |
| A-Square | Dead Tough | 480 | IMR | 4831 | 106 | Romey | CCI 250 | 98,8 | 658 |
| Woodleigh | TMR | 480 | Kemira | N 160 | 101 | Romey | CCI 250 | 98,8 | 642 |
| Degol | TMR | 480 | Kemira | N 160 | 101 | Romey | CCI 250 | 98,6 | 641 |
| Barnes | TMR | 480 | Hodgdon | 4831 | 105 | Romey | RWS 5333 | 98,8 | 648 |
| Woodleigh | VM | 480 | IMR | 4831 | 105 | Romey | RWS 5333 | 98,8 | 644 |

Zur Ermittlung der Ladedaten wurde eine Doppelbüchse mit 65 Zentimeter Lauflänge benutzt.

# Dia .475

Auch .475er Geschosse werden nicht gerade in vielen Patronen verladen. Neben der populären .470 NE gibt es nur noch Neuschöpfungen wie etwa die .470 Capstick.

**Geschosspalette:**

| Hersteller | Geschosstyp | Geschossgewicht g/ Grains | Eignung | Patronen-empfehlung |
|---|---|---|---|---|
| Barnes | Solid | 32,4/500 | Dickhäuter | .470 NE |
| Barnes | TM | 32,4/500 | Großwild | .470 NE |
| Barnes | TM | 39,0/600 | Großwild | .470 NE |
| Barnes | Tripple Shock | 32,4/500 | Großwild | .470 NE |
| Reichenberg | HDB | 17,8 / 275 | Großwild | .470 NE |
| Reichenberg | HDB | 19,5 / 300 | Großwild | .470 NE |
| Reichenberg | Solid | 19,5 / 300 | Dickhäuter | .470 NE |
| Reichenberg | Super Penetrator | 32,4 / 500 | Dickhäuter | .470 NE |
| Federal | Trophy Bonded Sledgehammer | 32,4/500 | Großwild | .470 NE |
| Federal | Trophy Bonded Bear Claw | 32,4/500 | Großwild | .470 NE |
| Woodleigh | TM | 32,4/500 | Großwild | .470 NE |
| Woodleigh | VM | 32,4/500 | Dickhäuter | .470 NE |
| Degol | VM | 32,4/500 | Dickhäuter | .470 NE |
| Degol | TM-Lion Load | 32,4/500 | Großkatzen | .470 NE |
| Swift | A-Frame | 32,4/500 | Großwild | .470 NE |
| GPA | GPA | 29,4/453 | Großwild | .470 NE |
| Speer | VM | 32,4/500 | Dickhäuter | .470 NE |
| WR-Munition | Solid | 32,4/500 | Dickhäuter | .470 NE |
| A-Square | Monolithic | 32,4/500 | Dickhäuter | .470 NE |
| A-Square | Lion Load | 32,4/500 | Großkatzen | .470 NE |
| A-Square | Dead Tough | 32,4/500 | Großwild | .470 NE |

# .470 Nitro Express

Die .470 NE ist eine der beliebtesten Patronen für Großwild-Doppelbüchsen. Sie ist eine hervorragend ausbalancierte Patrone, was Leistung und Rückstoß betrifft.

Die .470 NE ist wohl die bekannteste und auch beliebteste der großkalibrigen britischen Nitro-Express-Patronen. Sie wurde 1907 von Joseph Lang konstruiert, als die Briten in den afrikanischen Kolonien das 450er Kaliber verboten. Schnell wurde die 470 NE auch von anderen Waffenfirmen angenommen und weltweit bekannt. Die Leistung der .470 NE entspricht etwa der modernen .458 Winchester, doch die große Randpatrone hat dabei einen um 35 % niedrigeren Gasdruck. Heute werden auch wieder zahlreiche neue Waffen für die alte englische Randpatrone eingerichtet, denn ihre Vorteile sind unbestritten. Das Angebot an Fabriklaborierungen ist jedoch nicht gerade groß.

Alle Hersteller verladen ausschließlich schwere Geschosse. Genau hier liegt auch das Problem für den Wiederlader, denn leichtere Geschosse werden von keinem Hersteller angeboten. Selbst Barnes beginnt mit der Geschosspalette erst bei 500 Grains.

Immerhin hat der Wiederlader die Wahl unter einem Dutzend verschiedener Geschosse. Die Auswahl des Pulvers ist relativ problemlos. Für die noch aus Kordit-Zeiten stammende große Hülse der .470 NE kommen nur die langsam brennenden Sorten in Frage. Von den besonders in amerikanischen Wiederladen-Büchern empfohlenen offensiven Sorten sollte Abstand genommen werden, denn die Hülse der .470 NE ist dafür viel zu groß. Durch die viel zu geringe Ladedichte sind solche Laborierungen sehr ungleichmäßig und wenig präzise.

Als Zündhütchen sollten starke Large Rifle Magnum Zünder benutzt werden, um die doch recht große Pulvermenge gleichmäßig anzuzünden. Bei den Hülsen sieht es dagegen etwas schlechter aus. Hier beschränkt sich das Angebot auf die Hersteller von Fabrikpatronen wie A-Square, Federal, Hornady und Romey, sowie den Hülsenherstellern Horneber, Bertram und Bell.

Matrizensätze für die .470 NE sind von RCBS, Hornady und Triebel erhältlich. Das Laden der .470 NE bereitet keine besonderen Probleme. Die Hülsen der .470 NE sind jedoch besonders am Hülsenrand sehr dünn und müssen entsprechend vorsichtig behandelt werden. Bei ungenügender Fettung reißt schnell der Rand ab, und die Hülse sitzt in der Kalibriermatrize fest und muss umständlich mit einem Matrizenretter entfernt werden. Bei starken Jagdladungen sollten die Geschosse durch einen Rollcrimp gesichert werden. Alle Geschosse im Kaliber .474-475 verfügen über eine entsprechende Crimprille.

# Ladedaten Kaliber .470 NE

| Geschoss-hersteller | Geschoss-typ | Geschoss-gewicht Grains | Pulver-hersteller | Pulvertyp | Pulver-ladung Grains | Hülsen-fabrikat | Zünd-hütchen | Gesamt-länge (mm) | $V_0$ m/sek |
|---|---|---|---|---|---|---|---|---|---|
| A-Square | Solid | 500 | IMR | 4831 | 106,0 | A-Squa | CCI 250 | 97,5 | 640 |
| Woodleigh | VM | 500 | Hercules | RL 19 | 105,0 | Federal | CCI 250 | 98,5 | 645 |
| Barnes | TSX | 500 | Kemira | N 170 | 94,0 | Federal | CCI 250 | 99,5 | 610 |
| Barnes | BND Solid | 500 | Hodgdon | H 1000 | 111,0 | Federal | CCI 250 | 99,0 | 615 |
| WR | Solid | 500 | Norma | 204 | 103,5 | WR | Fed. 215 | 100 | 620 |
| Woodleigh | TM | 500 | Hodgdon | 4831 | 106,0 | WR | CCI 250 | 98,5 | 645 |
| Woodleigh | TM | 500 | RWS | R 905 | 105,0 | Federal | Fed. 215 | 98,5 | 640 |
| WR | Solid | 500 | RWS | R 905 | 99,5 | Federal | Fed. 215 | 100,0 | 624 |
| Woodleigh | TM | 500 | RWS | R 904 | 104,0 | Federal | CCI 250 | 98,5 | 648 |
| Barnes | TM | 500 | RWS | R 904 | 106,0 | Federal | CCI 250 | 98 | 645 |
| Reichen-berg | Super Penetrator | 500 | Norma | 204 | 104,0 | Federal | CCI 250 | 98 | 642 |
| A-Square | Dead Tou. | 500 | IMR | 7828 | 109,0 | A-Squa | CCI 250 | 98 | 642 |
| Swift | A-Frame | 500 | RWS | R 905 | 104,0 | Federal | Fed. 215 | 99 | 635 |
| Barnes | TM | 500 | Hercules | RL 15 | 87,0 | Federal | CCI 250 | 98,5 | 600 |

Die Versuche mit dem schweren 600 Grains Geschoss führten zu keinem befriedigenden Ergebnis, so dass auf die Angabe von Ladedaten für dieses Geschoss verzichtet wurde. Als Testwaffe diente eine Doppelbüchse der Firma Heym mit 65 Zentimeter langen Läufen.

# Dia .505

Noch ein sehr seltener Geschossdurchmesser, der sich nur bei einer Patrone, der .505 Gibbs findet. Dafür ist die Geschossauswahl allerdings erfreulich groß. Das klassische Geschossgewicht für die Patrone ist 525 Grains / 34 g, und daran halten sich auch alle Hersteller. Nur von Impala gibt es noch ein Leichtsolid von 360 Grains, und Woodleigh hat ein mit 600 Grains überschweres Protected Point im Programm.

**Geschosspalette:**

| Hersteller | Geschosstyp | Geschossgewicht g /Grains | Eignung | Patronen-empfehlung |
|---|---|---|---|---|
| Impala | Solid | 23,3 / 360 | Hochwild | .505 Gibbs |
| Impala | Solid | 34 / 525 | Großwild | .505 Gibbs |
| Woodleigh | TM | 34 / 525 | Großwild | .505 Gibbs |
| Woodleigh | VM | 34 / 525 | Dickhäuter | .505 Gibbs |
| Woodleigh | Protected Point | 39 / 600 | Großwild | .505 Gibbs |
| A-Square | Lion Load | 34 / 525 | Großkatzen | .505 Gibbs |
| A-Square | Dead Tough | 34 / 525 | Großwild | .505 Gibbs |
| A-Square | Monolithic | 34 / 525 | Dickhäuter | .505 Gibbs |
| Degol | TM | 34 / 525 | Großwild | .505 Gibbs |
| Degol | VM | 34 / 525 | Dickhäuter | .505 Gibbs |
| Barnes | Solid | 34 / 525 | Dickhäuter | .505 Gibbs |
| Barnes | TSX | 34 / 525 | Großwild | .505 Gibbs |

# .505 Gibbs

Die .505 Gibbs ist eine der klassischen und schon legendären Großwildpatronen. Hemingway verhalf ihr durch die Erwähnung in seinen Büchern zu einer gewissen Popularität und auch wenn sie keine wirklich große Verbreitung fand, so wurden doch immer wieder Büchsen für die große Patrone eingerichtet.

Die .505 Gibbs entstand 1913 und geht auf den britischen Büchsenmacher George Gibbs aus Bristol zurück. Es gibt nur wenige Repetierbüchsensysteme, die eine .505 Gibbs aufnehmen können. Um eine .505 Gibbs zu bauen, ist ein langes Mauser System unbedingt notwendig, das Normalsystem ist viel zu kurz. Die meisten Büchsen in diesem Kaliber wurden aber nicht in England, sondern in Amerika, etwa von der Firma Griffin&Howe gebaut. Als Mitte der 20er Jahre die Suhler Waffenfabrik August Schüler die Patrone 12,5x70 Schüler auf den Markt brachte, die von der Firma Jeffery kurze Zeit später als .500 Jeffery in England vermarktet wurde, kam die .505 Gibbs etwas ins Hintertreffen, denn die .500 Jeffery erbrachte sogar eine etwas höhere Leistung aus einer wesentlich kleineren Hülse. Durch den im Verhältnis zum Hülsenkörper kleineren Stoßboden, den sich Schüler bereits 1904 patentieren ließ, kann die .500 Jeffery kostengünstig in Standardsysteme eingelegt werden. Ein weiteres Handikap der .505 Gibbs war ihr ungewöhnlicher Geschossdurchmesser von .505. Die anderen der 500er Patronen der damaligen Zeit, wie die 500 NE oder die .500 Jeffery verschossen 510er Geschosse. Unbestritten hat die .505 Gibbs eine sehr gute Eigenpräzision und eine hervorragende Stoppwirkung. Für die Elefantenjagd ist die .505 Gibbs auch heute noch eine sehr gute Wahl. Fabrikpatronen sind mehr als selten und nur schwer zu bekommen. Es wird nur das klassische Geschossgewicht von 525 Grains verladen.

Ein echtes Problem ist die Hülsenbeschaffung. Neben dem recht teuren Weg der Hülsenbeschaffung durch Verschießen von Originalpatronen, sind .500 Jeffery Hülsen nur noch von der Firma Horneber oder dem australischen Hersteller Bertram zu bekommen.

Als Treibladungsmittel kommen in Anbetracht der riesigen Hülse nur die extrem langsam abbrennenden Sorten in Frage. Gut geeignet sind Pulver wie Kemira 165 oder IMR 7828. Die Tabelle gibt Aufschluss darüber, welche Pulversorten eingesetzt werden können.

Auch die Werkzeugbeschaffung ist entsprechend schwierig und kostspielig. Die großen Hersteller wie RCBS oder Redding, aber auch Triebel können Matrizensätze liefern. Allerdings sind diese Custom-Sätze nicht billig. Auch bei der .505 Gibbs ist der Durchmesser größer als die üblichen 7/8 Zoll, so dass er nur in Ladepressen geschraubt werden kann, die eine auswechselbare Gewindebuchse haben, wie etwa die RCBS Rock Chucker. Als Zündhütchen sollten nur starke Magnumzünder benutzt werden, um die große Menge progressiven Pulvers gleichmäßig und sicher anzuzünden. Die Geschosse müssen durch Crimp oder Einkleben gesichert werden.

# Ladedaten Kaliber .505 Gibbs

| Geschoss-hersteller | Geschoss typ | Geschoss-gewicht g/Grains | Pulver-hersteller | Pulvertyp | Pulver-ladung Grains | Hülsen-fabrikat | Zünd-hütchen | Gesamt-länge (mm) | $V_0$ m/sek |
|---|---|---|---|---|---|---|---|---|---|
| Woodleigh | VM | 525 | IMR | 7828 | 141,0 | Romey | CCI 250 | 96,0 | 689 |
| Woodleigh | TM | 525 | IMR | 7828 | 140,0 | Romey | CCI 250 | 96,0 | 686 |
| A-Square | Monolit. | 525 | Alliant | RL-22 | 135,0 | Romey | CCI 250 | 96,2 | 690 |
| Barnes | TSX | 525 | Hodgdon | H 1000 | 143,2 | Romey | CCI 250 | 96,0 | 670 |
| Barnes | BND Solid | 525 | Alliant | RL 25 | 148,0 | Romey | CCI 250 | 96,0 | 705 |
| Degol | TM | 525 | IMR | 7828 | 142,0 | Romey | CCI 250 | 96,0 | 691 |
| Woodleigh | TM | 525 | Hodgdon | 4831 | 131,5 | Romey | CCI 250 | 96,0 | 675 |
| Degol VM | VM | 525 | Kemira | N 165 | 135,0 | Romey | CCI 250 | 96,0 | 688 |
| A-Square | Monolit. | 525 | Rottweil | R 905 | 129,0 | Romey | CCI 250 | 96,2 | 671 |
| Degol | VM | 525 | Alliant | RL-22 | 133,0 | Romey | CCI 250 | 96,0 | 675 |
| Woodleigh | TM | 525 | Norma | MRP | 132,0 | Romey | CCI 250 | 96,0 | 678 |
| Degol | TM | 525 | Rottweil | R 905 | 130,0 | Romey | RWS 5333 | 96,0 | 679 |

Als Testwaffe wurde eine Repetierbüchse mit einer Lauflänge von 65 Zentimeter benutzt.

# Dia .510

Dieser Geschossdurchmesser ist nicht so selten, denn einige bekannte Großwildpatronen wie die .500 NE und 500 Jeffery werden damit versorgt. Doch auch bei alten Kalibern wie der 50-100 WCF ist er zu finden Die Geschosspalette reicht von 300 bis 700 Grains und damit hat der Wiederlader eine recht große Spielwiese.

## Geschosspalette:

| Hersteller | Geschosstyp | Geschoss-ge-wicht g /Grains | Eignung | Patronen-empfehlung |
|---|---|---|---|---|
| Woodleigh | TM | 34,5 / 535 | Großwild | alle 500er |
| Woodleigh | VM | 34,5 / 535 | Dickhäuter | alle 500er |
| Woodleigh | TM | 37 /570 | Großwild | alle 500er |
| Woodleigh | VM | 37 / 570 | Dickhäuter | alle 500er |
| Impala | Massivgeschoss | 24,0 / 370 | Großwild | alle 500er |
| A-Square | Lion Load | 37 / 570 | Großkatzen | alle 500er |
| A-Square | Dead Tough | 37 / 570 | Großwild | alle 500er |
| A-Square | Monolithic | 37 / 570 | Dickhäuter | alle 500er |
| A-Square | Lion Load | 39 / 600 | Großkatzen | alle 500er |
| A-Square | Dead Tough | 39 / 600 | Großwild | alle 500er |
| A-Square | Monolithic | 39 / 600 | Dickhäuter | alle 500er |
| Degol | TM Lion Load | 34,5 / 535 | Großkatzen | alle 500er |
| Degol | TM Protected Point | 34,5 / 535 | Großwild | alle 500er |
| Degol | VM | 34,5 / 535 | Dickhäuter | alle 500er |
| Degol | TM Lion Load | 37 / 570 | Großkatzen | alle 500er |
| Degol | Starkmantel | 37 / 570 | Großwild | alle 500er |
| Degol | VM | 37 / 570 | Dickhäuter | alle 500er |
| Degol | TM Lion Load | 39 / 600 | Großkatzen | alle 500er |
| Degol | Starkmantel | 39 / 600 | Großwild | alle 500er |
| Degol | VM | 39 / 600 | Dickhäuter | alle 500er |
| Romey | Silber Solid | 34,5 / 535 | Dickhäuter | alle 500er |
| GPA | Special Fellines | 35,6 / 550 | Großwild | alle 500er |
| Barnes | TM-Flach | 19,5 / 300 | Scheibe/ Hochwild | alle 500er |
| Barnes | TM-Flach | 29 / 450 | starkes Hoch-wild /Großwild | alle 500er |
| Barnes | TM | 39 / 600 | Großwild | alle 500er |
| Barnes | X-Bullet BT | 41,9 / 647 | Großwild | alle 500er |
| Barnes | TM | 45 / 700 | Großwild | alle 500er |
| Barnes | Solid | 34 / 510 | Dickhäuter | alle 500er |
| Barnes | Solid | 39 / 600 | Dickhäuter | alle 500er |
| Barnes | X-Bullet | 34 / 510 | Großwild | alle 500er |

# .500 Nitro Express 3"

Als die Ära des Schwarzpulvers zu Ende ging, wurde die bewährte .500er Patrone auf rauchschwaches Cordite umgestellt und erhielt den klangvollen Zusatz Nitro Express. Neben der hier vorgestellten Version mit drei Zoll langer Hülse, gibt es noch eine Dreieinviertel-Zoll-Version, deren Unterschied lediglich im geringeren Gasdruck der längeren Patrone besteht. Die Leistung ist gleich. Und zur Not läßt sich auch die Drei-Zoll-Patrone aus einer Waffe mit längerem Patronenlager verschießen.

Die Leistung der .500 N.E. ist beeindruckend, denn ein 570 Grains schweres Geschoss läßt sich auf eine Mündungsgeschwindigkeit von 655 Meter in der Sekunde beschleunigen. Das ergibt eine Energie von immerhin 7920 Joule. Dabei beträgt der Gasdruck nur 2500 bar. Auch heute noch wird die .500 N.E. daher gern als Kaliber für eine schwere Doppelbüchse gewählt. Fabrikmunition wird zur Zeit von W. Romey, LFB und A-Square gefertigt.

Wie bei vielen alten Patronen ist, auch hier die Hülsenbeschaffung ein Problem. Neben dem recht teuren Weg, sich durch Verschießen von Originalpatronen einen Hülsenvorrat anzulegen, sind .500 N.E. (3 Zoll) Hülsen nur noch von den Firmen Horneber und Bell oder dem australischen Hersteller Bertram zu bekommen. Billig sind sie aber leider alle nicht.

Bei den Geschossen sieht es da schon wesentlich besser aus. Erforderlich ist ein Geschossdurchmesser von .510, also 12,95 Millimetern. Dieser ist nicht so selten, denn auch die .500 Jeffery oder die alte Winchester-Patrone 50-100 WCF werden damit laboriert.

Die Geschosspalette reicht von 300 bis 700 Grains, damit stehen dem Wiederlader eine Menge Möglichkeiten offen. Werden Patronen für Doppelbüchsen geladen, ist aber zu bedenken, daß diese in der Regel für das Standard-Geschossgewicht von 570 Grains reguliert sind. Patronen mit wesentlich leichteren oder schwereren Geschossen schießen fast nie aus beiden Läufen zusammen. Wer eine Blockbüchse in .500 N.E. besitzt, hat dieses Problem nicht.

Bei den leichteren Geschossen ist zu bedenken, dass sie ursprünglich für die alten, langsamen Schwarzpulver-Patronen gedacht waren und meist über sehr dünne Geschossmäntel verfügen. Beim Einsatz auf Wild ist daher mit geringer Tiefenwirkung zu rechnen. Ausnahmen sind hier die modernen Geschosse von Degol, die auch bei geringem Gewicht über ausreichend starke Mäntel verfügen.

Bei den Treibladungsmitteln stellen die langsam abbrennenden Pulver in Anbetracht des großen Hülsenvolumens die beste Wahl dar. Besonders IMR 4350 und H-4831 haben sich als sehr gut erwiesen. Lediglich bei den leichteren Geschossen um 450 Grains können auch schneller abbrennende Pulver eingesetzt werden. Die Kombination aus langsamen Pulvern und schweren Geschossen führt zu komprimierten Ladungen, die aber den Gasdruck nicht erhöhen.

Die Werkzeugbeschaffung ist kein großes Problem. RCBS, Redding und Triebel haben die .500 N.E. im Programm. Die Preise sind entsprechend hoch. Der Matrizendurchmesser ist zudem größer als die üblichen 7/8 Zoll, so dass er nur in Ladepressen geschraubt werden kann, die eine auswechselbare Gewindebuchse haben, wie etwa die RCBS Rock Chucker. Eine passende Reduzierbuchse von eineinviertel Zoll auf ein Zoll liegt jedem RCBS Matrizensatz bei. Als Zündhütchen sollten nur starke Magnumzünder benutzt werden, um die große Menge progressiven Pulvers gleichmäßig und sicher anzuzünden.

# Ladedaten Kaliber .500 NE 3“

| Geschoss-hersteller | Geschoss-typ | Geschoss-gewicht g/Grains | Pulver-hersteller | Pulvertyp | Pulver-ladung Grains | Hülsen-fabrikat | Zünd-hütchen | Gesamt-länge (mm) | $V_0$ m/sek |
|---|---|---|---|---|---|---|---|---|---|
| Delsing | TMF | 300 | Alliant | RL 15 | 105,0 | Romey | RWS 5333 | 87,2 | 802 |
| CBS | SM | 400 | Rottweil | R 904 | 112,0 | Romey | RWS 5333 | 89,3 | 704 |
| CBS | TMR | 500 | IMR | 4350 | 108,0 | Romey | RWS 5333 | 93,9 | 670 |
| Woodleigh | TMR | 535 | Kemira | N 165 | 117,0 | A-Square | CCI 250 | 93,2 | 660 |
| Romey | Solid | 535 | IMR | 4350 | 103,0 | Romey | CCI 250 | 92,8 | 635 |
| A-Square | Lion Load | 570 | Hodgdon | 4831 | 111,0 | A-Square | CCI 250 | 95,2 | 635 |
| Woodleigh | TMR | 570 | Alliant | RL 19 | 105,0 | A-Square | CCI 250 | 95,4 | 640 |
| A-Square | Dead Tough | 570 | IMR | 4350 | 104,0 | A-Square | CCI 250 | 95,2 | 632 |
| Woodleigh | VM | 570 | Norma | MRP | 113,0 | Romey | CCI 250 | 95,2 | 653 |
| Barnes | TSX | 570 | Kemira | N 540 | 92,6 | Romey | CCI 250 | 95,2 | 630 |
| Barnes | BND Solid | 570 | Hodgdon | H 380 | 100,2 | Romey | CCI 250 | 95,2 | 648 |
| Woodleigh | TMR | 600 | Rottweil | R 905 | 111,0 | Romey | RWS 5333 | 95,4 | 655 |

Zur Ermittlung der Ladedaten musste eine Doppelbüchse mit 65 Zentimeter Lauflänge herhalten.

# .500 Jeffery

Die .500 Jeffery oder 12,5x70 Schüler ist eine der klassischen und schon legendären Großwildpatronen. Auch sie erlebt zurzeit wieder eine Renaissance und es werden wieder neue Waffen für dieses Kaliber eingerichtet. Munition ist jedoch Mangelware und beschränkt sich auf die Geschossgewichte 535 und 570 Grains. Der Wiederlader hat hier bedeutend bessere Möglichkeiten.

Etwa Mitte der 20er Jahre brachte die Suhler Waffenfabrik August Schüler die Patrone 12,5x70 Schüler auf den Markt, die von der Firma Jeffery kurze Zeit später als .500 Jeffery in England vermarktet wurde. Durch den im Verhältnis zum Hülsenkörper kleineren Stoßboden, den sich Schüler bereits 1904 patentieren ließ, kann die .500 Jeffery kostengünstig in Standardsysteme eingelegt werden. Die .500 Jeffery oder 12,5x70 Schüler beschleunigte ein 535 Grains schweres Geschoss bei für heutige Verhältnisse recht bescheidenem Gasdruck von 3200 bar auf 730 m/sek., was einer Mündungsenergie von 9237 Joule entspricht. Damit war sie die zur damaligen Zeit stärkste Patrone für Repetierbüchsen und wurde erst viel später von der .460 Weatherby übertroffen. Von den damaligen Großwildjägern wurde stets die Eigenpräzision und hohe Stoppwirkung der .500 Jeffery, diese Bezeichnung hat sich bis heute durchgesetzt, gelobt. Für die großen Elefantenjagden kam die .500 Jeffery aber schon zu spät und zwischen den Weltkriegen wurde es sehr ruhig um diese Patrone. Jeffery selbst hat nur 23 Büchsen in diesem Kaliber gebaut. Erst mit der Renaissance der alten Großwildpatronen, die vor einigen Jahren begann, wurde die .500 Jeffery wieder zum Gesprächsthema. Das aber führte zu Problemen mit den Patronenabmessungen, denn bei der CIP-Zulassung wurden nicht die Originalmaße der ursprünglichen 12,5x70 Schüler aus GECADO-Fertigung übernommen, sondern der Abstand Patronenboden - Schulter wurde vergrößert. In alte Originalbüchsen passten diese Patronen nicht mehr. Die Romey-Patronen aus alter Fertigung entsprachen dagegen den alten GECADO-Maßen und passten in alle Büchsen. Werden die Patronenlager von neuen Büchsen nach den festgelegten CIP-Maßen gerieben, kann es passieren, dass alte Patronen nicht zünden, weil sie zu kurz sind. Bleibt abzuwarten, welche Maße die neuen A-Square Patronen haben werden. Damit es noch etwas komplizierter wird, fertigt die Firma HWM in Belgien .500 Jeffery Improved Patronen, die einen größeren Boden haben. Diesen Problemen geht der Wiederlader natürlich aus dem Weg.

Ein Problem ist die Hülsenbeschaffung. Neben dem recht teuren Weg der Hülsenbeschaffung durch Verschießen von Originalpatronen sind .500 Jeffery Hülsen nur noch von der Firma Horneber oder dem australischen Hersteller Bertram zu bekommen. Bei den Geschossen sieht es da, wie ein Blick in die Geschosspalette zeigt, schon wesentlich besser aus. Erforderlich ist ein Geschossdurchmesser von .510, also 12,95 Millimeter. Die 600 und 700 Grains schweren Geschosse sind jedoch problematisch, da sie, für die Randpatronen konzipiert, eine zu weit vorliegende Crimprille haben und so die Gesamtlänge überschreiten würden. Werden sie tiefer gesetzt, müssen sie unbedingt eingeklebt werden, um einen sicheren Halt zu erzielen. Bei den leichteren

Geschossen ist zu bedenken, dass sie ursprünglich für die alten, langsamen Schwarzpulverpatronen gedacht waren und meist über sehr dünne Mäntel verfügen. Beim Einsatz auf Wild ist daher mit geringer Tiefenwirkung zu rechnen. Reduzierte Ladungen sind hier angebracht.

Als Treibladungsmittel kommen nur die langsam abbrennenden Sorten in Frage. Wiederladedaten sind kaum zu finden. Im Cartridge of the World werden 95 Grains Cordite bei einem Geschossgewicht von 535 Grains angegeben. Um die große Hülse auf eine Ladedichte von etwa 80 Prozent zu füllen, sind Ladungen von weit über 100 Grains Pulver der langsamen Sorten nötig. Gut geeignet sind Pulver wie Kemira 160 oder Hodgdon 4895.

Auch die Werkzeugbeschaffung ist kein großes Problem. Die großen Hersteller wie RCBS oder Redding, aber auch Triebel können Matrizensätze liefern. Allerdings sind diese Custom-Sätze nicht billig. Wer einen Hülsenhalter für die .416 Rigby besitzt, braucht keinen neuen zu kaufen, der Bodendurchmesser beider Patronen ist gleich. Die .500 Jeffery ist eine gewaltige Patrone und entsprechend groß fällt der Matrizensatz aus. Auch hier ist eine Presse mit auswechselbarer Gewindebuchse, wie etwa die RCBS Rock Chucker notwendig. Als Zündhütchen sollten nur starke Magnumzünder benutzt werden, um die große Menge progressiven Pulvers gleichmäßig und sicher anzuzünden.

Elefantenbulle erlegt mit der .404 Jeffery.

# Ladedaten Kaliber .500 Jeffery

| Geschoss-hersteller | Geschoss-typ | Geschoss-gewicht Grains | Pulver-hersteller | Pulvertyp | Pulver-ladung Grains | Hülsen-fabrikat | Zünd-hütchen | Gesamt-länge (mm) | $V_0$ m/sek |
|---|---|---|---|---|---|---|---|---|---|
| A-Square | Dead Touch | 570 | Hodgdon | 4831 | 112,0 | Romey | CCI 250 | 90,4 | 625 |
| Woodleigh | VM | 535 | Kemira | N 160 | 117,0 | Romey | CCI 250 | 87,1 | 665 |
| Woodleigh | TM | 535 | Kemira | N 160 | 120,0 | Romey | CCI 250 | 87,1 | 680 |
| Romey | Solid | 535 | Kemira | N 160 | 114,0 | Romey | RWS 5333 | 87,3 | 670 |
| Bares | BND Solid | 535 | Hodgdon | Varget | 106,5 | Romey | RWS 5333 | 87,0 | 709 |
| A-Square | Monolit. | 570 | Alliant | RL 15 | 100,0 | Romey | CCI 250 | 90,4 | 670 |
| Barnes | TM | 570 | Alliant | RL 15 | 99,0 | Romey | CCI 250 | 87,3 | 655 |
| Woodleigh | TM | 570 | Hodgdon | H 4831 | 106,0 | Romey | CCI 250 | 88,6 | 620 |
| Woodleigh | VM | 570 | Kemira | N 160 | 126,0 | Romey | CCI 250 | 88,6 | 640 |
| Barnes | TSX | 570 | Kemira | N 150 | 105,6 | Romey | CCI 250 | 89,0 | 685 |
| Barnes | BND Solid | 570 | Hodgdon | Varget | 105,0 | Romey | CCI 250 | 88,0 | 712 |
| A-Square | Solid | 570 | IMR | 4064 | 104,0 | Romey | CCI 250 | 90,4 | 706 |
| Barnes | TM | 300 | IMR | 4350 | 120,0 | Romey | CCI 250 | 88,0 | 795 |
| Barnes | TM | 450 | Norma | MRP | 115,0 | Romey | CCI 250 | 88,5 | 715 |
| Barnes | TM | 600 | Norma | MRP | 103,0 | Romey | RWS 5333 | 88,6 | 585 |
| Barnes | TM | 700 | Kemira | N 160 | 93,0 | Romey | CCI 250 | 88,6 | 570 |

Als Testwaffe wurde eine Repetierbüchse mit einer Lauflänge von 65 Zentimeter benutzt.

# .500 A-Square

Die .500 A-Square war die erste von Col. Arthur Alphin für A-Square entwickelte Fabrikpatrone. Grund waren die Probleme Alphins mit der .458 Winchester bei einer Safari in Mozambique. Auf der Suche nach einer leistungsfähigeren Patrone stieß Alphin auf die .460 Weatherby, doch deren Geschossgewicht war ihm noch zu gering und er weitete die Hülse auf .500 auf. Das Ergebnis ist beeindruckend.

Der erste Einsatz in Afrika erfolgte im Jahre 1976 und die Stoppwirkung und Durchschlagskraft ließ keine Wünsche offen. Mit 600 Grains Geschossen (38,9 g) erreicht die .500 A-Square eine Mündungsgeschwindigkeit von 750 m/sek. und erreicht damit eine Mündungsenergie von gewaltigen 10.936 Joule. Dazu erwies sich die .500 A-Square auch als sehr präzise. Dadurch wurde die neue Patrone recht schnell beliebt bei professionellen Jagdführern, die eine maximale Aufhaltekraft wollten und trotzdem eine Patrone, die auch eine etwas weiteren Schuss zuließ, um angeschweißtes Wild den Fangschuss anzutragen, wenn es auf größeren Distanzen in Anblick kam. Ein Problem dabei ist allerdings der gewaltige Rückstoß der .500 A-Square. Wird eine Zieloptik montiert, sollte sie genügend weit vom Auge des Schützen entfernt sein. Die originalen A-Square Repetierbüchsen hatten daher ein Kurzwaffenzielfernrohr mit 40 cm Augenabstand vorn auf dem Lauf montiert. Damit ließ sich die Präzision der .500 A-Square sicher umsetzen. Sitzend aufgelegt ist allerdings nicht die ideale Schussposition einer Büchse in diesem Kaliber. Waffen sind meist Custom-Anfertigungen oder die von A-Square vertriebenen Modelle, gern werden .460 Weatherby-Waffen mit einem neuen Lauf versehen. Dieser Umbau ist recht einfach und preisgünstig.

Fabrikpatronen werden zurzeit nur von A-Square gefertigt, wobei die A-Square Patronen in Deutschland zurzeit nicht lieferbar sind.

Ein Problem ist die Hülsenbeschaffung. Neben dem recht teuren Weg der Hülsenbeschaffung durch Verschießen von Originalpatronen – soweit erhältlich – sind .500 A-Square Hülsen nur noch von der Firma Horneber zu bekommen. Umformen aus .460 Weatherby ist natürlich auch möglich, aber diese Hülsen liegen auch nicht gerade oft auf dem Schießstand herum und sind als Neuhülsen kaum günstiger.

Bei den Geschossen sieht es da schon wesentlich besser aus. Bei der Geschossauswahl müssen die gleichen Kriterien wie bei der .500 Jeffery angelegt werden.

Als Treibladungsmittel müssen hier die mittelschnell abbrennenden Sorten eingesetzt werden, denn die Hülse der .500 A-Square ist fast zylindrisch und hat keine Schulter mehr. Gut geeignet sind Pulver wie Kemira 150, Hodgdon 4895 oder Rottweil R 907.

Die Werkzeugbeschaffung ist nicht schwierig, aber teuer. Als Zündhütchen sollten nur starke Magnumzünder benutzt werden. Es empfiehlt sich, die Geschosse durch einen Crimp festzulegen, wenn eine Crimprille vorhanden ist oder sie einzukleben.

# Ladedaten Kaliber .500 A-Square

| Geschoss-hersteller | Geschoss-typ | Geschoss-gewicht g/Grains | Pulver-hersteller | Pulvertyp | Pulver-ladung Grains | Hülsen-fabrikat | Zünd-hüt-chen | Gesamt-länge (mm) | $V_0$ m/sek. |
|---|---|---|---|---|---|---|---|---|---|
| Woodleigh | VM | 535 | Kemira | N 140 | 100 | A-Square | CCI 250 | 93,0 | 735 |
| Woodleigh | TM | 535 | Rottweil | R 907 | 110 | A-Square | CCI 250 | 93,0 | 742 |
| Romey | Solid | 535 | Kemira | N 550 | 111 | A-Square | RWS 5333 | 93,0 | 750 |
| A-Square | Monolit. | 570 | Kemira | N 550 | 110 | A-Square | CCI 250 | 92,0 | 735 |
| Barnes | TM | 570 | Kemira | N 150 | 104 | A-Square | CCI 250 | 93,0 | 715 |
| Woodleigh | TM | 570 | Hodgdon | H 4895 | 110 | A-Square | CCI 250 | 94,0 | 732 |
| Woodleigh | VM | 570 | IMR | 4064 | 110 | A-Square | CCI 250 | 94,0 | 762 |
| A-Square | Monolith. | 570 | Alliant | RL 15 | 109 | A-Square | CCI 250 | 94,0 | 752 |
| A-Square | Dead Touch | 570 | Kemira | N 150 | 103 | A-Square | CCI 250 | 94,0 | 710 |
| Barnes | Solid | 600 | Hodgdon | H 4895 | 111 | A-Square | CCI 250 | 94,0 | 710 |
| A-Square | Monolith. | 600 | Alliant | RL 15 | 110 | A-Square | CCI 250 | 94,0 | 715 |
| Barnes | TM | 600 | Rottweil | R 907 | 107 | A-Square | RWS 5333 | 94,0 | 712 |

Als Testwaffe wurde eine Blockbüchse mit einer Lauflänge von 65 Zentimeter benutzt.

# Dia .585

Der .585er Geschossdurchmesser wurde für die klassische Elefantenpatrone .577 NE entwickelt, wird heute aber auch von modernen Repetiertbüchsenpatronen wie der .585 Nyaty benutzt, die sogar den echten Geschossdurchmesser in ihren Namen führt. Die Geschossgewichte reichen von 650 bis 900 Grains und damit hat der Wiederlader eine Menge Spielraum.

**Geschosspalette:**

| Hersteller | Geschosstyp | Geschossgewicht g /Grains | Eignung | Patronen-empfehlung |
|---|---|---|---|---|
| Woodleigh | TM | 650 / 42,1 | Großwild | alle .585er |
| Woodleigh | VM | 650/ 42,1 | Großwild | alle .585er |
| Woodleigh | TM | 750 / 48,6 | Großwild | alle .585er |
| Woodleigh | VM | 750 / 48,6 | Dickhäuter | alle .585er |
| A-Square | Lion Load | 750 / 48,6 | Großkatzen | alle .585er |
| A-Square | Dead Tough | 750 / 48,6 | Großwild | alle .585er |
| A-Square | Monolithic | 750 / 48,6 | Dickhäuter | alle .585er |
| GPA | Solid | 750/ 48,6 | Dickhäuter | alle .585er |
| Degol | TM | 530 / 34,3 | red. Ladungen | alle .585er |
| Degol | TM | 750 / 48,6 | Großwild | alle .585er |
| Degol | VM | 750 / 48,6 | Dickhäuter | alle .585er |
| Degol | TM | 900 / 58,3 | Großwild | alle .585er |
| Degol | VM | 900 / 58,3 | Dickhäuter | alle .585er |
| Barnes | Kupfer-TM | 700 / 45,4 | Großwild | alle .585er |
| Barnes | Solid | 650 / 42,1 | Dickhäuter | alle .585er |
| Barnes | Solid | 750 / 48,6 | Dickhäuter | alle .585er |

# .577 Nitro Express 3"

Die .577 N.E. wurde von vielen berühmten *White Huntern* wie Sutherland, Pearson, Norton oder Rushby benutzt und war während ihrer Blütezeit zwischen 1900 und 1930 beliebter als die .600 N.E. Ursprünglich gab es eine Version mit 2 ¾ und 3 Zoll langer Hülse. Heute wird sie nur noch mit 3" Hülse gefertigt.

Der Ursprung dieser berühmten Jagdpatrone lag in der 1880 in England entwickelten Schwarzpulverpatrone .577 mit 2,75 Zoll Hülsenlänge. Kurz vor der Jahrhundertwende wurde die Hülse auf drei Zoll (76,20) verlängert und geladen mit Cordite als .577 Nitro Express vorgestellt. Die Patrone wurde von professionellen Großwildjägern begeistert aufgenommen und war bald als verlässlicher „Elefantenstopper" bekannt. Die 750 Grains (48,6 g) schweren Geschosse wurden auf eine Mündungsgeschwindigkeit von 625m/sek beschleunigt und leisteten eine Mündungsenergie von 9500 Joule. Der Gasdruck betrug dabei nur 2200 bar. Die .577 Nitro Express ist eine beeindruckende Patrone und ihre Durchschlagskraft und Stoppwirkung ist bereits Legende.

Sie liefert aber auch einen horrenden Ruckstoß und erfordert einen unerschrockenen Schützen. Unter professionellen Elefantenjägern ist sie auch heute noch die Nr.1 und viele gute Waffen, hauptsächlich Doppelbüchsen, wurden für diese Patrone eingerichtet. Eine Doppelbüchse in diesem Kaliber wiegt etwa 5,5 –6 Kilogramm und dieses Gewicht ist gerade noch erträglich bei einer Jagd in Afrika. Das war wohl auch ein Grund, warum viele Jäger die .577 N.E. der .600 N.E. vorzogen, denn Doppelbüchsen in diesem Kaliber wiegen gut 7,5 Kilogramm. Oft liest man in alten Jagdberichten, dass die .577 N.E. gegenüber der .600 N.E. die höhere Durchschlagskraft hat. Hier liegt die Ursache aber weniger beim Kaliber selbst, sondern viel mehr bei den damals eingesetzten Geschossen. Die .600 N.E. wurde damals mit Kupfer-Nickelmantelgeschossen verladen, während bei der .577 N.E. Stahlmantelgeschosse, die wesentlich stabiler waren, zum Einsatz kamen. Die Penetration war daher besser. Diese Unterscheide dürften heute bei Verwendung moderner Geschosse verschwinden. Die Auswahl an Patronen ist nicht sehr groß und beschränkt sich auf das klassische Geschossgewicht von 750 Grains.

Kein großes Problem ist die Hülsenbeschaffung. Neben dem recht teuren Weg der Hülsenbeschaffung durch Verschießen von Originalpatronen, sind neue .577 N.E. Hülsen bei Johannsen/Neumünster Hülsen des australischen Herstellers Bertram zu bekommen. Die Auswahl bei den Geschossen ist erstaunlich groß, was aber wohl auch mit den neuen Kalibern, wie .577 Tyrannosaur oder 585 Nyati zusammenhängt, die den Geschossdurchmesser von .585 ebenfalls haben.

Als Treibladungsmittel kommen, in Anbetracht der riesigen Hülse, nur die extrem langsam abbrennenden Sorten in Frage. Gut geeignet sind Pulver wie Hodgdon 4831 oder IMR 7828. Werkzeugbeschaffung ist kostspielig und es müssen oft Lieferzeiten in Kauf genommen werden. Matrizensätze in diesem Kaliber liegen selten auf Lager. Die großen Hersteller wie RCBS oder Redding, aber auch Triebel können Matrizensätze liefern. Als Zündhütchen sollten nur starke Magnumzünder benutzt werden, um die große Menge progressiven Pulvers gleichmäßig und sicher anzuzünden. Die Geschosse müssen durch Crimp oder Einkleben gesichert werden.

Neben der .577 Nitro Express gibt es auch die .577 Black Powder. Aus diesen Waffen dürfen keine Patronen mit Nitropulver verschossen werden. Steht nur .577 auf der Büchse und ist kein Nitrobeschuss vorhanden, dürfen die modernen Patronen mit rauchlosem Pulver nicht verschossen werden. Es gab früher auch sehr leichte .577 N.E. Doppelbüchsen für die Tigerjagd, die mit 650 Grains Geschossen benutzt wurden, da für die Jagd auf die Großkatzen nicht die volle Leistung benötigt wurde. Diese Büchsen verschossen nicht nur leichtere Ladungen, sondern waren auch nicht so stabil wie die schweren Elefantenbüchsen. Die nachfolgenden Patronen sind für schwere .577 N.E. Büchsen mit 3“ Hülse ausgelegt und dürfen nicht in den leichten „Tigerbüchsen“ verschossen werden. Die besten Ergebnisse wurden mit 750 Grains Geschossen erzielt. Die Versuche mit 900 Grains waren nicht sehr erfolgreich. Weder konnte eine befriedigende Präzision erreicht werden, noch war die erzielbare Mündungsgeschwindigkeit ausreichend. Die angegebene Ladung ist nur der Vollständigkeit halber enthalten.

Doppelbüchse von Fanzoj Kaliber .500 NE mit Gravur von Ritchi Maier.

# Ladedaten Kaliber .577 N.E.

| Geschoss-hersteller | Geschoss-typ | Geschoss-gewicht g/Grains | Pulver-hersteller | Pulvertyp | Pulver-ladung Grains | Hülsen-fabrikat | Zünd-hütchen | Gesamt-länge (mm) | $V_0$ m/sek |
|---|---|---|---|---|---|---|---|---|---|
| Degol | TM | 530 | Kemira | N 550 | 140 | Romey | CCI 250 | 91,5 | 715 |
| Woodleigh | VM | 750 | Hogdgen | 4831 | 151 | Romey | CCI 250 | 91,0 | 620 |
| Woodleigh | TM | 750 | IMR | 7828 | 159 | Romey | CCI 250 | 91,5 | 612 |
| Woodleigh | VM | 750 | Alliant | RL 15 | 133 | Romey | CCI 250 | 91,0 | 618 |
| Degol | VM | 750 | Hogdgen | 4831 | 150 | Romey | CCI 250 | 91,0 | 616 |
| Degol | TM | 750 | IMR | 7828 | 154 | Romey | Fed 250 | 91,5 | 610 |
| Woodleigh | TM | 750 | Kemira | N 165 | 140 | Romey | Fed. 250 | 91,5 | 612 |
| Degol | VM | 750 | Norma | MRP | 138 | Romey | CCI 250 | 91,0 | 602 |
| Barnes | BND Solid | 750 | Kemira | N 550 | 133 | Romey | CCI 250 | 91,0 | 615 |
| Degol | TM | 900 | Kemira | N 165 | 128 | Romey | CCI 250 | 91,5 | 554 |

Als Testwaffe wurde eine Doppelbüchse mit einer Lauflänge von 65 Zentimeter benutzt.

# .585 Nyati

Die .585 Nyati ist eine Entwicklung des amerikanischen Jagdjournalisten und Professional Hunters Ross Seyfried. Sie entstand nachdem Seyfried mit einer .450 Nitro Express bei der Büffeljagd, hinsichtlich der Stoppwirkung, schlechte Erfahrungen gemacht hatte.

Bei professionellen Großwildjägern ist die .577 NE als verlässlicher „Elefantenstopper" bekannt. Seyfried wollte aber keine teure Doppelbüchse, sondern die Leistung der .577 NE in eine Repetierbüchsenpatrone übertragen. Er nahm die .577 NE-Hülse, entfernte den Rand, kürzte sie so weit, dass sie noch in ein Mauser-Magnum-System passte und verpasste ihr einen hinterdrehten Stoßboden, dessen Durchmesser nahe an dem der .416 Rigby liegt.

Dieser Konstruktion gab er den Namen „Nyati", was in verschiedenen afrikanischen Eingeborenensprachen soviel wie Büffel bedeutet. Damit ist der Einsatzschwerpunkt der neuen Patrone auch klar definiert. Als Geschossdurchmesser übernahm Seyfried den Originaldurchmesser .585, den auch die .577 NE verwendet, auch wenn sie anders heißt. Damit können alle Geschosse der großen Randpatrone verwendet werden. Die ersten Umbauten waren auf Basis der Winchester 70, heute werden auch gern Brünner 550 CZ Magnumsysteme verwendet. Was die Leistung der .585 Nyati angeht, so war Seyfried nicht gerade sparsam, wobei ihm aber auch die jetzt zur Verfügung stehenden Treibladungspulver entgegen kamen, die es zurzeit, als die .577 NE entwickelt wurde, noch nicht gab. Auch beim Gebrauchsgasdruck konnte er bei einer modernen Repetierbüchsenpatrone natürlich aus dem Vollen schöpfen. Das Ergebnis war eine Patrone von beeindruckender – viele sagen auch beängstigender – Leistung, die die alte .577 NE weit in den Schatten stellt. Die bewährte Randpatrone bringt ein 750-Grains-Geschoss auf 625 m/sek. und kommt damit auf eine Mündungsenergie von 9492 Joule. Mehr als ausreichend für alles Wild der Erde, wie Generationen von Elefantenjägern bestätigen werden. Seyfried gibt für seine .585 Nyati für das identische 750 Grains-Geschoss eine V0 von 770 m/sek. an, was eine Mündungsenergie von 14407 Joule entspricht. Über das verwendete Pulver und den Gasdruck schweigt er sich jedoch aus. Wer jetzt allerdings glaubt, Seyfried stände völlig allein auf dem Olymp der Patronen „für echte Männer", der irrt gewaltig. Brad Ralston brachte mit seiner .585 African Express eine fast identische Patrone heraus, die ebenfalls 585er-Geschosse verwendet und für Repetierbüchsen gedacht ist und Art Alphin von A-Square legte mit der .577 Tyrannosaur, die auf einer völlig neu entwickelten Hülse basiert, aber auch den Geschossdurchmesser von .585 hat, nach.

Alphins .577 Tyrannosaur kommt auf 750 m/sek. und erzielt damit 13669 Joule, was in Anbetracht der gegenüber der .585 Nyati deutlich größeren Hülse schon fast als bescheiden anzusehen ist, aber doch deutlich realistischer erscheint.

Bei den Ladeversuchen wurden die von Seyfried angegebenen 770 m/sek. bei 750 Grains Geschossgewicht auch lange nicht erreicht. Bei gut 740 m/sek. wurden die Zündhütchen langsam platt und die Kammer der umgebauten Brünner 550 CZ ging schon etwas schwer auf. Mit den jetzt anliegenden 13300 Joule Mündungsenergie sollte man sich zufrieden geben. Es ist allerdings eher zu erwarten, dass die Wiederladebemühungen der meisten Besitzer einer .585 Nyati in die andere Richtung gehen werden. Der Rückstoß einer Repetierbüchse in diesem Kaliber, die so etwa 5-5,5 kg wiegt, ist wirklich gewöhnungsbedürftig, wobei sich eine ganze Reihe von Schützen daran sicher niemals gewöhnen wird. Etwas weniger Leistung – es ist eh mehr als genug davon vorhanden – zugunsten eines weicheren Rückschlages ist sicher nicht verkehrt. Die Ladetabelle enthält einige Laborierungen in dieser Richtung. Auch mit etwas reduzierter Ladung übertrifft die .585 Nyati „Warmduscher-Kaliber" wie etwa .460 Weatherby Magnum immer noch um Längen. Eine gewöhnliche .416 Rigby ist schon fast Kleinkaliber dagegen. Es soll übrigens auch noch mal eine .585 Nyati mit verlängerter Hülse gegeben haben. Wer schon ein superlanges Büchsensystem hat, will schließlich keinen Raum verschenken und etwas mehr Leistung kann man vielleicht noch mal brauchen.

Aber Spaß beiseite. Fest steht, dass die .585 Nyati eine sehr leistungsstarke – und wie die Ladeversuche ergaben – auch erstaunlich präzise Patrone ist und der Umbau einer Repetierbüchse mit langem Magnumsystem, wie einer preiswerten Brünner CZ 550 Magnum, ohne allzu großen Aufwand möglich ist. Ob soviel Leistung jagdlich notwendig ist, ist eine andere Sache. Wer mit dem Rückstoß keine großen Probleme hat, hat mit einer solchen Büchse aber sicher eine echte Lebensversicherung in der Hand. Durchschlagskraft und Stoppwirkung sind enorm.

Die .585 Nyati ist eine echte Patrone für den Wiederlader, denn selbst A-Square, sonst für jedes Exotenkaliber zu haben, fertigt die Patrone nicht – hat man doch mit der .577 Tyrannosaur ein hauseigenes Kaliber in dieser Leistungsklasse. In den USA gibt es zwar einige Kleinhersteller, die Munition im Kaliber .585 Nyati anbieten, doch diese Patrone hier zu bekommen, dürfte mehr als schwierig und sehr aufwendig sein. Wiederladen ist allerdings kein Problem, denn die Komponenten sind zu bekommen. Hülsen gibt es bei der Fa. Johannsen Neumünster, von Horneber und Bell und es können alle .585er Geschosse verwendet werden, wie sie auch in der .577 NE Verwendung finden.

Als Treibladungsmittel kommen die langsamen, aber nicht die ganz progressiven Sorten in Betracht. Gut geeignet sind Pulver wie IMR 4350, Norma 204 oder Alliant RL 15.

Als Zündhütchen sollten nur starke Magnumzünder benutzt werden, um die große Menge progressiven Pulvers gleichmäßig und sicher anzuzünden. Die Geschosse müssen durch Crimp oder Einkleben gesichert werden. Die besten Ergebnisse wurden mit 750 Grains Geschossen erzielt. Die 900 Grains Geschosse waren deutlich unpräziser.

# Ladedaten Kaliber .585 Nyati

| Geschoss-hersteller | Ge-schosstyp | Geschoss-gewicht Grains | Pulver-hersteller | Pulvertyp | Pulver-ladung Grains | Hülsen-fabrikat | Zünd-hütchen | Gesamtlän-ge (mm) | $V_0$ m/sek |
|---|---|---|---|---|---|---|---|---|---|
| Woodleigh | TM | 750 | IMR | 4350 | 130 | Horneber | CCI 250 | 87 | 672 |
| Woodleigh | TM | 750 | IMR | 4350 | 148 | Horneber | CCI 250 | 87 | 745 |
| Woodleigh | TM | 750 | Norma | 204 | 136 | Bertram | CCI 250 | 87 | 685 |
| Woodleigh | TM | 750 | IMR | 4350 | 140 | Horneber | RWS 5333 | 87 | 730 |
| Degol | VM | 750 | Alliant | RL 15 | 129 | Bertram | CCI 250 | 88 | 675 |
| Degol | TM | 750 | Kemira | N 550 | 130 | Bertram | CCI 250 | 88 | 682 |
| Degol | TM | 750 | Alliant | RL 15 | 145 | Horneber | Fed 250 | 88 | 742 |
| Woodleigh | TM | 750 | Rottweil | R 204 | 140 | Horneber | Fed. 250 | 87 | 695 |
| Degol | VM | 750 | Norma | 204 | 145 | Bertram | CCI 250 | 88 | 701 |
| Degol | VM | 750 | Kemir | N 550 | 128 | Horneber | RWS 5333 | 88 | 680 |
| Degol | TM | 900 | Hodgdon | 4831 | 110 | Horneber | CCI 250 | 88 | 630 |
| Degol | VM | 900 | Hodgdon | 4831 | 115 | Horneber | CCI 250 | 88 | 636 |

Als Testwaffe wurde eine Brünner CZ 550 Magnum mit einer Lauflänge von 65 Zentimeter benutzt.

# Dia .620

Geschosse mit diesem Geschossdurchmesser braucht die gewaltige Großwildpatrone .600 Nitro Express.

Geschosse mit dem Durchmesser von .620 werden von Barnes, Woodleight, A-Square und Degol hergestellt. Angeboten werden jeweils Teil –und Vollmantelgeschosse von 900 Grains. Barnes hat auch ein leichteres Geschoss mit 750 Grains Gewicht im Programm, das für die Laborierungsversuche aber nicht beschafft werden konnte. Es sind frühe .600 N.E. Doppelbüchsen mit engen Läufen bekannt, die für Geschosse von .616 ausgelegt sind. Aus solchen Waffen dürfen keine modernen .620er Mantelgeschosse verfeuert werden. Wer eine sehr alte .600er besitzt, sollte den Lauf ausmessen, ist er zu eng, dürfen nur Bleigeschosse benutzt werden.

**Geschosspalette:**

| Hersteller | Geschosstyp | Geschossgewicht g/Grains | Patronen-empfehlung |
|---|---|---|---|
| Woodleigh | Teilmantel | 58,3 / 900 | .600 NE |
| Woodleigh | Vollmantel | 58,3 / 900 | .600 NE |
| Barnes | Teilmantel | 48,6 / 750 | .600 NE |
| Barnes | Teilmantel | 58,3 / 900 | .600 NE |
| A-Square | Lion Load | 58,3 / 900 | .600 NE |
| A-Square | Dead Tough | 58,3 / 900 | .600 NE |
| A-Square | Monolithic | 58,3 / 900 | .600 NE |
| Degol | Teilmantel | 58,3 / 900 | .600 NE |
| Degol | Vollmantel | 58,3 / 900 | .600 NE |

# .600 Nitro Express

Die Firma Jeffery brachte diese Patrone der Superlative im Jahre 1903 als Konkurrenz zur .577 Nitro Express heraus. Bis zum Erscheinen der .460 Weatherby Magnum – immerhin erst 55 Jahre Später – war die .600 N.E. die stärkste serienmäßig geladene Gewehrpatrone der Welt.

Die .600 Nitro Express war von Anfang an für rauchloses Pulver konstruiert. Eine Schwarzpulverversion hat es nie gegeben. Das 900 Grains (58,3 g) schwere Vollmantelgeschoss der gewaltigen Patrone wirkt im wahrsten Sinne des Wortes umwerfend - wenn die Kugel richtig platziert ist. Die Stoppwirkung ist absolut zuverlässig – auch wenn die .600er Patrone nicht ganz die Durchschlagskraft der .577 Nitro Express erreicht. Ein Kopftreffer lässt einen angreifenden Elefanten sofort zu Boden gehen – auch wenn keine tödliche Stelle getroffen ist. Auf jeden Fall bleibt dann genug Zeit für den Fangschuss aus dem zweiten Lauf. Wer die Nerven hat, einen annehmenden Dickhäuter so nahe heranzulassen, um einen präzisen Schuss auf den Kopf anbringen zu können, und auch in der Lage ist, den gewaltigen Rückstoß ohne Mucken zu verkraften, ist mit einer Doppelbüchse im Kaliber .600 Nitro Express bestens ausgerüstet. Waffen in diesem Kaliber sind absolute Spezialwaffen und finden sich meist in den Händen von Berufsjägern, die sie aber auch nur bei der Nachsuche in unübersichtlichem Gelände einsetzen. Viele Experten halten sie mit einer Mündungsenergie von über 10000 Joule allerdings selbst für Elefanten für überzogen. Ursprünglich gab es die Patrone in zwei unterschiedlich starken Laborierungen. Die stärkere war 594 m/sek. schnell (10304 Joule), die schwächere 564 m/sek. (9287 Joule). Mit den heutigen, modernen Pulvern können Patronen in diesem Bereich problemlos geladen werden.

Patronen werden heute wieder hergestellt, was die Munitionsversorgung einer Waffe in diesem Kaliber wieder unproblematisch macht. Als die traditionsreiche Munitionsfabrik Kynoch ihre Pforten schloss, sah es eine Zeit lang schlecht damit aus. In Anbetracht der horrenden Kosten für eine Patrone und der Möglichkeit des Wiederladers, die Läufe einer Doppelbüchse durch Variationen bei der Laborierung zum Zusammenschießen zu bringen, ist die .600 N.E. eine für den Wiederlader interessante Patrone, auch wenn der Munitionsverbrauch bei diesem Kaliber naturgemäß nicht sehr groß ist. Fabrikpatronen sind in Deutschland von W. Romey erhältlich. Die A-Square-Laborierungen sind nur sehr schwer zu bekommen. Das Geschossgewicht ist bei allen Fabriklaborierungen 900 Grains. Die Hülsenbeschaffung ist durch das Verschießen von Originalmunition oder durch den Kauf von leeren Hülsen von Bertram oder Bell möglich. Kein billiges Vergnügen. Auch ein Matritzensatz kostete ein kleines Vermögen. Ähnlich exklusiv und teuer geht es bei den Geschossen zu.. Als Treibladungspulver kommen nur die langsam abbrennenden Sorten in Frage, um eine möglichst hohe Ladedichte zu erhalten. Von Experimenten mit Füllstoffen sollte abgesehen werden. Die Geschosse müssen mit einem soliden Rollcrimp gesichert oder eingeklebt werden. Zum Anzünden der hohen Pulvercharge sind unbedingt Magnumzündhütchen erforderlich.

# Ladedaten Kaliber .600 NE

| Geschoss-hersteller | Geschoss-typ | Geschoss-gewicht Grains | Pulver-hersteller | Pulvertyp | Pulver-ladung Grains | Hülsen-fabrikat | Zünd-hütchen | Gesamt-länge (mm) | $V_0$ m/sek |
|---|---|---|---|---|---|---|---|---|---|
| Woodleigh | Teilmantel | 900 | Hodgdon | 4831 | 157 | Romey | CCI 250 | 92,2 | 578 |
| Degol | Teilmantel | 900 | Kemira | N 165 | 152 | Romey | CCI 250 | 92,2 | 564 |
| Woodleigh | Vollmantel | 900 | IMR | 7828 | 164 | Romey | RWS 5333 | 92,2 | 576 |
| Woodleigh | Vollmantel | 900 | Alliant | RL-22 | 158 | Romey | Fed. 215 | 92,2 | 580 |
| Degol | Vollmantel | 900 | IMR | 7828 | 163 | Romey | CCI 250 | 92,2 | 574 |
| Degol | Vollmantel | 900 | Norma | MRP | 150 | Romey | CCI 250 | 92,2 | 571 |
| Barnes | Teilmantel | 900 | Kemira | N 165 | 151 | Romey | CCI 250 | 92,2 | 570 |
| Degol | Teilmantel | 900 | Norma | MRP | 153 | Romey | Fed. 215 | 92,2 | 576 |
| Woodleigh | Vollmantel | 900 | Hodgdon | 4831 | 165 | Romey | Fed. 215 | 92,2 | 575 |
| A-Square | Lion Load | 900 | Kemira | N 165 | 154 | Romey | RWS 5333 | 92,2 | 570 |
| A-Square | Lion Load | 900 | Alliant | RL 22 | 157 | Romey | CCI 250 | 92,2 | 574 |
| Degol | Teilmantel | 900 | IMR | 7828 | 162 | Romey | CCI 250 | 92,2 | 572 |

Als Testwaffe diente eine H&H Doppelbüchse mit 65 Zentimeter langen Läufen.